集成电路大师级系列

Fast Techniques for Integrated Circuit Design

集成电路敏捷设计

[美] 迈克尔·萨林 著
(Mikael Sahrling)
雷鑑铭 刘冬生 汪少卿 译

图书在版编目（CIP）数据

集成电路敏捷设计 /（美）迈克尔·萨林（Mikael Sahrling）著；雷鑑铭，刘冬生，汪少卿译．-- 北京：机械工业出版社，2021.12（2023.7 重印）
（集成电路大师级系列）
书名原文：Fast Techniques for Integrated Circuit Design
ISBN 978-7-111-69918-7

I. ①集… II. ①迈… ②雷… ③刘… ④汪… III. ①集成电路 - 电路设计 IV. ① TN402

中国版本图书馆 CIP 数据核字（2021）第 274791 号

北京市版权局著作权合同登记 图字：01-2021-0686 号。

集成电路敏捷设计

出版发行：机械工业出版社（北京市西城区百万庄大街 22 号 邮政编码：100037）

责任编辑：王 颖　　责任校对：殷 虹

印 刷：北京捷迅佳彩印刷有限公司　　版 次：2023 年 7 月第 1 版第 2 次印刷

开 本：186mm×240mm 1/16　　印 张：15.75

书 号：ISBN 978-7-111-69918-7　　定 价：99.00 元

客服电话：（010）88361066 68326294

|The Translator's Words| 译者序

21世纪以来，“超越摩尔定律”时代继续推动集成电路(IC)行业的创新和发展。尽管集成电路设计流程及设计方法日新月异，但系统越来越复杂，设计周期也越来越长。是否能找到更快速、更敏捷的方法来完成复杂的集成电路及系统的设计呢？本书试图通过简单的数学建模来获得复杂系统的设计实验和测试结果。为了将作者的这种思维方式传授给广大电路设计工程师，在机械工业出版社华章公司的大力支持下，华中科技大学在集成电路领域长期从事一线科研及教学研究的教师们特意翻译了本书。

本书采用一种严谨的物理方法，即所有情况都经过仔细建模，从基本原理开始，然后提出实用性的解决方案和用以说明解释的关系代数式。以模型作为复杂系统设计的起点，采用模拟仿真对设计进行微调，从而快速完成复杂系统的设计。采用估计技术来分析和解决集成电路设计中的复杂问题。本书基于丰富的案例展示了整个集成电路设计的实际应用，涵盖从简单电路理论到电磁效应，从高频电路设计到数据转换器和锁相环等系统，一些基本概念不需要仿真器即可增进系统理解。本书适合微电子科学与工程、集成电路设计与集成系统、电子科学与技术等电子信息大类工程领域的研究人员和专业工程技术人员阅读，也可作为高等院校相关专业的研究生及高年级本科生的教材和专业参考书。

本书由华中科技大学武汉国际微电子学院副院长雷鑑铭博士负责组织并完成全书翻译工作，参与本书翻译工作的还有华中科技大学光学与电子信息学院刘冬生教授和武汉工商学院汪少卿老师，硕士生李辰阳、夏吕、阮鑫、孔超、陈艺天等对翻译工作提供了帮助。本书在翻译过程中得到了华中科技大学光学与电子信息学院邹雪城教授等诸多老师的帮助及支持，在此一并表示感谢。特别感谢文华学院外国语学院英语系肖艳梅老师的审校。

集成电路敏捷设计技术涉及的专业面广，鉴于译者水平有限，书中难免有不足及疏漏之处，敬请广大读者批评指正，在此表示衷心的感谢。

雷鑑铭

2021 年 10 月于华中科技大学光电信息大楼 C752

|Preface| 前　言

本书是我多年来在半导体行业从事设计工作的成果。我的职业生涯始于理论物理学，研究稠密物质理论和天体物理环境中的电磁场。几年后，我的兴趣转向了集成电路设计，其中也有电磁场，于是就一直工作于这个领域。作为一个理论物理学家，我总是试图通过简单的数学建模来获得实验和观测结果。20 世纪 90 年代，我在加州理工学院的理论物理小组做博士后的时候，参与了数量级物理学项目 103c 班。该班要求同学们估计一些事物，比如洛杉矶高速公路上汽车排放到空气中的废胶量，以及在一定的降水和阳光下，一根草茎一周能生长多长。该班由 Peter Goldreich 教授和 Sterl Phinney 教授执教，这让我见识到了估计的力量。在我的职业生涯中，总是试图通过先评估某种影响，然后再验证它来理解事物。这种分析方法对我个人和我指导的人都有很大的帮助。我还遇到了许多其他工程师和学术专家，他们都非常善于遵循同样的原则。本书就是一个尝试，把这种思维方式应用于通用设计，特别是面向更广泛受众的电路设计。我将这种分析方法称为估计分析，但是许多人使用“手工计算”这个术语，我认为这是一种误导。简单而言，就是人们考虑复杂问题的方式不需要精确的完整解决方案。本书将表明这种方法可以适用于几乎所有问题，如电路分析、高频现象、采样概念或抖动等。本书的领域涵盖大多数工程师熟悉的简单电路理论、以集成电路应用为重点的高频理论以及数据转换器和锁相环(PLL)等系统。与其他类似书籍相比，本书的不同之处在于它采用了一种严谨的物理方法，在这种方法中所有情况都经过仔细建模，通常是从基本原理开始，然后是实用性的解决方案和用以说明解释的关系代数式。一旦建立了这样的模型，就可以将其作为模拟仿真的起点，采用模拟仿真对设计进行微调。

假设读者熟悉基本的电磁学和电路理论，对高级电路系统(如锁相环和模数转换器)等不需要有任何前期的接触与了解。同时假设读者的微积分和向量分析等数学能力应达到大学一年级水平。

本书开篇是简短的一章，概述基本的建模概念，接着两章用这种建模方法来描述基本电路分析。大多数读者应该熟悉这些内容，目的是在一个熟悉的环境中使用分析技术作为例证。然后，在第4～6章中将建模概念重点应用于高频集成电路。在这里，也将借此机会定义电容和电感的概念，在某种程度上显示了它们的二元(对偶)性。通过使用建模技术，可以进一步重点讨论高频问题的其他有趣且较少讨论的方面。本书的最后一章描述了应用相同原理的更高级别的系统应用，涵盖了PLL和ADC及其标准模块和属性。希望这将有助于电子工程师减少对模拟仿真器的需求，并帮助他们更快地聚焦关键问题。每一章还包含一套练习，帮助读者加深对概念的理解，并验证对知识要点的掌握程度。

这些章之间或多或少是相互独立的，在一个学期的学习中，可以很轻松地学完所有知识。对于兴趣在于电磁学和应用的学生而言，第4～6章将非常有用。第7章介绍了更多关于估计分析技术的系统级方面的知识。第2章和第3章中带非线性效应的电路分析对于简单的通用性知识介绍是有帮助的。

没有大家的帮助，本书的写作是不可能完成的。我的家人Nancy和Nicole，对我的耐心和支持从未动摇。我的经理Pirooz Hojabri和泰克公司的技术人员也是本书的支持者。特别感谢Vincent Tso和Behdad Youssefi阅读了本书的初稿并提出了修改意见，Garen Hovakimyan和Patrik Satarzadeh对一些数学公式推导提供了反馈意见。我非常感谢他们的支持和帮助。此外，来自剑桥大学出版社审稿者的意见使本书从纯粹的理论提升为对工程技术人员更有用的知识。最后，我要感谢剑桥大学出版社的编辑们在整个出版过程中给予的鼓励和支持。他们的协作风格和对写作的许多有益的注释大大提高了本书的质量，这远远超过了我一个人所能取得的成就。

Contents | 目　录

|Chapter 1| 第 1 章

集成电路估计分析

学习目标：

- 估计分析流程的定义和概述

1.1 简介

本章概述了建立物理系统数学模型的步骤，并将这些步骤称为“估计分析”，但在科学与工程学院或工程应用上，它们通常被称为手工计算或粗略计算。这些术语传达出一种草率的感觉，且非常不准确，但是这种方法非常普遍，有助于加深对集成电路和系统的理解，可以应用于基于某种数学原理的大多数系统。从深空天体物理学到像集成电路这样的微观系统，人们会发现这种思维方式被广泛应用。正是有了这种广泛的适用性，在这里概述的原理有些不明确，就不足为奇了，但在本书的其余部分将讨论足够的例子，以使读者在不同的情况下顺利继续下去有一个良好的感觉。只有通过实践才能掌握这种思维方式和方法。这个过程最初可能很耗时，因为它涉及触及正在考虑的系统的核心。如果系统对用户来说是新的，学习过程可能会花费更长的时间。但通常情况下，通过实践，这些系统与用户以前见过的其他系统极具相似性，因此这个过程会变得更为迅速。本章将首先概述这些原则，然后逐一深入讨论。接着，将在后续章中参考这些步骤，并提供了诸多示例。

完成模型开发后，可以将其作为起点，在模拟仿真器或实验台上进行微调，或者进行任何可能的实践。

1.2 原理

初学者经常尝试用蛮力求解，如采用三维空间、全非线性方程等。这个问题很快就会变得棘手起来，因为它包含了无数的求和以及复杂的表达式，而这些表达式又没有什么深刻含义。利用已有的经验抓住核心行为通常要简单得多，但它需要在全面计算之前深思熟虑。对于新手而言，通常非常令人沮丧，但是通过练习，就会发现这种方法的价值。

典型建模情况中，需要遵循如下 4 个步骤：

1）简化——通常这是最困难的一步，因为它试图触及系统工作的核心。

2）求解——如果第 1 步执行正确，求解将相对容易。

3）验证——这一步，通过如检查极端情况、或(及)比较模拟仿真结果、或(及)精确计算等来验证步骤 2 中的解的正确性。如果有问题，回到第一步。

4）评价——在本节中，将分析解的含义。

下面将依次讨论以上每一个步骤，简单流程如图 1.1 所示。

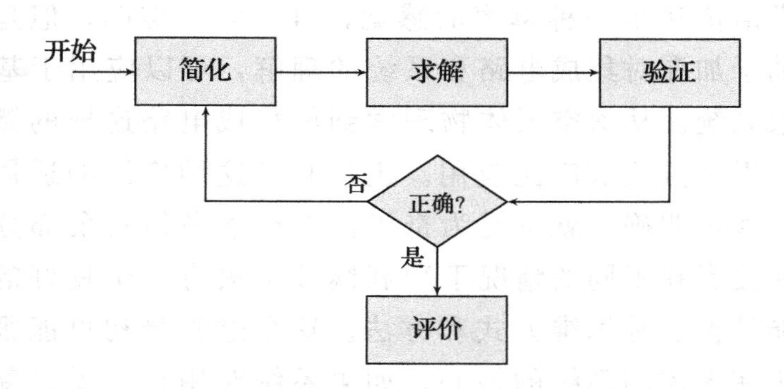

图 1.1 估计分析工作流程

简化

为了适当简化，需要能够理解真正想要知道的东西，是长度、增益、带宽还是线性度等呢？如何通过系统简化以便凸显这些属性？能将其视为二维、一维、圆柱对称、球面对称、平面对称吗？可以将它线性化吗？如果对增益或噪声感兴趣，线性化是一项很好的技术。也许谐波让人头疼，而微扰计算还是必要的。如果只着眼于一个定时系统，也许一个具有无限边际率的理想开关就足够了。

求解

这通常涉及相当简单的代数。在某些情况下，一些有用的数学技术是可用的，在本书中，会随着课程的进展来描述它们，而对于更复杂的技术会参考相应的文献。

验证

这一步在实践中经常被忽视，但它至关重要。如果错过了模型中一些基本的东西，那么模型的行为将是完全错误的，就不会获悉到最初的认知。通常可以在相关文献中找到类似的计算方法来验证。而在其他时候，可以通过模拟仿真以确认模型完全符合了期望的属性。模拟仿真并不能替代理解，而是用来确认模型中的假设和计算是正确的。好的技术是采用各种参数并在极限条件下工作，以确保行为符合预期。例如，如果研究带有负反馈电阻的放大器的增益，该电阻为零或无穷大时，模型是否在限制条件下仍然正确。

评价

所求的解意味着什么？是否可以通过某些变量组合来实现一些有用的功能，比如改进抖动或降低功耗？如果需要更小的电感，扩大金属宽度会有效吗？

在本书中，将通过许多具体案例来展示其功能进而阐释该估计分析方法。本书将做简单的大多数读者已经熟悉的电路分析，然后转移到复杂的案例，如麦克斯韦方程组的直接求解以及模拟-数字转换器（ADC）和锁相环（PLL）的系统分析。还将更深入讨论一些物理概念，如抖动的性质以及它与相位噪声的关系。

1.3　集成电路应用

在建立了一个简单的模型之后，可以将该模型应用于特定设计问题而进入设计阶段。推导出一组参数，如晶体管尺寸、互连线宽度等，并将这些参数作为模拟仿真器设计的起点。该理念是使用模拟器进行微调设计。人们应该已经知道，基于简单模型的精度范围，可以从模拟中得到什么。这种方法为设计工作提供了一个巨大的捷径。

在本书中，将构建各种模型，并将它们用于真实的设计案例，从而为基于模拟仿真器进行设计微调奠定良好的开端。

|Chapter 2| 第 2 章

基本放大级

学习目标：

- 将估计分析应用于基本放大级
  - 线性化技术——放大器增益和阻抗
  - 微扰分析——弱非线性效应

2.1 简介

在本章中，将介绍基本晶体管级放大器，并基于它们来描述估计分析方法。关于晶体管和所用模型的更多详细信息，请参考附录 A。

对如参考文献[1-5]熟悉的读者而言，学习本章不会有任何困难。

从根本上说，在所有简化中所做的就是在静态工作点对晶体管或者放大器的线性化，得到诸如增益和阻抗等基本特性的结论。为了清楚起见，通过假设所有晶体管的衬底总是和源极相连来忽略体效应。

此外，还冒险进入了弱非线性效应的世界，并且用完全符合估计分析的方法展示如何通过对标准线性化技术进行简单拓展来分析这些增益级。

本章从单晶体管增益级开始，接着是一些经典的双晶体管级。为了简单起见，聚焦于 CMOS（互补金属氧化物半导体）晶体管，但同样的方法也可以用来分析其他类型的晶体管，比如双极型晶体管。为了在后面的内容中使用结果，将详细介绍一些设计范例。

2.2 单晶体管增益级

一般来说，单 CMOS 晶体管增益级分为 3 类：共栅级（CG）、共漏级

(CD)和共源级(CS)。“共”是指输入电压或电流和输出电压或电流信号共用的端口，将在本节逐一介绍它们。将进行一般性讨论，取决于电压的精准电流表达式无关紧要。只有当人们追求某个特定的东西时，才会在最后的表达式中使用附录 A 中描述的具体的电流-电压关系。

2.2.1 共栅级

共栅级是一个栅极和固定电压相连的放大器，栅极节点可能会有一些串联阻抗。输入信号通过源极输入并在漏极输出。信号最好用电流描述。

这里将求解增益和输入阻抗。

简化 假设晶体管处于饱和状态，因此将忽略漏极电容。这里还假设漏源阻抗足够大，不会影响增益；最后假设输出负载为 0 Ω。图 2.1 中所示的晶体管模型展示了这里的假设。当与相关文献相比时，这可以看作过度简化，但仅仅对影响增益和输入阻抗的主要参数感兴趣，因此这种简化是估计分析的适当近似。为了计算增益，还将在偏置点附近使晶体管线性化。

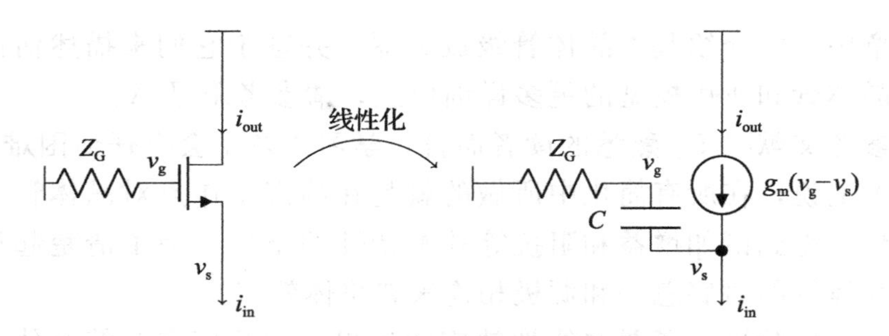

图 2.1 线性化共栅级晶体管级

可以发现，由于 $Z_G=0\rightarrow v_g=0$，在输出节点应用基尔霍夫电流定律(KCL)得

$$i_{out}=g_m(v_g-v_s)=-g_m v_s$$

又已知：

$$i_{in}=-v_s j\omega C+i_{out}$$

求解 代入求解消去 v_s 得

$$i_{out}=-\frac{g_m(i_{out}-i_{in})}{j\omega C}$$

或

$$\frac{i_{\text{out}}}{i_{\text{in}}}=\frac{g_{\text{m}}/\text{j}\omega C}{(1+g_{\text{m}}/\text{j}\omega C)}=\frac{g_{\text{m}}}{(\text{j}\omega C+g_{\text{m}})}$$

容易看出，低频输入电流可以直接进入漏极或输出端，但在高频时，栅源之间的电容会起短路作用，有效地把电流导向地线而不给输出留下任何东西。过渡点 $|\text{j}\omega C|=g_{\text{m}}$ 是对特征频率或 f_{t} 的粗略估计。更详细的模型可以在参考文献[3]里找到。这里有

$$f_{\text{t}}=\frac{g_{\text{m}}}{2\pi C} \tag{2.1}$$

这是高速设计的一个重要优点，式(2.1)是一个方便的经验法则。

输入阻抗呢？现在必须用 v_{s} 重写 i_{in}：

$$i_{\text{in}}=-v_{\text{s}}\text{j}\omega C+i_{\text{out}}=-v_{\text{s}}\text{j}\omega C-g_{\text{m}}v_{\text{s}}=-(\text{j}\omega C+g_{\text{m}})v_{\text{s}}$$

可以发现

$$Z_{\text{in}}=-\frac{v_{\text{s}}}{i_{\text{in}}}=\frac{1}{\text{j}\omega C+g_{\text{m}}}$$

想象一下，现在栅极有一个阻抗 Z_{G}。可以发现

$$v_{\text{g}}=-\frac{1/\text{j}\omega C}{1/\text{j}\omega C+Z_{\text{G}}}v_{\text{s}}+v_{\text{s}}=\frac{\text{j}\omega CZ_{\text{G}}}{1+\text{j}\omega CZ_{\text{G}}}v_{\text{s}}$$

或

$$i_{\text{out}}=g_{\text{m}}(v_{\text{g}}-v_{\text{s}})=-g_{\text{m}}\left(\frac{1}{1+\text{j}\omega C\,Z_{\text{G}}}\right)v_{\text{s}}$$

为了找到输入阻抗，需要用 v_{s} 重写 i_{in}：

$$i_{\text{in}}=(v_{\text{g}}-v_{\text{s}})\text{j}\omega C+i_{\text{out}}=-\left[\frac{\text{j}\omega C+g_{\text{m}}}{1+\text{j}\omega C\,Z_{\text{G}}}\right]v_{\text{s}}$$

简单移项后有

$$Z_{\text{in}}=-\frac{v_{\text{s}}}{i_{\text{in}}}=\left[\frac{1+\text{j}\omega C\,Z_{\text{G}}}{g_{\text{m}}+\text{j}\omega C}\right]$$

验证　毫无疑问，这些计算可以在任何一本标准的电子学书里找到，但在这里，在通常所做的之外，又做了进一步简化。这完全符合估计分析的思想。本书只寻求一个足够简单的模型来分析增益和输入阻抗。本章的计算结果在相关文献中易于验证。本书将会在第4～7章涉及更复杂的情况。

评价 本书遵循了估计分析的方法并且用标准文献中类似的例子证明了计算结果。为了研究这些表达式的含义，需要对关键参数探讨各种极限。这通常也是一种检查答案是否正确的方法。

下面看看增益：

$$A=\frac{I_{\text{out}}}{I_{\text{in}}}=\frac{g_{\text{m}}}{(\text{j}\omega C+g_{\text{m}})}$$

如果 $\omega\to0$，则发现增益 $A\to1$。高频时，当 $\omega\to\infty$时，增益 $A\to0$。显然，当 $g_{\text{m}}\to0$ 时，增益$A\to0$。

类似地，对输入阻抗

$$Z_{\text{in}}=\left[\frac{1+\text{j}\omega C\,Z_{\text{G}}}{g_{\text{m}}+\text{j}\omega C}\right]$$

可以看到栅极阻抗和它在源端的映射之间有一个有趣的关系。当 $\frac{\omega}{2\pi}\ll f_{\text{t}}$ 时，栅端阻抗将旋转 90°，因此栅端电阻看起来像源端电感，电容看起来像电阻。而且最令人不安的是，电感看起来像负电阻，这是一种可能导致不稳定性的增益。当极限 $\omega\to0$ 时，输入阻抗是 $1/g_{\text{m}}$。当极限 $\omega\to\infty$时，输入阻抗是 Z_{G}，这是有意义的，因为在这种情况下，栅极电容使跨导的 $1/g_{\text{m}}$ 短路。

2.2.2 共漏级

对于共漏级，输入电压从晶体管栅极输入，从源极输出。它通常被称为源跟随器，或简称为跟随器。基本电路结构如图 2.2 所示。

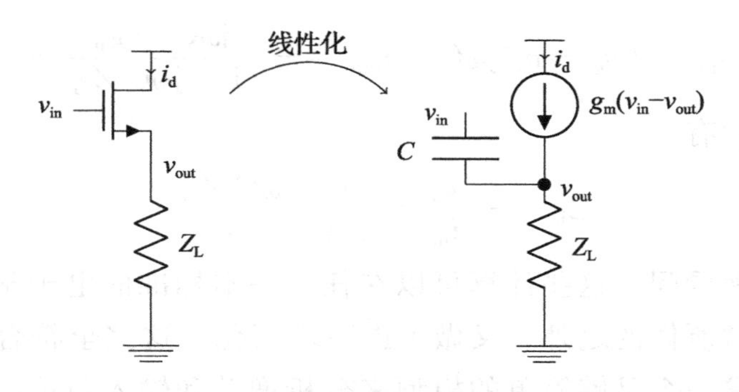

图 2.2 线性化共漏级晶体管级

下面将求解增益和输入阻抗。

简化 首先将以类似共栅级的方式进行简化。

求解 源极输出如下：

$$v_{out} = (i_d + (v_{in} - v_{out})\mathrm{j}\omega C)Z_L, \quad i_d = g_m(v_{in} - v_{out})$$

简单移项：

$$\frac{v_{out}}{v_{in}} = \frac{(g_m + \mathrm{j}\omega C)Z_L}{(1 + (g_m + \mathrm{j}\omega C)Z_L)} \tag{2.2}$$

现在用输入电流来计算输入阻抗：

$$i_{in} = \frac{v_{in} - v_{out}}{1/\mathrm{j}\omega C} = \mathrm{j}\omega C v_{in}\frac{1}{(1 + (g_m + \mathrm{j}\omega C)Z_L)}$$

移项得

$$Z_{in} = \frac{v_{in}}{i_{in}} = \frac{1}{\mathrm{j}\omega C}(1 + (g_m + \mathrm{j}\omega C)Z_L) \tag{2.3}$$

验证 这也是教科书中的一个标准计算，参见例2.3。

评价 下面再看看增益的表达式，见式(2.2)。当 $\frac{\omega}{2\pi} \ll f_t$ 时，可以发现

$$v_{out} = \frac{g_m Z_L}{(1 + g_m Z_L)} v_{in}$$

对于大负载阻抗，$g_m Z_L \gg 1$，则 $v_{out} \to v_{in}$。在另一个极端，$Z_L \to 0$，得到 $v_{out} \to 0$，输出只是对地短路。

在共栅级阶段，可以看到输入阻抗在输出端有90°的旋转，但这次却相反：电感看起来像电阻，电容看起来像负电阻，电阻看起来像电容。事实上，对于窄带应用中的许多输入级，如蜂窝电话，这种特性是非常好的，可以通过在输入级的源端使用电感来创建低噪声输入端。输入级旋转这个电感，使其看起来像一个真正的电阻且几乎没有噪声。剩余的电容通常由串联电感产生共振，但这是其他书的主题。

2.2.3 共源级

共源级是初入职场的工程师经常遇到的结构，常见的结构如图2.3所示。这里将再次计算增益和输入阻抗。

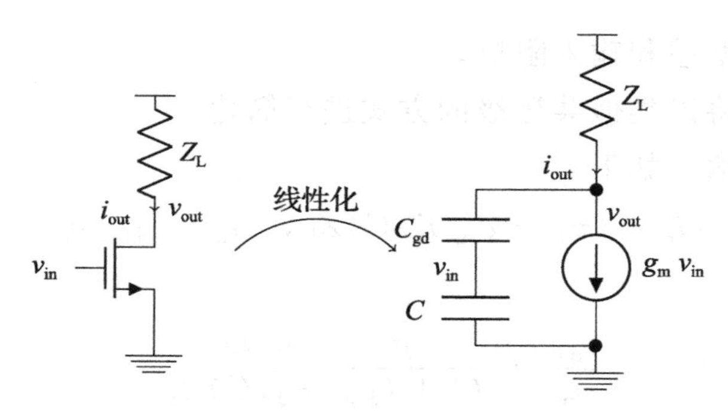

图 2.3 带输出负载的共源级晶体管级

简化 当负载为阻抗，输入为电压时，输出也是电压。这里采用了与之前类似的线性化技术，但这次将考虑栅漏电容，C_{gd}。然后要在漏端和源端求解 KCL 方程，假设栅端驱动阻抗为零。

求解 已经有基本参数：

$$i_d = g_m(v_{in} - v_s), \quad v_s = 0, \quad i_s = i_d + j\omega C(v_{in} - v_s)$$

$$i_{out} = i_d + j\omega C_{gd}(v_{out} - v_{in}), \quad v_{out} = -i_{out} Z_L$$

整理得

$$-\frac{v_{out}}{Z_L} = g_m v_{in} + j\omega C_{gd}(v_{out} - v_{in}) \rightarrow A_{gain} = \frac{v_{out}}{v_{in}} = \frac{j\omega C_{gd} - g_m}{1 + j\omega C_{gd} Z_L} Z_L$$

输入阻抗为

$$Z_{in} = \frac{v_{in}}{j\omega C_{gd}(v_{in} - v_{out}) + j\omega C v_{in}}$$

从上面的增益表达式中替换 v_{out} 后，可以重写：

$$Z_{in} = \frac{1}{j\omega C_{gd}(1 - Z_L(j\omega C_{gd} - g_m)/(1 + j\omega C_{gd} Z_L)) + j\omega C}$$

$$= \frac{(1 + j\omega C_{gd} Z_L)}{j\omega C_{gd}(1 + g_m Z_L) + j\omega C(1 + j\omega C_{gd} Z_L)}$$

验证 与之前一样，这是参考文献[2]中的标准计算，但在这里做了进一步的简化得到增益和阻抗的估计值。

评价 对低频增益，$A_{gain} = -g_m Z_L$。当增益在 $\omega = g_m / C_{gd}$ 时有一个交越频率，此时实际上主要的输出电流由栅漏电容 C_{gd} 提供，而不是由晶体管增益提供。在相关文献中这被称为右半平面零点。由于这两个电容，输入阻抗本质上是一个双极点系统。在低频时总的电容是 C 和 $C_{gd}(1+g_m Z_L)$ 的和，栅漏电容被放大了 $(1+g_m Z_L)$ 倍。这种效应被称为米勒效应，穿过电容器的增益将放大这个电容器的值，增加有效负载。

2.2.4 非线性扩展

现在可以用同样的方法来研究非线性扩展。一般来说，电子系统需要使用 Volterra 级数，而不是更常见的泰勒(Taylor)级数。这是因为所考虑的系统有记忆性，输出信号在某种程度上取决于在电路的其他部分早期发生的事情。在这里将讨论的简单阶段采用小尺寸 CMOS 技术有相对高的带宽 $f_t>$ 100 GHz，所以假设泰勒级数展开式是合适的。它通常是非常有用的，但是必须谨慎并且必须完成重要的验证步骤，以确保没有自欺欺人并更好地使用 Volterra 级数。

对于泰勒级数，可以把输出写成输入的多项式展开式：

$$I_o = I_o^0 + I_o^1 V_o + I_o^2 V_o^2 + I_o^3 V_o^3 \cdots$$

其中

$$I_o^1 = \frac{dI}{dV}$$

$$I_o^2 = \frac{1}{2}\frac{d^2 I}{dV^2}$$

$$I_o^3 = \frac{1}{6}\frac{d^3 I}{dV^3}$$

系数可以用两种不同的方法计算：①可以在仿真器中扫描直流偏压点并取适当的导数；②当输入为单频正弦波时，对输出进行傅里叶变换，从谐波功率中可以得到线性系数和高阶系数。当涉及这两种方法时，应记住在使用正弦波时泰勒级数的混合效应，$V_0 = A\sin(\omega t)$：

$$\begin{aligned}
I_o &= I_o^0 + I_o^1 V_o + I_o^2 V_o^2 = I_o^0 + I_o^1 A\sin(\omega t) + I_o^2 A^2 \sin^2(\omega t) \\
&= I_o^0 + I_o^1 A\sin(\omega t) + I_o^2 A^2 \frac{1+\cos(2\omega t)}{2} \\
&= I_o^0 + I_o^2 A^2 \frac{1}{2} + I_o^1 A\sin(\omega t) + I_o^2 A^2 \frac{\cos(2\omega t)}{2}
\end{aligned}$$

例如，二阶项分为直流分量和二次谐波分量。要找到二次谐波项的大小，需要将传递函数的二阶导数除以因数 4。泰勒展开产生的因数为 2，混频作用产生的因数为 2，其中一半的振幅变为直流，其余部分进入二次谐波。对于更高的阶数，这是相似的，但显然更复杂。

1. **共漏级**

这里将按照共漏级的讨论，对增益计算进行一阶修正。

从下式开始：

$$v_o = g_m(v_{in} - v_{out})Z_L$$

其中人们假设感兴趣的频率远低于 f_t，且使用图 2.2 作为参考。在本节中，仅限于增益计算。

简化 首先假设漏源电导可以忽略不计，从而简化讨论。用下式：

$$g_m = g_{m,0} + g'_m(v_{in} - v_{out})$$

最后，负载 Z_L 是一个实际阻抗。

求解

$$\begin{aligned} v_{out} &= (g_{m,0} + g'_m(v_{in} - v_{out}))(v_{in} - v_{out})Z_L \\ &= (g_{m,0}(v_{in} - v_{out})Z_L + g'_m(v_{in} - v_{out})^2 Z_L) \end{aligned}$$

令

$$v_{out} = \alpha v_{in} + \beta v_{in}^2$$

代入表达式得

$$\begin{aligned} \alpha v_{in} + \beta v_{in}^2 &= (g_{m,0}(v_{in} - \alpha v_{in} - \beta v_{in}^2)Z_L + g'_m(v_{in} - \alpha v_{in} - \beta v_{in}^2)^2 Z_L) \\ &\approx (g_{m,0}((1-\alpha)v_{in} - \beta v_{in}^2)Z_L + g'_m(1-\alpha)^2 v_{in}^2 Z_L) \end{aligned}$$

现在，比较等号两边，可以发现

$$\alpha = g_{m,0}Z_L(1-\alpha)$$

$$\beta = -g_{m,0}Z_L\beta + g'_m(1-\alpha)^2 Z_L$$

解得

$$\alpha = \frac{g_{m,0}Z_L}{1 + g_{m,0}Z_L}$$

$$\beta = \frac{g'_m Z_L}{(1 + g_{m,0}Z_L)^3}$$

最后得

$$v_{\text{out}} = \frac{g_{\text{m},0} Z_{\text{L}}}{1 + g_{\text{m},0} Z_{\text{L}}} v_{\text{in}} + \frac{g'_{\text{m}} Z_{\text{L}}}{(1 + g_{\text{m},0} Z_{\text{L}})^3} v_{\text{in}}^2$$

验证　通过简单的仿真和改变负载来验证这个方程，如图 2.4 所示。根据附录 A 中表 A.2 和表 A.3，使用的基本晶体管除了理想的 1mA 偏置电流，还带有负载电阻。

实际上，当改变电阻负载及其电压以免产生额外的偏置电流时，晶体管的偏置电流/电压是不变的。从图 2.5 中可以看出，对于较小的阻抗 Z_{L}来说，这种一致性是合理的，但是对于较大的值来说，这种一致性会越来越差。其原因是输出电阻 r_{o}的非线性影响。为了提高预测能力，需要扩展分析以将这种影响也考虑在内，正如稍后将要展示的。

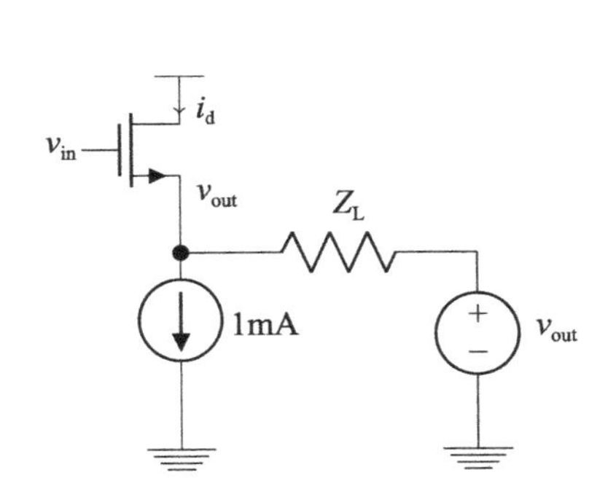

图 2.4　验证固定偏置电流下的增益与负载电阻关系的仿真设置

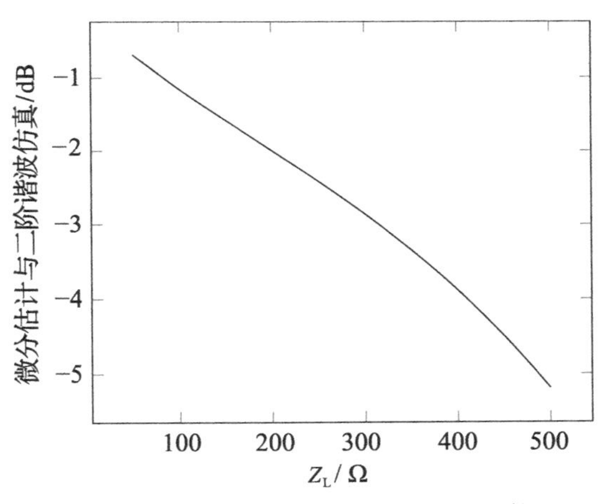

图 2.5　估计结果与仿真结果的比较

评价　从这个表达式中可以看到一些有点直观的东西。通过增加负载阻抗，可以减少二阶项的影响。

2. 输出电导的非线性影响

输出电导被模型化为晶体管源极和漏极之间的电阻。

这里将讨论如何计算增益，并考虑到这一影响。

简化　这里将把分析扩展到漏源电导不再可以忽略的情况。如图 2.6 所示，有一个简化模型，其中漏极电压为交流接地。忽略电容 C。

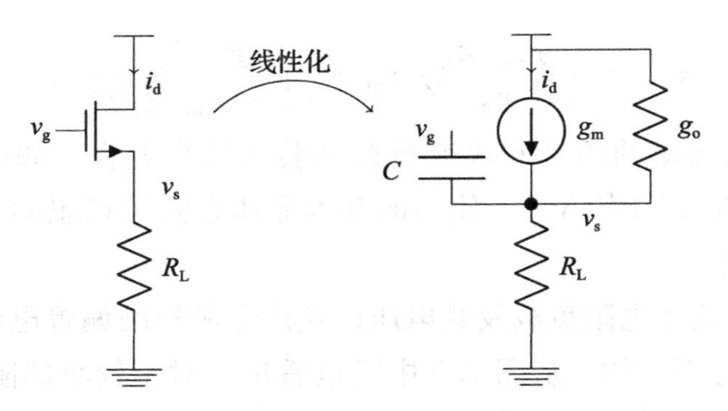

图 2.6 输出电导模型

求解 这里的漏电流取决于两个电压差：$v_{gs}=(v_g-v_s)$；$v_{ds}=(v_d-v_s)$。漏极电流的泰勒展开需要考虑这两种电压，包括所有二阶导数。这里有

$$i_d=\frac{\partial i_d}{\partial v_{gs}}v_{gs}+\frac{\partial i_d}{\partial v_{ds}}v_{ds}+\frac{1}{2}\frac{\partial^2 i_d}{\partial v_{gs}^2}v_{gs}^2+\frac{1}{2}\frac{\partial^2 i_d}{2\,\partial v_{ds}^2}v_{ds}^2+2\frac{1}{2}\frac{\partial^2 i_d}{\partial v_{gs}\,\partial v_{ds}}v_{gs}v_{ds}$$

$$=g_m v_{gs}+g_o v_{ds}+\frac{1}{2}\frac{\partial^2 i_d}{\partial v_{gs}^2}v_{gs}^2+\frac{1}{2}\frac{\partial^2 i_d}{\partial v_{ds}^2}v_{ds}^2+2\frac{1}{2}\frac{\partial^2 i_d}{\partial v_{gs}\,\partial v_{ds}}v_{gs}v_{ds}$$

导数需要在偏置点计算。这里可以用下面的符号来简化表达式：

$$g'_m=\frac{1}{2}\frac{\partial^2 i_d}{\partial v_{gs}^2}$$

$$g'_o=\frac{1}{2}\frac{\partial^2 i_d}{\partial v_{ds}^2}$$

$$g'_{om}=\frac{1}{2}\frac{\partial^2 i_d}{\partial v_{gs}\,\partial v_{ds}}$$

这 3 个量可以通过用仿真器扫描直流偏置点来估计或找到。于是有

$$i_d=g_m v_{gs}+g_o v_{ds}+g'_m v_{gs}^2+g'_o v_{ds}^2+2g'_{om}v_{gs}v_{ds}$$

用上面定义的 v_{gs}、v_{ds}和 $i_d=v_s/R_L$ 可得

$$\frac{v_s}{R_L}=g_m(v_g-v_s)+g_o(v_d-v_s)+g'_m(v_g-v_s)^2+ g'_o(-v_s)^2+2g'_{om}(v_g-v_s)(-v_s) \tag{2.4}$$

令

$$v_s=\alpha v_g+\beta v_g^2$$

则得到

$$\frac{\alpha v_g+\beta v_g^2}{R_L}=g_m(v_g-\alpha v_g-\beta v_g^2)+g_o(-\alpha v_g-\beta v_g^2)+g'_m(v_g-\alpha v_g)^2+$$
$$g'_o(-\alpha v_g)^2+2g'_{om}(v_g-\alpha v_g-\beta v_g^2)(-\alpha v_g)$$
$$=g_m(v_g-\alpha v_g-\beta v_g^2)+g_o(-\alpha v_g-\beta v_g^2)+$$
$$g'_m v_g^2(1-\alpha)^2+g'_o\alpha^2 v_g^2-2g'_{om}v_g^2(1-\alpha)\alpha$$

对比等号两边，得

$$\alpha=g_mR_L(1-\alpha)-g_oR_L\alpha$$
$$\beta=-g_m\beta R_L-g_o\beta R_L+g'_mR_L(1-\alpha)^2+g'_oR_L\alpha^2-2g'_{om}R_L(1-\alpha)\alpha$$

解得

$$\alpha=\frac{g_mR_L}{1+g_mR_L+g_oR_L}$$
$$\beta=\frac{g'_mR_L(1+g_oR_L)^2+g'_og_m^2R_L^2-2g'_{om}R_L(1+g_oR_L)g_mR_L}{(1+g_mR_L+g_oR_L)^3}$$

验证 仿真这种情况，并得到比较图，如图 2.7 所示。

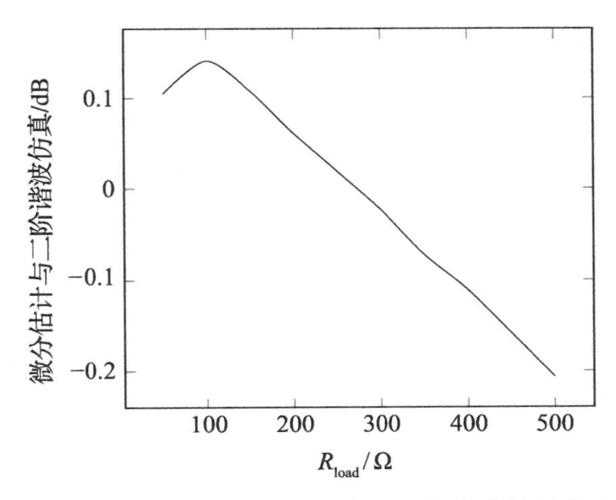

图 2.7 带输出电导模型的估计结果与仿真结果的比较

在考虑跨导非线性和输出电导非线性的情况下，这里的比较有很大改进，并确信得到了正确的模型。

评价 可以很直观地意识到输出电阻 r_o需要尽量高以减少这种影响。在通常偏置的 CMOS 晶体管中，$g_mr_o\gg1$，因此输出电阻变化的影响较小。

这些例子显示了一种常见的情况：对某些参数值来说看上去合理的估计方法，对于另一些参数值却是不合理的。然后，任务是找出遗漏的部分来扩展模型以覆盖更大的范围。在本书的例子中，这是相对简单的，但其他情况可能要复杂得多。但是同样的方法也适用：简化→求解→验证→评价。

3. 共源级

共源级的非线性扩展可以按照与共漏级相同的思路进行分析。

简化 这里做了和之前一样的简化：

$$g_{\mathrm{m}} = g_{\mathrm{m},0} + g'_{\mathrm{m}} v_{\mathrm{in}}$$

这里也忽略了所有电容，以确保泰勒展开式是有效的。

求解 将漏电流写作

$$i_{\mathrm{d}} = g_{\mathrm{m}} v_{\mathrm{in}} + g'_{\mathrm{m}} v_{\mathrm{in}}^2$$

输出电压为

$$v_{\mathrm{out}} = - i_{\mathrm{d}} R_{\mathrm{L}} = - g_{\mathrm{m}} v_{\mathrm{in}} R_{\mathrm{L}} - g'_{\mathrm{m}} v_{\mathrm{in}}^2 R_{\mathrm{L}}$$

多亏了这个简单的模型，现在看到了所寻找的非线性表达式。

验证 该计算是模拟的一个小小的扩展，最重要的是它为我们提供了展开系数。

评价 较低的 g'_{m} 会有较低的失真。当有一个有源电阻时就成了更复杂的例子，这里把这个练习和输出电导随电压波动的变化一起留给读者。

2.2.5 设计实例

本书将利用对这些放大级的传递函数和阻抗的知识来建立和研究一些实际的例子。

例 2.1 25 GHz 下共漏级输入阻抗的估计

在本例中，分析具有特定偏置和特定负载的共漏级的输入阻抗。负载看起来是电容的另一级，互连有一个相对较高的电阻。实际上，根据表 2.1，负载看起来像一个与接地电容串联的电阻。本书将在第 7 章中使用这个电路。

解

假设与表 2.1 中的负载阻抗相比，灌电流偏压的阻抗较大，并且从式 (2.3) 中可知，假设远低于 f_{t}：

表 2.1 共漏级规格参数表

规格参数	值	备注
类型	薄氧化层 NMOS	根据附录 A 中表 A.3 可知偏置于饱和状态
尺寸($W/L/\mathrm{nf}$)	1 μm/27 nm/10	
晶体管数量	2	
负载	10−j/(ω20 fF)	Ω

$$Z_{\mathrm{in}}=\frac{1}{\mathrm{j}\omega C}(1+g_{\mathrm{m}}Z_{\mathrm{L}})=\frac{1}{\mathrm{j}\omega C}\left(1+g_{\mathrm{m}}\left(R_{\mathrm{L}}+\frac{1}{\mathrm{j}\omega C_{\mathrm{L}}}\right)\right)$$

$$=-\frac{1}{\omega^2 CC_{\mathrm{L}}}g_{\mathrm{m}}-\mathrm{j}\frac{1}{\omega C}(1+g_{\mathrm{m}}R_{\mathrm{L}})$$

$$=-\frac{1}{\omega C_{\mathrm{L}}}\frac{f_{\mathrm{t}}}{f}-\mathrm{j}\frac{1}{\omega C}-\mathrm{j}\frac{f_{\mathrm{t}}}{f}R_{\mathrm{L}}$$

这里使用了 f_{t}的定义。

工作频率大约是 f_{t}的 1/10(见附录 A)。然后有

$$Z_{\mathrm{in}}=-\frac{1}{\omega C_{\mathrm{L}}}10-\mathrm{j}\frac{1}{\omega C}-\mathrm{j}10R_{\mathrm{L}}=-3180-\mathrm{j}678$$

其中使用了 $C=2\times(2/3)\times 8\ \mathrm{fF}\approx 11\ \mathrm{fF}$，它对应于在 25 GHz 时，3180 Ω 的负电阻和 9 fF 的电容。

例 2.2 带电阻电容阶梯负载的共漏级

在本例中，将计算满足特定输出带宽所需的晶体管规格。假设共漏级栅极驱动阻抗为 0 Ω。这里的负载是一个小电阻串，每个电阻互连处都有一个接地电容，详见表 2.2。

解

负载是一串电阻，在连接电阻的每个节点上都有一个接地电容。晶体管本身的输出阻抗是 $1/g_{\mathrm{m}}$。低频阻抗将驱动整个电容性负载。在更高的频率下，串联电阻最终将控制阻抗，并且在晶体管源节点处的增益响应将是平坦的。现在有

$$\frac{1}{g_{\mathrm{m}}}C=\frac{1}{2\pi f}<\frac{1}{2\pi f_{3\mathrm{dB}}}\rightarrow g_{\mathrm{m}}>2\pi f_{3\mathrm{dB}}C$$

代入数据得

$$g_{\mathrm{m}}>2\pi\times 64\times 8\times 10^{-15}\times 25\times 10^{9}=0.08(\Omega)$$

这里选择了单元晶体管，相关参数见附录 A 中表 A.3，在 10 个器件并联下产生 10 mA 的偏置电流。剩下的是估计达到指定增益所需的总阻抗。

表 2.2 带阶梯负载的共漏级规格参数表

规格参数	值	备注
带宽(BW)3 dB	>25 GHz	@晶体管源极
负载阻抗	R=625 mΩ、C=12 fF、64 组的 R/C 阶梯负载	
增益	>−0.1 dB	
二阶谐波失真	<−40 dBc	200mV 输入电压

从式(2.2)中可以知道增益，并且根据线性单元的规格，可以发现

$$\frac{g_m Z_L}{(1+g_m Z_L)} > \text{Gain}_{spec}$$

其中假设 $\omega \ll \omega_t$，代入数据得

$$\frac{0.1 Z_L}{(1+0.1 Z_L)} > 0.99 \rightarrow (1-0.99) 0.1 Z_L > 0.99 \rightarrow Z_L > 990\ \Omega$$

为了安全起见，要求接收阻抗大于 1000Ω。由于灌电流的阻抗很大，失真很小，根据 2.2.4 节中计算的二次谐波项，可以认为二次谐波项应为

$$H_2 \approx \frac{g'_m R_L (g_o R_L)^2 + g'_o g_m^2 R_L^2 - 2g'' R_L g_o R_L g_m R_L}{(g_m R_L)^3} V_{in}^2 \sim \frac{1}{g_m R_L} V_{in}^2 = 10^{-3}$$

换句话说，小于 50 dBc，这很容易满足要求的规格。

2.2.6 本节小结

本节从估计分析的角度研究了常见的单管增益级。通过研究发现，通过去除增益和阻抗的次要因素，得到了一个简单的性能模型，可以作为仿真器微调的起点。本节还简要介绍了基本增益传递函数的非线性扩展，发现可以在很宽的负载电阻范围内，在几分贝内模拟这种效应。该方法可以概括为简化、求解、验证、评价，本节给出了几个遵循此过程的例子。另外还发现了需要改进模型以捕获更大参数范围的情况。本节目的是在一个熟悉的领域向读者展示流程，并将在下面的内容中冒险进入不太常见的领域。与早期的人

门课程相比，本节内容使用了更简单的表达式。这里只是忽略了对正在研究的性质影响较小的参数。

2.3　双晶体管级

之前研究了经典的单晶体管增益级，现在将扩展到双晶体管结构。从常用的差分对开始，然后研究经典的电流镜，并在其输出中添加共源共栅。

2.3.1　差分对

差分对在电子行业应用中发挥重要作用，其结构图如图 2.8 所示。几乎没有任何集成电路的制造不包含至少一个这样的增益级。

简化　下面将通过假设所有信号围绕中心点是反对称的来简化分析。这个中心点将成为所谓的虚拟接地。它的电压是恒定的，并交流意义上接地。简化如图 2.9 所示。

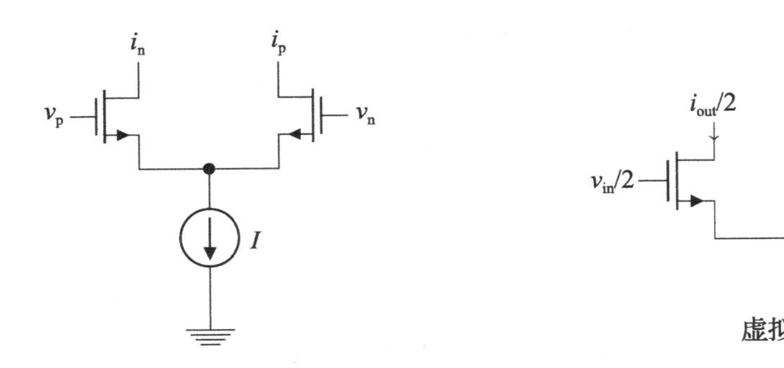

图 2.8　无反馈差分对　　图 2.9　对称差分对

求解　读者可以马上意识到这是刚刚在 2.2 节讨论的共源级。唯一的区别是输入电压是全双晶体管电路输入电压的一半。输出微分跨导现在微不足道：

$$i_{out} = \frac{v_{in}}{2}g_m - \left(-\frac{v_{in}}{2}g_m\right) = v_{in}g_m$$

再次与共源级分析相同，忽略了输入电容和源阻抗。

验证　经典的计算可以在例 2.2 中找到。

评价　已经看到利用对称性可以大大简化电路分析。

2.3.2 非线性扩展

对于差分对，有一个关于三次谐波的有趣的微妙之处。考虑一个差分对模型，其中每条支路都有漏电流：

$$i_{\mathrm{d}} = g_{\mathrm{m}}(v_{\mathrm{g}} - v_{\mathrm{s}}) + g'_{\mathrm{m}}(v_{\mathrm{g}} - v_{\mathrm{s}})^2 \tag{2.5}$$

如果用理想电流源近似源节点上的灌电流，并且忽略任何反馈电阻，则两条支路中的信号电流的总和需要为0：

$$\begin{aligned} i_{\mathrm{d}}^{\mathrm{p}} + i_{\mathrm{d}}^{\mathrm{n}} &= g_{\mathrm{m}}(v_{\mathrm{g}}^{\mathrm{p}} - v_{\mathrm{s}}) + g'_{\mathrm{m}}(v_{\mathrm{g}}^{\mathrm{p}} - v_{\mathrm{s}})^2 + g_{\mathrm{m}}(v_{\mathrm{g}}^{\mathrm{n}} - v_{\mathrm{s}}) + g'_{\mathrm{m}}(v_{\mathrm{g}}^{\mathrm{n}} - v_{\mathrm{s}})^2 \\ &= \{\text{使用} \quad v_{\mathrm{g}}^{\mathrm{n}} = - v_{\mathrm{g}}^{\mathrm{p}} = - v_{\mathrm{g}}\} \\ &\quad g_{\mathrm{m}}(v_{\mathrm{g}} - v_{\mathrm{s}}) + g'_{\mathrm{m}}(v_{\mathrm{g}} - v_{\mathrm{s}})^2 + g_{\mathrm{m}}(- v_{\mathrm{g}} - v_{\mathrm{s}}) + g'_{\mathrm{m}}(- v_{\mathrm{g}} - v_{\mathrm{s}})^2 \\ &\approx - 2g_{\mathrm{m}}v_{\mathrm{s}} + 2g'_{\mathrm{m}}v_{g}^{2} = 0 \end{aligned}$$

其中假设 $v_{\mathrm{s}}^2 \ll v_{\mathrm{g}}^2$，可以得到

$$v_{\mathrm{s}} = \frac{g'_{\mathrm{m}}}{g_{\mathrm{m}}} v_{\mathrm{g}}^2$$

对于 $v_{\mathrm{g}} \sim \sin\omega t$，可以发现源电压含有输入信号 v_{g}的二次谐波。这也是很容易凭直觉说服自己的，源电压“看到”以两倍的频率从每条支路上/下拉。已经确定了共源点能看到二次谐波。这是差分对运算的一个众所周知的结果。假设 $v_{\mathrm{g}} = A\sin\omega t$，下面具体地看一下 i_{d}表达式，即式(2.5)中的二次项：

$$g'_{\mathrm{m}}(v_{\mathrm{g}} - v_{\mathrm{s}})^2 \approx g'_{\mathrm{m}}(v_{\mathrm{g}}^2 - 2v_{\mathrm{g}}v_{\mathrm{s}}) = g'_{\mathrm{m}}\left(v_{\mathrm{g}}^2 - 2\,\frac{g'_{\mathrm{m}}}{g_{\mathrm{m}}} v_{\mathrm{g}}^2\right)$$

最后一项包含三次谐波！它被二阶展开系数所混合。这种三次谐波可以明显大于直接由三阶展开系数产生的谐波。这是差分对运算的一个有趣的现象。请注意此分析中的固有限制，因为这里假设不存在具有存储功能的电路元件，假如存在电容和电感，应用泰勒展开。

2.3.3 电流镜

现在想象一下另一种很常见的拓扑结构——电流镜，如图2.10所示。

增益是很直接可以得出的，把它留给读者。现在来看看这个电路的噪声传输。假设读者熟悉噪声的概念，并在其他课程中学习了各种建模方法。有

关噪声建模的详细信息，请参见附录 A。

简化　通过忽略所有电容简化电路，并假设每个晶体管有两个从漏极到源极的噪声源，如图 2.11 所示。

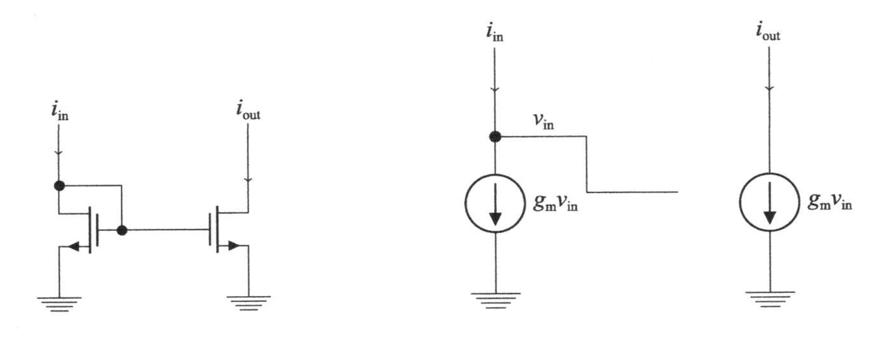

图 2.10　电流镜

图 2.11　线性化电流镜

求解　晶体管 M_1 的噪声传输很简单：

$$i_{n,out,1} = \frac{i_{n,1}}{g_{m,1}} g_{m,2}$$

从另一个晶体管发现

$$i_{n,out,2} = i_{n,2}$$

这两个噪声源是不相关的，因此它们的功率会增加。因此：

$$i_{n,out}^2 = i_{n,out,1}^2 + i_{n,out,2}^2$$

使用共同的假设 $i_n = 4kT\gamma g_m$，得

$$i_{n,out}^2 = 4kT\gamma(g_{m,1} + g_{m,2})$$

稍后将讨论此结构的输出阻抗以及如何改进它。因此，读者将很快意识到输出阻抗：

$$Z_o = r_o \tag{2.6}$$

验证　这个计算可以在参考文献[1—3]中找到。

评价　在后面的计算中要用到的关键经验是，如果噪声功率是不相关的，那么噪声功率就会增加。由于晶体管噪声的一个常见假设是其功率为～g_m，因此对于简单的电流镜结构，产生的噪声与晶体管 g_m之和成正比。

2.3.4　简单共源共栅晶体管

刚刚研究的输出阻抗常常是不足的。一种常见的补偿方法是在电流镜晶

体管的输出端添加另一个共栅级。

下面看看图 2.12 并研究其输出阻抗。

简化 这里做了和前面一样的简化，并围绕着偏置点线性化，如图 2.13 所示。

另外还假设两个晶体管的输出电阻都是 r_o。

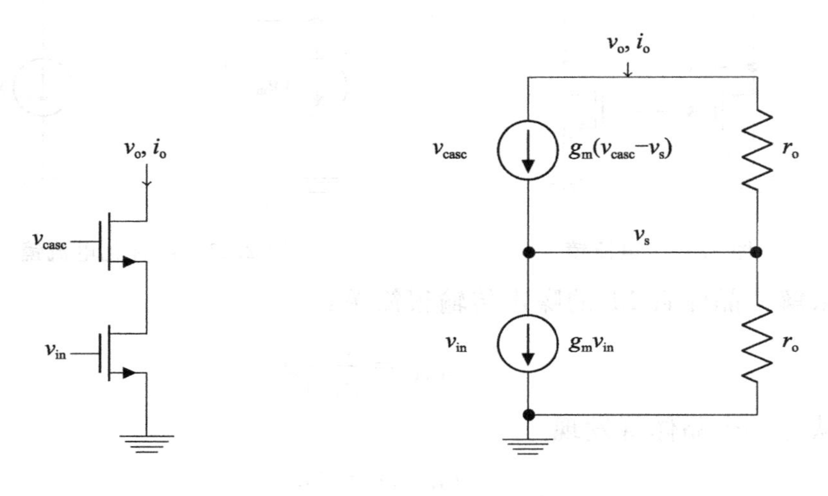

图 2.12 简单共源共栅晶体管　　图 2.13 线性化共源共栅晶体管

求解 已经知道，如果没有共源共栅晶体管，输出阻抗由式(2.6)给出，其中 r_o是单个晶体管的输出电阻。对于共源共栅晶体管，通过在输出端注入电流并设置 KCL 来找到：

$$\frac{v_o - v_s}{r_o} + g_m(-v_s) = i_o$$

$$v_s = i_o r_o$$

联立得

$$\frac{v_o - i_o r_o}{r_o} + g_m(-i_o r_o) = i_o$$

$$i_o(2 + g_m r_o) = \frac{v_o}{r_o}$$

最后得

$$Z_o = (2 + g_m r_o) r_o \tag{2.7}$$

验证　计算可以在例 2.2 中找到。

评价　输出阻抗是单晶体管输出阻抗的 $(2+g_m r_o)$ 倍。在第 3 章中，将看到进一步提高输出阻抗的另一种方法。将在本章后面看到一个例子，其中共源共栅晶体管由一个薄的氧化物晶体管构成，它可以在给定电流下比底部晶体管小得多，从而减小电容负载。这种类型的级联是一种很常见的加强隔离和提高阻抗的结构。

2.3.5　CMOS 反相器

CMOS 反相器是另一个经典电路，如图 2.14 所示。

这个电路通常是在考虑传输延迟的情况下研究的[4,5]。在本节中，将研究它的输入阻抗随频率的变化以及它在跳变点附近的增益。在 2.3.6 节中，将了解交叉耦合反相器如何在跳变点附近工作。

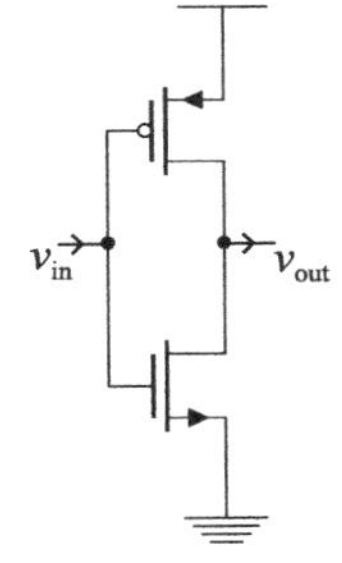

图 2.14　CMOS 反相器

简化　通过查看输出等于输入的跳变点附近的增益来简化，这里将使用图 2.15 所示的简化模型。

晶体管的偏置使得每个晶体管都处于饱和状态，并且沟道电荷不会对栅极-漏极电容产生影响。但是由于边缘电容在小尺寸 CMOS 技术中可能占总电容的很大一部分，因此在这里包括了这种电容器。现在，计算它的增益和输入阻抗。

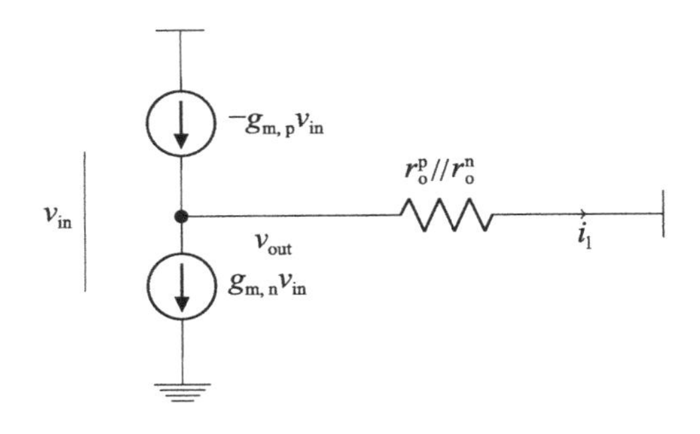

图 2.15　跳变点附近的简化 CMOS 反相器

求解　先看一下直流增益，忽略所有电容。这里有

$$i_1 = (-g_m^p - g_m^n)v_{in}$$

并且

$$v_{out} = i_1(r_o^p /\!/ r_o^n) = (-g_m^p - g_m^n)v_{in}(r_o^p /\!/ r_o^n) = -g_m r_o v_{in} \tag{2.8}$$

式中，假设 g_m是 NMOS 和 PMOS 晶体管的平均跨导；$r_0=2(r_o^p /\!/ r_o^n)$，见参考文献[5]。

直流输入阻抗实际上是无穷大的(不计算由于隧道造成的小漏电流)。对于某些较高频率的输入阻抗，可以在第一次分析中忽略并联接地电容的影响，稍后再加上。现在可以使用图 2.16 中所示的简单模型，其中使用两个晶体管的平均跨导来计算增益和阻抗。反相放大器的电容是一个复杂的结构，甚至包含非线性实体。在这里，将假设电容为常数来简化此过程。

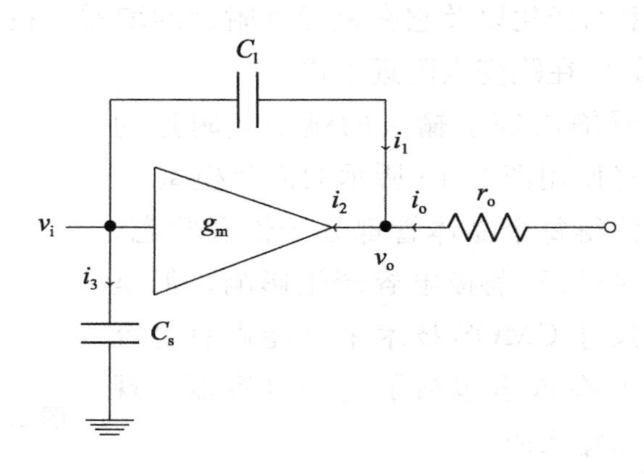

图 2.16　使用平均跨导的简单反相器模型

对增益：

$$v_o = -i_o r_o \tag{2.9}$$

$$i_1 + i_o = i_2 \tag{2.10}$$

$$i_1 = C_1 \frac{d(v_i - v_o)}{dt} \tag{2.11}$$

$$i_2 = v_i g_m \tag{2.12}$$

$$i_3 = C_s \frac{dv_i}{dt} \tag{2.13}$$

联立式(2.10)～式(2.12)得

$$i_1 + i_o = C_l \frac{d(v_i - v_o)}{dt} - \frac{v_o}{r_o} = v_i g_m$$

重新排列得

$$-\frac{dv_o}{dt}C_l - \frac{v_o}{r_o} = v_i g_m - \frac{dv_i}{dt}C_l \tag{2.14}$$

在时域中使用它，因为稍后将使用该描述。在频域有

$$-j\omega C_l v_o - \frac{v_o}{r_o} = v_i g_m - j\omega v_i C_l$$

移项得

$$\frac{v_o}{v_i} = \frac{-g_m + j\omega C_l}{j\omega C_l + 1/r_o} \tag{2.15}$$

输入阻抗可通过下式计算：

$$i_1 = j\omega\left(1 - \frac{-g_m + j\omega C_l}{j\omega C_l + 1/r_o}\right)v_i C_l = j\omega\left(\frac{g_m + 1/r_o}{j\omega C_l + 1/r_o}\right)v_i C_l$$

联立得

$$\frac{v_i}{i_1 + i_3} = \frac{(j\omega C_l r_o + 1)}{j\omega C_l(g_m r_o + 1) + j\omega C_s(j\omega C_l r_o + 1)} \tag{2.16}$$

验证　可以在参考文献[5]中找到该跳变点传递函数，即式(2.15)，其余的计算和微分方程的推导都可以使用模拟器或符号操作软件进行验证。主要时间常数为 $r_o C_l$，与例 2.4 一致。还可以从低频的式(2.15)中发现，可以恢复式(2.8)。对于低频，输入阻抗式(2.16)达到预期的无穷大；对于高频，阻抗变为零，并联电容 C_s 会使放大器短路。所有这些都符合该模型的预期。

评价　在这个近似模型中，反相器带宽只是输出负载电阻和交叉电容的 RC 时间常数。高频输入阻抗接近于零。

2.3.6　交叉耦合 CMOS 反相器

前面快速研究了基本的 CMOS 反相器级。现在，将使用已经学到的知识来研究一个更复杂的系统：交叉耦合 CMOS 反相器。在此处包括输入/输出并联电容和接地输入电容。

简化　使用如图 2.17 所示的简单描述。

当反相器变得不平衡时，这种简化开始失效，但是作为对这种电路行为的初步研究，它会被证明是很有见地的，将在第 3 章中使用它。

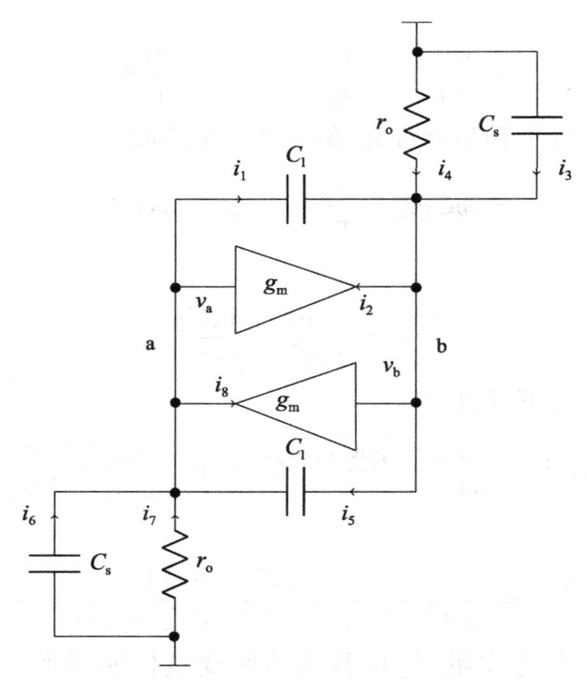

图 2.17　交叉耦合反相器及其带有输入/输出并联电容和接地电容的简化模型

求解　首先用图 2.17 中的参数建立基本的循环方程：

$$i_1 + i_8 = i_6 + i_7 + i_5 \tag{2.17}$$

$$i_5 + i_2 = i_4 + i_3 + i_1 \tag{2.18}$$

$$i_1 = \frac{\mathrm{d}(v_a - v_b)}{\mathrm{d}t} C_1 = -i_5 \tag{2.19}$$

$$i_2 = v_a g_m \tag{2.20}$$

$$i_8 = v_b g_m \tag{2.21}$$

$$v_a = -i_7 r_o \tag{2.22}$$

$$v_b = -i_4 r_o \tag{2.23}$$

$$i_3 = -\frac{\mathrm{d}v_b}{\mathrm{d}t} C_s \tag{2.24}$$

$$i_6 = -\frac{\mathrm{d}v_a}{\mathrm{d}t} C_s \tag{2.25}$$

有 10 个未知数和 10 个方程式，因此应该能够在这里得到一些结果。首先可以看到问题中存在反对称性：

$$v_a = -v_b, i_4 = -i_7, i_3 = -i_6, i_2 = -i_8$$

因此

$$i_1 - i_2 = -i_3 - i_4 - i_1 \tag{2.26}$$

$$v_a = i_4 r_o \tag{2.27}$$

$$i_1 = 2\frac{dv_a}{dt}C_1 \tag{2.28}$$

$$i_2 = v_a g_m \tag{2.29}$$

$$i_3 = \frac{dv_a}{dt}C_s \tag{2.30}$$

联立式(2.26)～式(2.30)得

$$2i_1 = 4\frac{dv_a}{dt}C_1 = i_2 - i_3 - i_4 = v_a g_m - \frac{dv_a}{dt}C_s - \frac{v_a}{r_o}$$

化简得

$$\frac{dv_a}{dt}(4C_1 + C_s) = v_a\left(g_m - \frac{1}{r_o}\right)$$

解得

$$v_a = K e^{t/\tau} \tag{2.31}$$

其中

$$\tau = \frac{4C_1 + C_s}{g_m - 1/r_o} \tag{2.32}$$

注意这个因数 4，它是简单循环的结果，类似于米勒效应。并联电容 C_1 对应于栅漏电容 C_{gd}，C_s是栅源电容 C_{gs}。在饱和状态下，从初级课本上可以知道 $C_{gs} \approx 2/3C_{ox}$。如果看附录中的边缘栅漏电容，就会发现它大约是栅源电容的 1/2。式(2.32)分子中的总电容为

$$4C_1 + C_s = 4\frac{1}{3}C_{ox} + \frac{2}{3}C_{ox} = 2C_{ox} \tag{2.33}$$

最后，使用附录 A 中的晶体管这个过程的时间标度为

$$\tau = \frac{2C_{ox}}{g_m - 1/r_o} \tag{2.34}$$

验证 这在仿真器中很容易验证。

评价 对于小尺寸 CMOS，栅漏边缘电容是不可忽略的。实际上，交叉耦合对中的类似米勒现象放大了它的作用。有趣的是时间刻度并不像之前那样由 $r_o \cdot C$ 设置，$r_o g_m$ 的一个阶段的增益加快了循环，这里的时间刻度要小得多。

2.3.7 设计实例

例 2.3 带共源共栅和大输出阻抗的电流镜

在设计例 2.2 中，定义了设计的跟随器(CD)级灌电流所需的输出阻抗。在这里设计一个灌电流，它可以吸收所需的电流，同时提供所需的输出阻抗，详见表 2.3。

表 2.3 共源共栅电流镜规格参数表

规格参数	值	备注
电压规定	>500 mV	
输出电阻	>1000 Ω	
直流电流	10 mA	

解：

已经知道该工艺中最小尺寸器件本征增益为 $g_m r_o \approx 10$，见附录 A。通过简单的共源共栅，镜晶体管的输出阻抗可以比它本身的输出阻抗大 10 倍。从附录中可以看出，$l=200$ nm 厚的氧化物晶体管就足够了，它的输出电阻约为 2.5 kΩ。它需要至少 300 mV 才能饱和，如附录 A 中图 A.4 所示。共源共栅晶体管的漏源电压为 200 mV，从附录 A 中图 A.2 可以看出，栅源电压约为 470 mV 就足够了。总灌电流为 10 mA，这意味着可以将晶体管偏置在 V_g 约为 770 mV、$m=20$ 的情况下，以获得所需的电流，输出电阻为 125 Ω。

从表 2.4 中找到参数作为起点。

表 2.4 灌电流初始规格

规格参数	值	备注
M_1，薄氧化层	$W/L=200$ μm/30 n	
M_2，厚氧化层	$W/L=200$ μm/200 n	
输出电阻	1.25 kΩ	$V_{out}=500$ mV

仿真结果见表 2.5。在 500 mV 时，输出电阻为 1.1 kΩ，略高于本书的规格。共源共栅晶体管的 $g_m r_o$ 值没有等于 10，因此与估计值之间存在差异。

表 2.5　仿真优化后的最终规格参数表

规格参数	值	备注
M_1，薄氧化层	$W/L=200\ \mu m/30\ n$	
M_2，厚氧化层	$W/L=200\ \mu m/200\ n$	
输出电阻	1.1 kΩ	$V_{out}=500$ mV

通过这种灌电流的设计，将与例 2.2 一起使用，这是可以在第 7 章中使用的完整共漏级。

2.4　本章小结

本章从估计分析角度分析了常见的晶体管增益级。可以发现，通过去除增益和阻抗的次要因素，得到了一个简单的可以作为仿真器微调的起点的性能模型。另外还简要介绍了基本增益传递函数的非线性扩展，发现可以对特定结构在宽负载电阻范围，在几分贝内模拟这种效应。这个想法可以概括为一个简化、求解、验证、评价过程。本章展示了几个遵循这个流程的例子，目的是在一个熟悉的领域里向读者展示流程，将在后面的内容中冒险进入不太常见的领域。

2.5　练习

1. 研究差分对的共模特性、增益和输出阻抗。验证！

2. 计算共漏级的三阶校正。用下式验证：

$$v_o=\frac{-g_m R_l}{1+g_m R}v_{in}+\frac{-g'_m R_l}{(1+g_m R)^3}v_{in}^2+\frac{2g'^2_m R_l R-g''_m R_l(1+g_m R)}{(1+g_m R)^5}v_{in}^3$$

3. 计算共源级的增益和输入阻抗，其中晶体管具有源极负反馈阻抗。验证！

4. a. 在源极带有一个负反馈电阻，将二阶校正推导至共源级。提示，与共漏级进行比较。b. 包括 r_o 的非线性。

5. 在交叉耦合反相器中，通过对图 2.17 中的节点 a、b 注入电流来计算微分导纳并计算两端的电压。这个表达式将在后面的内容中有用[答案：$\frac{i}{v} = -g_m + \frac{1}{r_o} + j\omega(C_{sh} + 4C_{cr})$]。

2.6 参考文献

[1] D. A. Johns and K. Martin, *Analog Integrated Circuit Design*, Hoboken, NJ: Wiley, 1996.

[2] R. Gray, J. Hurst, S. Lewis, and R. Meyer, *Analysis and Design of Analog Integrated Circuits*, 5th edn., Hoboken, NJ: Wiley, 2009.

[3] B. Razavi, *Design of Analog CMOS Integrated Circuits*, 2nd edn., New York: McGraw-Hill, 2016.

[4] R. J. Baker, H. W. Li, and D. E. Boyce, *CMOS Circuit Design, Layout and Simulation*, 3rd edn., New York: IEEE Press, 2010.

[5] A. Sedra and K. C. Smith, *Microelectronic Circuits*, 7th edn., Oxford, UK: Oxford University Press, 2014.

高级放大级

学习目标：

- 将估计分析应用于更复杂的放大器
  - 增益计算——放大器级联
  - 噪声传递
  - 时域电路描述——比较器

3.1 简介

在本章中，将讨论更复杂的放大器结构。按照第 2 章中的方法，将在本章采用估计分析方法对放大器进行分析。例如，计算非常类似于参考文献[1-3]，并且它们的目的更多是在熟悉的环境中运用该方法，而不是论证任何新见解。

本章从一个众所周知的五晶体管放大器开始，五晶体管放大器是一个经典的面试问题，接着是带有反馈的共源共栅级放大器。接下来讨论比较器，将重点放在简单的时域和噪声分析上。之后，将研究级联放大器以及增益、噪声和线性度等含义。最后，展示几个设计实例，这些实例将在后续的内容中使用，在这些内容中将构建几个成熟、完整的设计实例，同时也展示几个使用简单模型开发的标准模块，这些模块将有助于设计最终电路。

3.2 五晶体管放大器

典型的五晶体管放大器如图 3.1 所示。它以各种形式应用于整个电路领域。在这里，我们将重点讨论噪声传递，但是首先简要介绍其工作原理。

简化 首先，通过假设各种晶体管具有相同的 g_m 和 r_o 来简化。然后假设尾电流偏置晶体管的输出电导为零。放大器的输出阻抗等效为输出节点和电源之间的电阻 $r_o = r_{o,p} // r_{o,n}$。

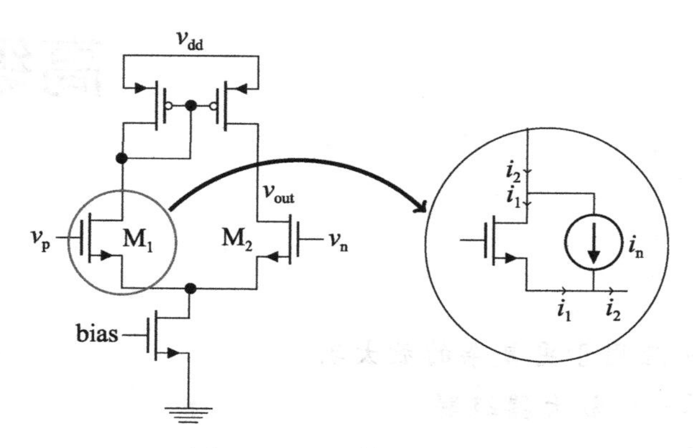

图 3.1 五晶体管放大器

求解 放大器的基本原理是，差分对的跨导增益使得电流流入负载。其中负载是简单电流镜，镜像到输出端的晶体管 M_1 产生的电流和晶体管 M_2 产生的相应电流相位相反。最后给出的输出电压摆幅是输出电流乘负载 r_o，而 $v_{in} = v_p - v_n$：

$$v_{out} = \frac{v_{in}}{2} g_m 2r_o = v_{in} g_m r_o$$

并且增益为

$$A = \frac{v_{out}}{v_{in}} = g_m r_o$$

验证 该经典计算可以在参考文献[3]中找到。现在看一下噪声传输，这也是一个常见的面试问题。

简化

- 不同晶体管的噪声是不相关的，因此噪声功率可叠加。
- 噪声电压很小，因此线性电路足以获得噪声传输函数。
- NMOS 晶体管具有相同的跨导 $g_{m,n}$，PMOS 晶体管也有相同的跨导 $g_{m,p}$。

求解 下面将通过计算来自每个噪声源的噪声传递来求解该问题并加上噪声输出功率。通过计算源极和漏极的 KCL，可以看到一半的噪声电流流经相对的晶体管的源节点进入 PMOS 电流镜，另一半的噪声电流流经相同的晶体管并自成回路，请参见图 3.1 的放大部分。流经相对的晶体管的噪声电流组成的回路使电流通过 PMOS 负载镜像，并且两个半电流在输出节点叠加。可以得到

$$i_{n,1}^{out} = \frac{i_{n,1}}{2}\frac{g_{m,p}}{g_{m,p}} + \frac{i_{n,1}}{2} = i_{n,1} = \sqrt{4kT\gamma g_{m,n}}$$

$$i_{n,2}^{out} = \frac{i_{n,2}}{2}\frac{g_{m,p}}{g_{m,p}} + \frac{i_{n,2}}{2} = i_{n,2} = \sqrt{4kT\gamma g_{m,n}} = i_{n,1}$$

PMOS 电流镜像要简单得多，由 2.3.3 节可知$(i_p^{out})^2 = 2 \cdot 4kT\gamma g_{m,p}$。

最后，电流偏置晶体管的电流分为两部分：其中一半流经 PMOS 镜；另一半直接流向输出负载电阻。根据电流的流向可以得到

$$i_{n,bias}^{out} = \frac{i_{n,bias}}{2} - \frac{i_{n,bias}}{2} = 0$$

现在，总输出噪声电压变为

$$v_{n,o}^2 = (2 \cdot 4kT\gamma g_{m,n} + 2 \cdot 4kT\gamma g_{m,p})r_o^2 = 8kT\gamma(g_{m,n} + g_{m,p})r_o^2$$

且相关输入为

$$v_{n,i}^2 = \frac{v_{n,o}^2}{g_{m,n}^2 r_o^2} = \frac{8kT\gamma}{g_{m,n}}\left(1 + \frac{g_{m,p}}{g_{m,n}}\right)$$

式中假设 NMOS / PMOS 的校正因数 γ 是相同的。

验证　参见例 3.1 和例 3.2，它们详细讨论了该问题。

评价　该最终表达式看似简单。它的关键点是差分对晶体管的噪声电流均匀分配，并通过两条不同的路径传输到输出点。

3.3　带有源反馈的共源共栅级放大

在第 2 章中，看到了共源共栅晶体管如何改善电流镜的输出阻抗。可以更进一步，引入有源反馈实现更高的阻抗。如图 3.2 所示，放大器检测到共源共栅源极电压并把它放大，用以驱动共源共栅晶体管的栅极。接下来，将在前面一直使用的估计分析框架中对其进行分析。

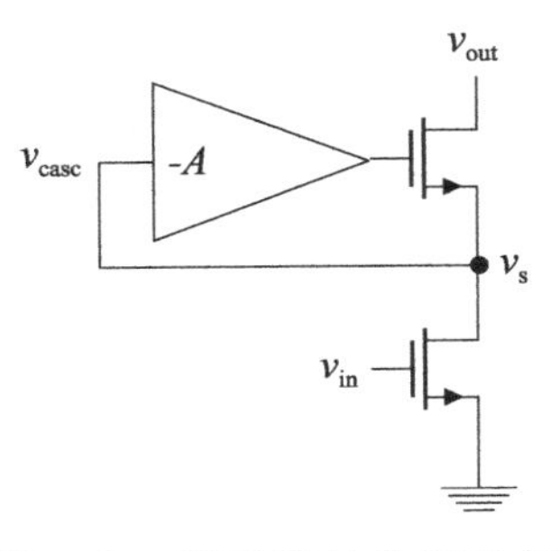

图 3.2　带反馈的共源共栅级放大器

简化　通过假设其增益具有无限带宽来简化。有限带宽的情况留给读者解决。

求解　和之前的例子一样，这里有

$$\frac{v_o - v_s}{r_o} + g_m(v_g - v_s) = \frac{v_o - v_s}{r_o} + g_m(-Av_s - v_s)$$

$$= \frac{v_o - v_s}{r_o} - g_m v_s(A+1) = i_o$$

与之前唯一不同的是，跨导前的增益为$(A+1)$。结果是

$$Z_o = (2 + (A+1)g_m r_o)r_o$$

验证　该计算可以在参考文献[2]中的示例找到，其中详细研究了有源共源共栅情况。

评价　如前面的示例所示，共源共栅晶体管结构可以极大提升输出阻抗，同时在回路结构中引入了一个额外放大器。

3.4　比较器电路

比较器电路如图 3.3 所示。这种所谓的强臂(strong-arm)比较器是现代集成电路数据转换器中的最常见结构。它因低功耗(一般为几毫瓦)、高增益和高速度而广受欢迎。这里将分几个步骤分析电路，并对每个步骤进行估计

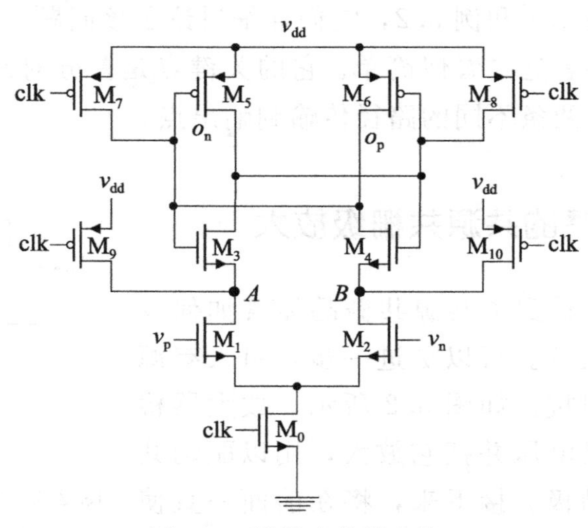

图 3.3　强臂比较器电路

分析。参考文献[5,6]里对这种常见的电路拓扑结构有大量的分析，下面的讨论较为简短，仅举几个例子。

3.4.1　比较器分析

把电路视作时间的函数分为 3 个阶段，分析就自然地简化了：

- 复位阶段。这时晶体管 $M_7 \sim M_{10}$ 打开，上拉节点 o_p、o_n、A、B 到 v_{dd}。同时，电路尾部的开关 M_0 会关闭差分对，以便将其余节点拉高到 v_{dd}。
- 初始化阶段。复位电压升高，使差分对激活，并释放其余节点 o_p、o_n、A 和 B。节点 A、B 开始被差分对拉低，直到 NMOS 晶体管 M_3、M_4 第一次打开，然后输出节点 o_p、o_n 开始被拉低，直到 PMOS 晶体管 M_5、M_6 的栅极电压低于其阈值。节点 A、B 继续被拉低到地，实际上使差分输入对短路。
- 反馈放大阶段。此时差分输入对与工作电路断开，输出级交叉耦合反相器开始判断输入是高还是低。

其中人们基本上会忽略复位阶段。更多的是因为空间的限制而不是对它有任何偏见。这里将按照估计分析中的步骤简要讨论最后两个阶段。

1. 初始化阶段

在初始化阶段，节点从它们的复位电压 v_{dd} 开始，并根据输入电压或多或少快速地移动到顶部 PMOS 晶体管开启点。在这里，首先展示一种可能的方法来简化这一阶段并捕获它的一些特性。然后求解这个简化了的模型并与仿真结果进行比较。

简化　这个阶段的工作过程如图 3.4 所示。这里已经移除尾部开关，只看电路的一侧。这里将估计在 A、o 处电容放电的时间尺度。

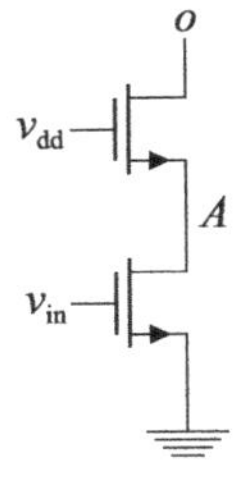

图 3.4　强臂比较器的初始化阶段

求解　电容放电的时间尺度可以从控制微分方程中找到，本书将在这里给出一个简单的例子。从基础教科书中可以看出，电容量为 C 的电容器电荷为

$$Q = CU$$

式中，U 是电容器上的电压。

对时间求导得

$$\frac{\mathrm{d}Q}{\mathrm{d}t} = I(t) = C\frac{\mathrm{d}U}{\mathrm{d}t}(t)$$

式中，$I(t)$是流过电容器的电流。

可以通过近似假设$\mathrm{d}U/\mathrm{d}t \approx \Delta U/\tau$ 估计时间常数 τ，并可得

$$\tau = C\frac{\Delta U}{I}$$

对于这里的电路，可以看到电流通过晶体管 M_1使节点 A 放电。电容值 C_A是由 M_1和 M_3的结电容级联组合决定的。当 A 点电压达到 $v_{dd} - V_t$时，晶体管 M_3开启。于是可得

$$\tau_{i,1} = \frac{V_t C_A}{I_b} \tag{3.1}$$

式中，V_t是晶体管 M_3的阈值电压。

此时电流持续使得节点 A 放电，直到节点 A 为地电压，并且还使得输出节点 O 放电，直到节点 O 下降到足以使 PMOS 晶体管导通为止。假设节点 A 电位为地，这将导致输出节点的时间常数为

$$\tau_{i,2} = \frac{V_t C_o}{I_b} \tag{3.2}$$

假设晶体管 M_3和 M_5的阈值电压相同。在本章中，将只讨论各种约束条件，并假设依具体情况而定的初始化阶段的相关时间常数取决于式(3.1)或式(3.2)。有关初始化阶段的仿真，如图 3.5a 和图 3.5b 所示，其中输入节点电压相同。

2. 反馈放大阶段

在此阶段，晶体管开始看起来像交叉耦合反相器，这里将采用 2.3.6 节讨论的结果，系统时间推导过程如下

$$v_0 \sim \mathrm{e}^{t/\tau_r}$$

其中

$$\tau_r = \frac{C_o}{(g_{m,n} + g_{m,p})/2} \tag{3.3}$$

该操作很容易通过如图 3.5c 所示验证，其中反馈放大周期显而易见。

验证　在参考文献[5]中对这个案例进行了更详细的研究。

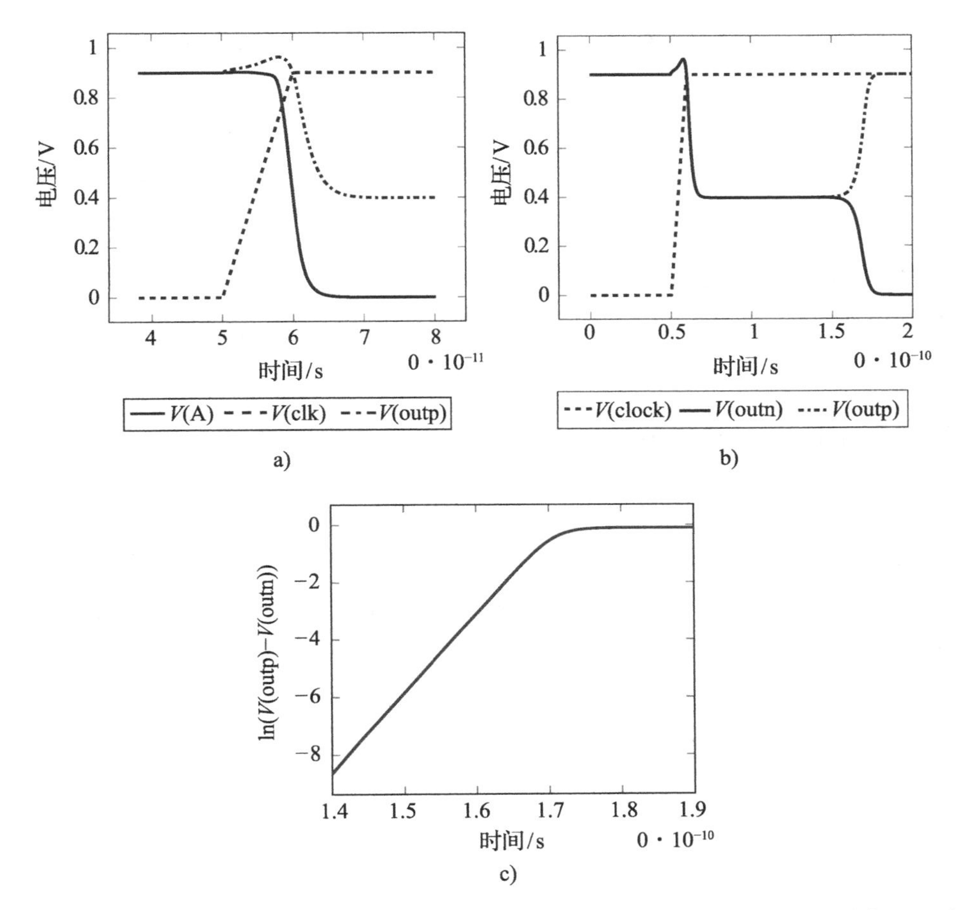

图 3.5　比较器判决时序的仿真，各节点电压如图 3.5a 和图 3.5b 所示。图 3.5c 所示为输出差分电压的对数以表示反馈放大时间常数

评价　从时间常数的估计来看，需要有一个大的输入级来产生足够的电流和低电容负载，以减少做出响应所需的时间。当输出端有容性负载 C_{load} 时，式(3.3)中的反馈放大时间 τ_{r} 表明它与输出电容直接相关。需要确保交叉耦合对中有足够的跨导 g_{m} 去驱动它。针对该输出负载，则有 $C_{\text{o}}=C_{\text{load}}+C_{\text{self}}$，其中 C_{self} 可以从式(2.33)中得到：

$$\tau_{\text{r}}=\frac{2C_{\text{o}}}{(g_{\text{m,n}}+g_{\text{m,p}})}=\frac{2C_{\text{load}}+2C_{\text{self}}}{(g_{\text{m,n}}+g_{\text{m,p}})}$$

固有电容 $C_{\text{self}}=2C_{\text{ox}}\sim WL$，与交叉耦合晶体管的沟道宽度 W 和沟道长度 L 的积成正比。$C_{\text{load}}\sim(W\cdot L)\mid_{\text{load}}$ 是负载电容，其值与晶体管尺寸成正

比。从晶体管原理的初级课本上可以知道 $g_m \sim W/L$，所以有

$$\tau_r \sim \frac{(WL)|_{load} + WL}{W/L} = \frac{L}{W}(WL)|_{load} + L^2$$

在没有输出负载的情况下，应该使用最小长度的器件以获得最佳的反馈放大速度。为了使整个时间常数最小化，电容需要最小化，从而使交叉耦合器件的宽度 W 最小。在特定负载下，最小沟道长度 L 是合适的。沟道宽度 W 应尽可能大，以克服负载电容，但也会受限于其所提供给输入级的电容。

3. 亚稳态

输出的正反馈特性导致输出电压随时间呈指数增长：

$$v_o = v_{start} e^{\frac{(t-t_0)}{\tau_r}} = v_{start} e^{\frac{t_d}{\tau_r}}$$

这里已经定义了判决时间 $t_d = t - t_0$，试想现在 $v_{start} = 0$，这将无限期地导致 $v_o = 0$。这被称为亚稳态条件，接下来将通过估计分析来研究这种现象的影响。

简化 现在将忽略任何噪声、热或其他影响因素。假设存在某一确定电压 v_x，如果交叉耦合对的输出超过该电压，则后续的电路可以正常工作。这里还将注解一下，对于给定判决时间 t_d 和反馈放大时间 τ_r，在时间 t_d 内达到 v_x 所需的输入电压是 v_c。则有

$$v_x = v_c e^{\frac{t_d}{\tau_r}}$$

这里将用 v_{FS} 表示输入端的满量程电压(见图 3.6)，而最后 v_{LSB} 是最低有效位电压。如果输入在灰色区域内，则输出不确定。

现在将求解误码率。

求解 假设调整 t_d 或者 τ_r 使 v_c 减少为原来的 1/2。现在，做出错误判决的可能性也减少为原来的 1/2，因为图 3.6 中的灰色区域只有原来的一半。然后就可以得到下面的错误概率公式：

$$P(E) \sim \frac{v_c}{v_{FS}} = K_m \frac{v_c}{v_{FS}}$$

这里需要定义常数 K_m，并且可以观察到如果 $v_c = 0.5$LSB，将在一半的时间内做出错误的判定，换句话说，错误率约为 10^0。常数 K_m 必须是 $v_{FS}/(0.5v_{LSB})$。重写表达式则有

$$P(E)=\frac{v_{\mathrm{c}}}{0.5v_{\mathrm{LSB}}}=\frac{v_{\mathrm{x}}}{v_{\mathrm{FS}}/2^{\mathrm{N+1}}}\mathrm{e}^{-\frac{t_{\mathrm{d}}}{\tau_{\mathrm{r}}}} \tag{3.4}$$

式中，N 是系统位数。

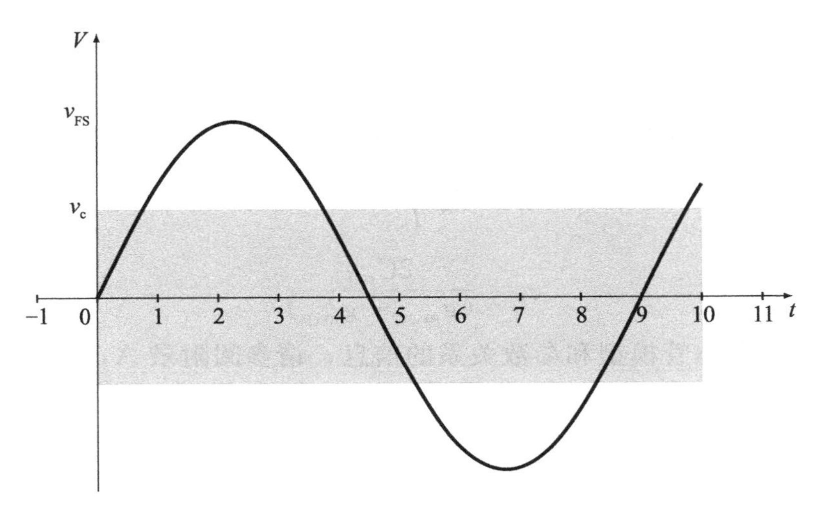

图 3.6　灰色表示判定区域不确定的输入信号

验证　这种计算可以在大多数标准 ADC 文章如参考文献[8,9]中找到。

评价　可以断定，比较器运行的时间越长，误码率越小。这不足为奇，但是过程的指数性质是一个重要特征。如果可以调整指数，则成效要比调整其他因数高得多。

4. 差分输入对的尺寸

在满足输入的最大负载要求的同时，差分输入对应尽可能大。在某些情况下，输入对自身的电容将由负载占主导，进一步增大尺寸也无济于事。

5. 复位开关尺寸

最后，需要设置复位开关。幸运的是，它们的操作相对简单。当开关导通时，它将使讨论中的电容器放电，并且时间常数仅由压摆率决定：

$$\tau_{\mathrm{reset}}=\frac{v_{\mathrm{dd}}}{I_{\mathrm{switch}}}C_{\mathrm{l}}\sim\frac{L_{\mathrm{switch}}v_{\mathrm{dd}}}{W_{\mathrm{switch}}}C_{\mathrm{l}}$$

式中，C_{l}是合适的负载。

与交叉耦合反相器一样，该晶体管还需要具有尽可能短的沟道长度和尽可能宽的沟道宽度。沟道宽度将受到负载的限制，该负载为判定电路的输出和比较器的输入跨导。

6. **无输出负载**

也许一个更有趣的讨论是，对于给定的工艺，如何快速移植这种拓扑结构的问题。下面再看看各种不同的时间常数，但这次假设在输出端没有负载。输入级仍然需要尽可能大，假设它的负载由它本身的电容决定，于是有

$$\tau_i = C_A \frac{V_t}{I_b}$$

$$\tau_r = \frac{2C_{self}}{(g_{m,n} + g_{m,p})}$$

有关基本晶体管模型和参数关系的信息，请参阅附录 A，则有

$$I_b = K\frac{W}{L}(V_G - V_t)^2$$

其中假设 V_G、V_t 已知。又有

$$C_{self} = 2C_{ox} = 2K_1 W \cdot L$$

将漏极电容作为节点 A 的电容：

$$C_A = K_2 W$$

$$g_{m,n} \approx g_{m,p} = 2K\frac{W}{L}\left(\frac{v_{dd}}{2} - V_t\right)$$

现在可以将时间常数估计为

$$\tau_i = \frac{V_t K_2 W}{K\frac{W}{L}(V_G - V_t)^2} = \frac{V_t K_2 L}{K(V_G - V_t)^2}$$

$$\tau_r = \frac{2K_1 W_c L^2}{2KW_c\left(\frac{v_{dd}}{2} - V_t\right)} = \frac{K_1 L^2}{K\left(\frac{v_{dd}}{2} - V_t\right)}$$

从附录 A 中查找该特定工艺的相关参数，于是有

$$K = 0.7 \cdot 10^{-4}\left(\frac{A}{V^2}\right) \quad K_1 = 30 \cdot 10^{-3}\left[\frac{F}{m^2}\right] \quad K_2 = 2 \cdot 10^{-10}\left[\frac{F}{m}\right]$$

$$V_t = 350m[V] \quad V_G = 500m[V]$$

$$L = 30[nm]$$

代入得

$$\tau_i = 1.5 \cdot 10^4\left(\frac{0.4 \cdot 2 \cdot 10^{-10} \cdot 3 \cdot 10^{-8}}{10^{-2}}\right) = 3.6\ \text{ps}$$

$$\tau_r = 1.5 \cdot 10^4\left(\frac{30 \cdot 10^{-3} \cdot 9 \cdot 10^{-16}}{0.1}\right) = 4\ \text{ps}$$

和仿真结果 $\tau_i \sim 3$ ps、$\tau_r = 3.6$ ps 相比，这里的估计结果相差无几。

以上没有考虑复位时间，该值大概是

$$\begin{aligned}\frac{L_{\text{switch}} v_{\text{dd}}}{KW_{\text{switch}}(V_g - V_t)^2} C_l &\approx \frac{L_{\text{switch}} v_{\text{dd}}}{KW_{\text{switch}}(V_g - V_t)^2} K_2 W \\ &= 10^4 \cdot 1.5\frac{3 \cdot 10^{-8}}{3 \cdot 10^{-6} \cdot 0.25} 2 \cdot 10^{-10} \cdot 10 \cdot 10^{-6} \\ &= 10^4 \cdot 1.5 \cdot 10^{-2} \cdot 4 \cdot 10^{-16} \cdot 20 \sim 1.2[\text{ps}]\end{aligned}$$

对于这些估计，需要增加有限的时钟上升/下降时间。

可以通过评估误码率来了解准确度。假设除反馈放大时间 τ_r 外所有时间常数均为零，另外还假设采样率为 25 GS/s 或采样周期为40 ps。进一步假设有一个 6 位系统，其满量程电压 $v_{FS} = 800$ mV，判决电压 $v_x = 200$ mV，由式(3.4)可得

$$P(E) = \frac{0.2}{0.8/128} e^{-40/4} \approx 10^{-3}$$

实际上，需要为剩余步骤预留出一些时间。通信系统中的典型误码率是 10^{-6}，因此很难在这种工艺中以合理的误码率使这些晶体管达到25 GS/s。可以通过使用 V_t 较低的器件或其他类似方案以达到更长的采样时间来改善这种情况。以 12.5 GS/s 的采样频率为例，可以发现最小误码率为

$$P(E) = \frac{0.2}{0.8/128} e^{-80/4} \approx 10^{-7}$$

这看起来是一个更好的选择，但是回想一下，这意味着需要一个远非50%的占空比，并且其余的时间常数都要很小。

3.4.2 比较器噪声分析

现在，我们将按照刚才用来估计基本时间常数的步骤分析强臂比较器的噪声传输。这里将专注于噪声传输，最终关注信噪比(SNR)。假定输入信号

已经被采样，并且在比较器工作期间保持恒定。这里也只会寻找比例关系，看看晶体管参数是如何影响噪声的。与参考文献[5]中进行的更详细的分析相比，得到了相当简单的表达式。

1. **初始化阶段**

现在假设噪声信号由流经输入级晶体管源—漏极的简单噪声源来近似。

简化 在此阶段，跨导器底部的时钟开关处于打开状态，从而开启输入级。其中假设 A 的电容小于输出负载，$C_A \ll C_o$，输出晶体管 M_3 视为共栅级。当聚焦于最大可能速度时，与之前所见的约束恰好相反，这其中人们所看到的情况是在输出端有相当大的负载。由于输入级的大小受到所需速度的限制，并且使用典型的输出负载，这是一个合理的假设。在这个阶段，还假设输入本身是一个常数。此外，假设所涉及的时间常数下的平均噪声为

$$\langle i_n \rangle^2 = f_{BW,i} 4kTg_m\gamma$$

式中，$f_{BW,i}$为将相关时间常数归一后估计的带宽，其中

$$f_{BW,i} \sim \frac{1}{\tau_i} \approx \frac{I_b}{V_t C_o}$$

求解 下面将在时域中研究这个问题。输出电压非常简单：

$$C_o \frac{dv_o^n(t)}{dt} = -i_n(t)$$

由于只知道时间平均噪声功率 $\sqrt{\int i_n^2(t)dt/T} = \langle i_n \rangle$，因此微分方程的解可以估计为平均值：

$$\langle v_o^n(\tau_i) \rangle \sim \frac{\langle i_n \rangle}{C_o}\tau_i$$

$$\langle v_o^n(\tau_i) \rangle^2 \sim \frac{\langle i_n \rangle^2}{C_o^2}\tau_i^2 = \frac{4kTg_{m,1}\gamma}{C_o^2}\tau_i$$

对于信号本身得到类似的结论，由 $i(t) = g_m v_{in}$ 得

$$v_o(\tau_i)^2 = \frac{g_m^2 v_{in}^2}{C_o^2}\tau_i^2$$

通过这些简化，第二个晶体管在此阶段不会产生噪声。

2. **反馈放大阶段**

对于反馈放大阶段，将再次查看图 2.17。

简化 现在通过假设输入对的漏极接地来简化，因此仅需要两个交叉耦合反相器。因此在此阶段，输入晶体管与输出断开，不会产生噪声，也不会直接影响输出。

求解 由于交叉耦合对的正反馈性质，再次使用简单的缩放扩展参数：

$$\langle v_{n,o}(t)\rangle^2 \sim \frac{\langle i_n\rangle^2}{C_o^2}\tau_r^2\exp\left(2\frac{t-\tau_i}{\tau_r}\right)$$

$$= f_{BW,r}\frac{4kT\gamma(g_{m,p}+g_{m,n})}{C_o^2}\tau_r^2\exp\left(2\frac{t-\tau_i}{\tau_r}\right)$$

$$f_{BW,r}\sim\frac{1}{\tau_r}=\frac{(g_{m,n}+g_{m,p})}{C_o}$$

于是得到

$$\langle v_{n,o}(t)\rangle^2 \sim \frac{4kT\gamma(g_{m,p}+g_{m,n})}{C_o^2}\tau_r\exp\left(2\frac{t-\tau_i}{\tau_r}\right)=\frac{1}{C_o}4kT\gamma\exp\left(2\frac{t-\tau_i}{\tau_r}\right)$$

其中，使用式(3.2)中的时间常数作为指数增长的起点。输出噪声电压与时间密切相关，反馈放大阶段开始时的初始噪声将比以后注入的噪声电压增长得更多。

3. 最终结果

综合所有这些，得到输出噪声为

$$\langle(v_{n,o}^{final}(t))\rangle^2 \sim \frac{1}{C_o}4kT\gamma\exp\left(2\frac{t-\tau_i}{\tau_r}\right)+\frac{4kTg_{m,1}\gamma}{C_o^2}\tau_i\exp\left(2\frac{t-\tau_i}{\tau_r}\right)$$

输出端的信号类似：

$$v_o^{final}2=\frac{g_{m,1}^2v_{in}^2}{C_o^2}\tau_i^2\exp\left(2\frac{t-\tau_i}{\tau_r}\right)$$

从中得出增益

$$G^2=\frac{g_{m,1}^2}{C_o^2}\tau_i^2\exp\left(2\frac{t-\tau_i}{\tau_r}\right)$$

输入参考噪声现在为

$$v_{n,i}^2=\left(\frac{v_{n,o}^{final}(t)}{G}\right)^2\sim\left(\frac{I_b}{V_tC_o}\right)^2\frac{C_o4kT\gamma}{g_{m,1}^2}+\frac{I_b}{V_tC_o}\frac{4kT\gamma}{g_{m,1}} \quad (3.5)$$

验证 这里的计算是一个更普遍讨论的简化版本，例如参考文献[5]，尽管人们用更少的努力得到了类似的信息。然而参考文献[5]中的完整解决方案也很有价值。

评价 这意味着如果可以最大化 $g_{m,1}/I_b$，则两项都将很小。请记住，最初的假设是由于带宽限制，输入晶体管的尺寸受到约束，这将限制人们的设计操作。对于跨导器输出端电容占主导作用的一般情况，更详细的分析可得出类似的结论。

3.5 级联放大级

本节将讨论级联放大级。在大多数现代电子系统中都有一个以上的放大器，将几个放大器组合在一起以获得级联增益和线性度是一项关键技术。正如许多书中所讨论的，本节也可以建立一个简化的估计模型。本节将讨论并展示这样一个模型，更多的是为了完整性，而不是希望丰富读者的知识。

试想一下如图 3.7 所示的情况。这里有两个放大器，图 3.7 中标出了两个放大器的噪声、增益和线性度。下面将计算其输入参考噪声和线性度。

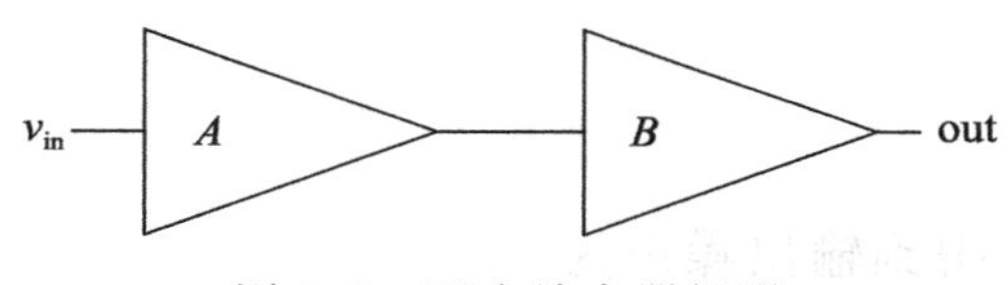

图 3.7 两个放大器级联

简化 假设噪声与输入无关，增益没有相移，从而开展简化。所有实体对象都用功率表示为 V^2/R。

求解 先计算输出端的总信号增益，直接得出：

$$G = G_1 \cdot G_2$$

输出端的噪声为

$$n_{out} = n_1 G + n_2 G_2$$

输入参考噪声就是这个量除以增益：

$$n_{in} = \frac{n_{out}}{G} = \frac{n_1 G + n_2 G_2}{G} = n_1 + \frac{n_2}{G_1}$$

与 n_1 相比，由 n_2 引起的总输入参考噪声通过第一级的增益减小。因此，输入端的高增益将减少噪声对后续阶段的影响，这是个有用的部分。

从图3.7可以看出，线性的表现是不同的。在输出端：

$$P_o = (P_{in}G_1 + a_3P_{in}^3)G_2 + b_3(P_{in}G_1)^3$$

其中只把各项保留在三阶。除以 G 得到输入参考功率：

$$P_o = (P_{in}G_1 + a_3P_{in}^3)\frac{G_2}{G} + b_3(P_{in}G_1)^3\frac{1}{G}$$

现在看到由第二级引起的非线性被一个因数 $G_1^3/G = G_1^2/G_2$ 放大。在这种情况下，前一级的大增益是有损耗的。

验证 例如，这些计算和类似的讨论可以在参考文献[10]中找到。

评价 这里要记住的重要一点是，对于噪声优化，前面有一个较大增益级更方便，而对于线性优化，第一级的增益应该较小。这种固有的并存折中关系显然使放大器的设计复杂化。

3.5.1 设计实例

例3.1 比较器设计

下面将在这里讨论基于表3.1中详细规格定义的比较器设计。当设计一个完整的ADC时，我们将在第7章中使用这个设计。

表3.1 比较器设计规格表

规格	数值	注释
输入电容	<25 fF	
输出负载	5 fF	最小尺寸反相器
反馈放大时间常数	5 ps	依据系统需求
采样周期	50 ps	依据系统需求
时钟/复位上升时间	10 ps	如给定假设

解：

根据3.4.1节中讨论的时间常数规则，确定电路的各个尺寸相当简单。对于不同的规格，设计者可能会使用不同的方法。具体步骤如下：

1)将输入级的大小设为最大负载规格允许的最大值。根据等比例缩放规则，需要输入级尽可能大。

2)交叉耦合对的大小应足以满足指定的反馈放大时间常数。

3)调整复位开关的大小，使其足够大以在初始化时间常数范围内重置节点。

输入级应为附录A中的三单元晶体管，以满足输入负载要求。这将提供约18 fF的输入电容，接近所需。从这个尺寸可以知道输出结电容约为6 fF。然后应确定交叉耦合对的尺寸，使它们尽可能大，而又不会过载输入对。初始化时间约占反馈放大时间的1/6～1/5，因此对于尺寸调整问题，反馈放大时间应该是重点。$n_f=10$的交叉耦合晶体管对将提供约$2*2C_{ox}$的电容作为负载，或与附录A中的晶体管一起提供约32 fF的电容。我们应该从大约为输入对输出负载(6 fF)的5×尺寸的晶体管开始。估计和优化参数见表3.2。

对尺寸的初步估计与在仿真器上得到的非常接近。复位开关的尺寸最后确定，以便输出节点在大致的初始化时间常数内能正确复位。最终得到的尺寸见表3.3。

表3.2 比较器电路的尺寸估计和仿真优化

器件	尺寸	备注
M_1，薄氧化	$W/L=30\ \mu m/27n$	
M_3，薄氧化	$W/L=10\ \mu m/27n$	
	仿真优化	
器件	**尺寸**	**备注**
M_1，薄氧化	$W/L=30\ \mu m/27n$	
M_3，薄氧化	$W/L=16\ \mu m/27n$	

表3.3 包括复位开关的比较器电路的最终尺寸

器件	尺寸	备注
M_1，薄氧化	$W/L=30\ \mu m/27n$	
M_3，薄氧化	$W/L=16\ \mu m/27n$	
M_{rest}，薄氧化	$W/L=16\ \mu m/27n$	

比较器最终尺寸的仿真如图3.8所示。

3.5.2 噪声估计

噪声可由式(3.5)估计：

$$v_{n,rms}^{comp\sim}\sqrt{\frac{I_b}{V_tC_o}\frac{4kT\gamma}{g_{m,1}}}=\sqrt{\frac{3\cdot10^{-3}}{0.35\cdot25\cdot10^{-15}}\frac{4\cdot1.38\cdot10^{-23}\cdot300\cdot2}{0.024}}$$
$$\approx0.7\ mV$$

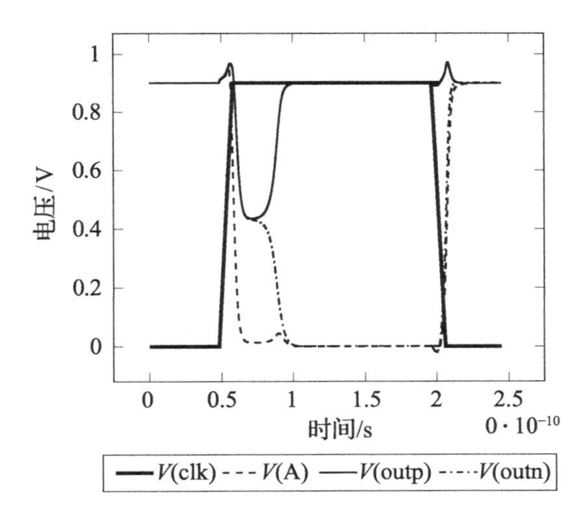

图 3.8　其尺寸设置见表 3.3 的比较器的仿真

例 3.2 带跟随器的放大器

本节讨论带有低阻抗输出缓冲器的通用放大器设计。它将在第 7 章中作为更大 ADC 设计的一部分使用。表 3.4 中的规格是对这种 ADC 进行系统评估的结果。

表 3.4　带缓冲器的放大器规格表

规　格	数　值	注　释
输入电容	<10 fF	由 10 Ω 的电阻驱动且串联 64 个放大器，时间常数为 10 fF×10×640=6 ps
增益	>2	依据系统而定
输出负载	20 fF	差分输入级
输出阻抗	<<100 Ω	依据系统而定
输出共模	650 mV	依据系统而定

解：

考虑到低输出阻抗和低输入电容，最好使用图 3.9 所示的拓扑结构。

尺寸相对比较简单。使用附录 A 中 $m=1$ 的晶体管尺寸。负载将由增益约为 300 Ω、提供增益约为 2.5 跨导器跨导为 $g_m=8$ mΩ 等一起设定。

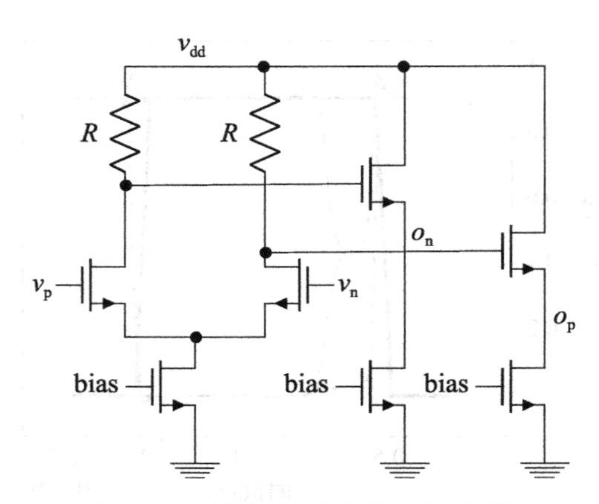

图 3.9 带输出缓冲器的放大器

偏置电流将由单位晶体管偏置 2 mA 而设置，输出跟随器也是单位尺寸晶体管，因为它的输出阻抗约为 10 Ω。总之，参数见表 3.5。

表 3.5 放大器的最终尺寸

规格/参数	数值	注 释
M_1、M_2、M_3、M_4，沟道宽度/长度/叉指数目	1 μm/30 nm/10	
负载电阻	300 Ω	
输入电流	500 μA	因其为主偏置使得增益为 4
M_4，沟道宽度/长度/叉指数目	2 μm/250n/10	厚氧化器件
M_5，沟道宽度/长度/叉指数目	2 μm/250n/40	厚氧化器件
M_6，沟道宽度/长度/叉指数目	2 μm/250n/20	厚氧化器件
电源电压	1.4 V	为了正确地输出共模电压

在这种情况下，所有相关的属性都已经描述，因此可以期望仿真与估计的数值紧密匹配。需要注意的是，负载电阻约为晶体管输出阻抗的 1/3。人们不能把它做得更大，并期望相关增益相应提高。

3.6 本章小结

本章从估计分析的角度剖析了结构更复杂的晶体管增益级。在讨论比较器时，采用了电路方程的时域描述，并使用了几个单极点分析来处理强臂比较器中的时间常数和噪声传递。可以发现，相当简单的讨论可以获得接近基于更详细模型的解。这是估计分析适用性的另一个例子，考虑了系统的核心行为，并试图通过简单的建模来得到它。本书一次又一次地使用简化、求解、验证和评价的步骤，并以简单建模所得到的晶体管尺寸参数作为仿真微调的起点。最后，研究了级联放大器，其中噪声和线性度之间众所周知的折中关系也是根据估计分析过程推导而得的。

3.7 练习

1. 用偏置电阻代替偏置晶体管，重新对五管结构的电路进行噪声分析。不要急于计算。相反，要简化和估计。

2. 重新对比较器进行噪声分析，其中输入对管漏极处的电容不能忽略。进行简化，求解，验证，评价！

3. 假设放大器的带宽有限，改进级联反馈放大器模型。(在 $\omega_{3\ \mathrm{dB}}$处视作单极点)。

3.8 参考文献

[1] D. A. Johns and K. Martin, *Analog Integrated Circuit Design*, Hoboken, NJ: Wiley, 1996.

[2] R. Gray, J. Hurst, S. Lewis, and R. Meyer, *Analysis and Design of Analog Integrated Circuits*, 5th edn., New York: Wiley, 2009.

[3] B. Razavi, *Design of Analog CMOS Integrated Circuits*, 2nd edn., New York: McGraw-Hill, 2016.

[4] F. Maloberti, *Analog Design for CMOS VLSI Systems*, Dordrecht: Kluwer Academic, 2003.

[5] J. Kim, B. S. Leibowitz, J. Ren, and C.J. Madden, “Simulation and Analysis of Random Decision Errors in Clocked Comparator,” *IEEE Transactions on Circuits and Systems*, Vol. 56, No. 8, pp. 1844–1857, 2005.

[6] R. Vinoth and S. Ramasamy, “Design and Implementation of High Speed Latched Comparator Using gm/Id Sizing Method,” *ICTACT Journal on Microelectronics*, Vol. 2, No. 04, pp. 300–304, 2017.

[7] B. Razavi, “The StrongARM Latch,” *IEEE Solid-State Circuits Magazine*, Spring 2015.

[8] F. Maloberti, *Data Converters*, Dordrecht: Springer, 2008.

[9] R. van de Plassche, *CMOS Integrated Analog-to-Digital and Digital-to-Analog Converters*, 2nd edn., Dordrecht: Kluwer Academic, 2003.

[10] J. Rogers and C. Plett, *Radio Frequency Integrated Circuit Design*, Norwood, MA: Artech House, 2003.

第 4 章 | Chapter 4 |

电磁学：基础

学习目标：

- 麦克斯韦方程的本源结构
- 结合麦克斯韦方程组进行估计分析
- 电容与电感的对偶性
- 与集成电路设计者相关的麦克斯韦方程组的一维到三维的解
- 以电感估计为目的的不同情形下的电流分布

4.1 简介

本章将讨论电磁学基础——麦克斯韦方程组。很多书籍从各个方面对其进行了广泛研究：参见参考文献[1-14]中的部分内容，参考文献[2,5]集中在微波方面的理论，参考文献[4,8,12]是标准的物理专业研究生教材，新近研究方向是电磁学工程方面的应用，如参考文献[13,14]，同时参考文献[1,2]中的研究内容也同样值得深入思考。本章将本着一贯的原则，将条理清晰地介绍文献中常见的解决方案和技术。在本章末尾介绍电容和电感概念时，将大量应用本书中讨论的估计方法，假设读者以前在专业基础课上学习过电磁学，这里将不再讨论关于麦克斯韦方程组的推导和陈述。参考文献[3]介绍了电磁学发展历史，是一本很好的读物。

首先简要讨论麦克斯韦方程组，并将展示如何重新构造这些方程组以适应集成电路设计中遇到的各种情况。接着介绍常见的求解方法和边界条件处理。然后讨论与电磁场有关的重要概念——能量和功率。通过这两个概念可以推导出通常情形和电路理论下电容与电感的定义。这里将说明这些概念本质上是非常相似的，或双重的，并且人们试图揭开一些关于这些现象的神秘。本章通过实例应用估计分析方法来计算电容、电感、趋肤效应和其他类似效应。这些示例大部分将直接从麦克斯韦方程开始。

4.2 麦克斯韦方程

本节遵循参考文献[1，2]中的概述，介绍麦克斯韦方程组。麦克斯韦的工作是基于高斯、安培、法拉第等人大量经验和理论之上的。

假定读者对麦克斯韦方程组以及它被发现的历史有所了解。本节将简单地陈述麦克斯韦方程，重点突出关于方程的一些历史事件，方程组将以微分形式表示，本书通篇都将使用MKS(米-千克-秒单位制)或SI(国际单位制)。

这样将有如下麦克斯韦方程组：

$$\nabla \times \boldsymbol{H} = \frac{\partial \boldsymbol{D}}{\partial t} + \boldsymbol{J} \tag{4.1}$$

$$\nabla \cdot \boldsymbol{D} = \rho \tag{4.2}$$

$$\nabla \times \boldsymbol{E} = -\frac{\partial \boldsymbol{B}}{\partial t} \tag{4.3}$$

$$\nabla \cdot \boldsymbol{B} = 0 \tag{4.4}$$

式中，$\boldsymbol{H}$ 是磁场，单位为安培每米(A/m)；

$\boldsymbol{D}$ 是电通量密度，单位为库仑每平方米(C/m^2)；

$\boldsymbol{J}$ 是电流密度，单位为安培每平方米(A/m^2)；

ρ 是电荷密度，单位为库仑每立方米(C/m^3)；

$\boldsymbol{E}$ 是电场，单位为伏特每米(V/m)；

$\boldsymbol{B}$ 是磁通量密度，单位为韦伯每平方米(Wb/m^2)。

磁场、电场及其对应的通量关系为如下原创性方程：

$$\boldsymbol{D} = \varepsilon \boldsymbol{E} \tag{4.5}$$

$$\boldsymbol{B} = \mu \boldsymbol{H} \tag{4.6}$$

式中，ε 是介电常数，单位为法拉每米[F/m]；

μ 是磁导率，单位为亨利每米[H/m]。

因数 ε、μ 通常是矩阵形式，由位置决定。在全书中，假定它们是偶然取决于位置的标量函数。

4.2.1 矢量势和基本规范理论

建立麦克斯韦方程组后，可以推导出一些有趣的特性。对于没有磁性的电荷，有 $\nabla\cdot\boldsymbol{B}=0$ 。这意味着可以使用以下关系来定义另一个实数 $\boldsymbol{A}$ 来替代 $\boldsymbol{B}$。对于平滑函数，所有导数都存在并且是连续的，有 $\nabla\cdot(\nabla\times\boldsymbol{A})=0$ 。于是：

$$\boldsymbol{B}=\nabla\times\boldsymbol{A} \tag{4.7}$$

自动满足式(4.4)。将它代入式(4.3)得

$$\nabla\times\boldsymbol{E}=-\frac{\partial\boldsymbol{B}}{\partial t}=-\frac{\partial(\nabla\times\boldsymbol{A})}{\partial t}=-\nabla\times\frac{\partial\boldsymbol{A}}{\partial t}$$

现在，使用矢量恒等式：$\nabla\times\nabla\varphi\equiv0$ ，其中 $\varphi(\boldsymbol{x},t)$ 是坐标 $\boldsymbol{x}$ 和时间 t 的任意平滑函数，对 $\boldsymbol{E}$ 进行积分得

$$\boldsymbol{E}=-\nabla\varphi-\frac{\partial\boldsymbol{A}}{\partial t} \tag{4.8}$$

矢量场 $\boldsymbol{A}$ 通常被称为矢量电势场，标量 φ 被称为电势场或电压场。它们一起被称为物理学中的规范势。

除最后一项，大多数读者都应该熟悉电场的表达式。式(4.8)只是电场的普通基本教科书定义，即电压的梯度，但带有附加的时间导数(动态)项。这意味着在动态情况下，可以存在没有电压降的电场。利用势场，将麦克斯韦方程组写成 φ 和 $\boldsymbol{A}$ 的一组方程。重写式(4.1)：

$$\nabla\times\boldsymbol{H}=\nabla\times\frac{\nabla\times\boldsymbol{A}}{\mu}=\frac{\partial\boldsymbol{D}}{\partial t}+\boldsymbol{J}=\frac{\partial}{\partial t}\varepsilon\left(-\nabla\varphi-\frac{\partial\boldsymbol{A}}{\partial t}\right)+\boldsymbol{J}$$

或

$$\nabla\times\frac{\nabla\times\boldsymbol{A}}{\mu}=\frac{\partial}{\partial t}\varepsilon\left(-\nabla\varphi-\frac{\partial\boldsymbol{A}}{\partial t}\right)+\boldsymbol{J} \tag{4.9}$$

从式(4.2)和式(4.5)得

$$\nabla\cdot\varepsilon\left(-\nabla\varphi-\frac{\partial\boldsymbol{A}}{\partial t}\right)=\rho \tag{4.10}$$

现在，通过式(4.7)～式(4.10)获得了麦克斯韦方程组的另一种表达方式。正如读者会注意到的那样，电势 $\boldsymbol{A}$、φ 的定义不是唯一的。例如，可以向 $\boldsymbol{A}$ 添加～∇f 项，其中 f 是 $\boldsymbol{A}$ 的某个函数，而 $\boldsymbol{B}$ 不受影响($\nabla\times\nabla f\equiv0$)。电

势选择的自由度被称为规范不变性，关于此下面将更详细地进行叙述(相比于参考文献[15]观点相似)。

令 $\gamma(\boldsymbol{x}, t)$为任意标量电势场，然后通过以下变换来改变规范势：

$$\varphi \to \varphi - \frac{\partial}{\partial t}\gamma \quad \boldsymbol{A} \to \boldsymbol{A} + \nabla\boldsymbol{\gamma} \tag{4.11}$$

有

$$\boldsymbol{B} \to \nabla\times(\boldsymbol{A} + \nabla\gamma) = \nabla\times\boldsymbol{A}$$

且

$$\boldsymbol{E} \to -\nabla\left(\varphi - \frac{\partial}{\partial t}\gamma\right) - \frac{\partial}{\partial t}(\boldsymbol{A} + \nabla\gamma) = -\nabla\varphi - \frac{\partial \boldsymbol{A}}{\partial t}$$

两个场都不变！式(4.11)中的变换称为规范变换，由于在此变换下场不变，因此称为规范对称性。可见物理系统可由一系列规范电势来描述，而整个规范电势因规范转换而不同。通过一组特定的规范电势，可以作出一组规范选择。上面的内容看似微不足道，但在理论物理学中却具有重要意义。强烈建议有兴趣的读者参考有关此问题的文献。

通过选择合适的规范，总能找到以下方程的解：

$$\nabla\cdot\boldsymbol{A} + \mu\varepsilon\frac{\partial}{\partial t}\varphi = 0 \tag{4.12}$$

假设有一个特定的解 $\boldsymbol{A}'$、φ'，寻找满足式(4.12)的特定规范变换。使用式(4.11)得

$$\nabla\cdot(\boldsymbol{A}' + \nabla\gamma) + \mu\varepsilon\frac{\partial}{\partial t}\left(\varphi' - \frac{\partial}{\partial t}\gamma\right) = \nabla\cdot\boldsymbol{A}' + \mu\varepsilon\frac{\partial}{\partial t}\varphi' + \nabla\gamma - \frac{\partial^2}{\partial t^2}\gamma = 0$$

或

$$\Delta\gamma - \frac{\partial^2}{\partial t^2}\gamma = -\left(\nabla\cdot\boldsymbol{A}' + \mu\varepsilon\frac{\partial}{\partial t}\varphi'\right)$$

右侧是已知的解，它是波动方程的源项，可以用来求解 γ。这样，总能找到满足式(4.12)的额定电势。不必特别求解 γ，此计算可以作为将式(4.12)用作对 $\boldsymbol{A}$、φ 附加要求的原因。式(4.12)被称为洛伦兹规范。另一个典型的规范选择是库仑规范：

$$\nabla\cdot\boldsymbol{A} = 0 \tag{4.13}$$

洛伦兹规范通常用于波长与物理尺寸相当的情形，显然它是微波理论和

天线理论的标准。对于集成电路，通常可以使用库伦规范，对应于长波长近似中的洛伦兹规范。

4.2.2 以外部源表示的麦克斯韦方程组

在电气工程中，自然会认为电流和电荷是电压源或电流源加在电气系统上而产生的。电流和电荷的变化产生电磁场。现在，根据驱动的电流和电荷来推导麦克斯韦方程组。

电流可分为两部分：传导电流部分：

$$\boldsymbol{J}_{\mathrm{c}}=\sigma \boldsymbol{E}\text{（欧姆定律）} \tag{4.14}$$

和驱动电流部分，即 $\boldsymbol{J}_{\mathrm{i}}$，电荷可以用相同的方式划分。取式(4.1)的散度，得到电流与电荷的连续性方程：

$$\frac{\partial \rho}{\partial t}=-\nabla \cdot \boldsymbol{J} \tag{4.15}$$

式(4.15)所示为电荷与电流的关系。麦克斯韦著名的归纳法是将 $\boldsymbol{D}$ 场的时间导数加到安培定律，从而构建了场方程的自洽描述。对于电流有：

$$\boldsymbol{J}=\boldsymbol{J}_{\mathrm{c}}+\boldsymbol{J}_{\mathrm{i}}=\sigma \boldsymbol{E}+\boldsymbol{J}_{\mathrm{i}}$$

$$\rho=\rho_{\mathrm{c}}+\rho_{\mathrm{i}}$$

$$\nabla \cdot(\sigma \boldsymbol{E})=-\frac{\partial \rho_{c}}{\partial t}\text{（传导部分的连续性方程）}$$

将两者结合起来可得

$$\nabla \times \boldsymbol{H}=\frac{\partial \varepsilon \boldsymbol{E}}{\partial t}+\boldsymbol{J}=\frac{\partial \varepsilon \boldsymbol{E}}{\partial t}+\boldsymbol{J}_{\mathrm{c}}+\boldsymbol{J}_{\mathrm{i}}=\frac{\partial \varepsilon \boldsymbol{E}}{\partial t}+\sigma \boldsymbol{E}+\boldsymbol{J}_{\mathrm{i}} \tag{4.16}$$

$$\nabla \times \boldsymbol{H}-\frac{\partial \varepsilon \boldsymbol{E}}{\partial t}-\sigma \boldsymbol{E}=\boldsymbol{J}_{\mathrm{i}}$$

$$\begin{aligned} &\nabla \cdot(\varepsilon \boldsymbol{E})=\rho=\rho_{\mathrm{c}}+\rho_{\mathrm{i}} \\ &\nabla \cdot(\varepsilon \boldsymbol{E})-\rho_{\mathrm{c}}=\rho_{\mathrm{i}} \end{aligned} \tag{4.17}$$

这些方程式表征了外部源电流和电荷产生的场。

1. 全波近似-单频调式

在本书中，通常将这些方程式视为频率的函数，而不是时间的函数。简单地假设时间相关度为 $\mathrm{e}^{\mathrm{j}\omega t}$，在大多数工程学书籍都遵循此惯例。据此有：

$$\nabla\times \boldsymbol{H} = \mathrm{j}\omega\varepsilon \boldsymbol{E} + \sigma \boldsymbol{E} + \boldsymbol{J}_{\mathrm{i}} = \mathrm{j}\omega\varepsilon\left(1+\frac{\sigma}{\mathrm{j}\omega\varepsilon}\right)\boldsymbol{E} + \boldsymbol{J}_{\mathrm{i}} \tag{4.18}$$

从传导分量的连续性方程可得

$$\nabla\cdot(\sigma \boldsymbol{E}) = -\frac{\partial \rho_{\mathrm{c}}}{\partial t} = -\mathrm{j}\omega\rho_{\mathrm{c}} \tag{4.19}$$

联立电荷方程式(4.17)得

$$\nabla\cdot(\varepsilon \boldsymbol{E}) = \rho = \rho_{\mathrm{c}} + \rho_{\mathrm{i}} = \frac{\nabla\cdot(\sigma \boldsymbol{E})}{-\mathrm{j}\omega} + \rho_{\mathrm{i}} \rightarrow \nabla\cdot(\varepsilon \boldsymbol{E}) + \frac{\nabla\cdot(\sigma \boldsymbol{E})}{\mathrm{j}\omega} = \rho_{\mathrm{i}} \tag{4.20}$$

现在可以定义有效介电常数：

$$\varepsilon' = \varepsilon\left(1+\frac{\sigma}{\mathrm{j}\omega\varepsilon}\right) \tag{4.21}$$

且

$$\nabla\times \boldsymbol{H} = \mathrm{j}\omega\varepsilon' \boldsymbol{E} + \boldsymbol{J}_{\mathrm{i}} \tag{4.22}$$

$$\nabla\cdot(\varepsilon' \boldsymbol{E}) = \rho_{\mathrm{i}} \tag{4.23}$$

使用式(4.6)～式(4.8)可得

$$\nabla\cdot \boldsymbol{B} = \nabla\cdot\nabla\times \boldsymbol{A} = 0$$

$$\nabla\times \boldsymbol{E} = \nabla\times(-\nabla\varphi - \mathrm{j}\omega \boldsymbol{A}) = -\mathrm{j}\omega\,\nabla\times \boldsymbol{A} = -\mathrm{j}\omega \boldsymbol{B}$$

$$\begin{aligned}\nabla\times \boldsymbol{H} &= \nabla\times\frac{\boldsymbol{B}}{\mu} = \frac{1}{\mu}\nabla\times\nabla\times \boldsymbol{A} = \frac{1}{\mu}(\nabla(\nabla\cdot \boldsymbol{A}) - \nabla^2 \boldsymbol{A})\\ &= \mathrm{j}\omega\varepsilon'(-\nabla\varphi - \mathrm{j}\omega \boldsymbol{A}) + \boldsymbol{J}_{\mathrm{i}}\end{aligned}$$

在频域上使用洛伦兹规范：

$$\nabla\cdot \boldsymbol{A} + \mathrm{j}\varepsilon'\mu\omega\varphi = 0 \tag{4.24}$$

有

$$\nabla(\nabla\cdot \boldsymbol{A}) - \nabla^2 \boldsymbol{A} = \nabla(-\mathrm{j}\varepsilon'\mu\omega\varphi) - \nabla^2 \boldsymbol{A} = \mathrm{j}\omega\mu\varepsilon'(-\nabla\varphi - \mathrm{j}\omega \boldsymbol{A}) + \mu \boldsymbol{J}_{\mathrm{i}}$$

简化可得

$$\nabla^2 \boldsymbol{A} + \omega^2\mu\varepsilon' \boldsymbol{A} = -\mu \boldsymbol{J}_{\mathrm{i}} \tag{4.25}$$

基于式(4.23)可得

$$\begin{aligned}\nabla\cdot(\varepsilon' \boldsymbol{E}) &= \varepsilon'\,\nabla\cdot \boldsymbol{E}\,| = \varepsilon'\,\nabla\cdot(-\nabla\varphi - \mathrm{j}\omega \boldsymbol{A}) = -\varepsilon'\,\nabla\varphi + \mathrm{j}\omega\varepsilon'\mathrm{j}\varepsilon'\mu\omega\varphi\\ &= -\varepsilon'\Delta\varphi - \omega^2\varepsilon'\varepsilon'\mu\varphi = \rho_{\mathrm{i}}\end{aligned}$$

简化可得

$$\Delta\varphi+\omega^2\varepsilon'\mu\varphi=-\frac{\rho_i}{\varepsilon'} \tag{4.26}$$

式(4.25)和式(4.26)是麦克斯韦方程组的另一种形式。已知 A、φ，可以通过式(4.7)和式(4.8)得到 $\boldsymbol{B}$ 和 $\boldsymbol{E}$。在本章及以下各章中，将在许多示例中使用这个结论。

2. 长波近似

在长波近似中，$\lambda\gg l$，其中 $\lambda=2\pi c/\omega$ 是波长，l 是模型的长度，可见式(4.25)，式(4.26)左侧的第二项消失，剩下：

$$\nabla^2\boldsymbol{A}=-\mu\boldsymbol{J}_i \tag{4.27}$$

直接将它写为场的形式：

$$\nabla\times\boldsymbol{H}=\mu\boldsymbol{J}_i\ (\text{安培定律}) \tag{4.28}$$

利用规范 $\nabla\cdot\boldsymbol{A}=0$，式(4.27)同样可以得到此结果，且

$$\nabla\varphi=-\frac{\rho_i}{\varepsilon'}\ (\text{使用规范}\nabla\cdot\boldsymbol{A}=0\text{，同样可从}\ \nabla\cdot(\varepsilon'\boldsymbol{E})=\rho_i\ \text{得出}) \tag{4.29}$$

对于集成电路而言，长波近似通常是合理的，因为其尺寸远小于任何波长。

4.2.3 麦克斯韦方程组的解

可以注意到，这些方程具有相同的形式，唯一的区别是矢量电势的矢量形式和电压场方程的标量形式。对于特定的源，一般麦克斯韦方程组的通解是已知的。这里专门研究源为 Dirac-delta 函数(狄拉克 δ 函数)的情况。具体解的形式将取决于边界条件，这里着重探讨边界条件的建立。

为了完整起见，在本节中，将讨论一种通用的方法来求解波动方程，例如麦克斯韦方程。第一部分介绍一般的求解方法，下一部分将讨论如何处理所有重要的边界条件。本书将依照参考文献[1]的介绍展开。

1. 一般求解方法(通解)

首先，讨论一维情况的一般求解方法，随后拓展至二维和三维情况。有大量的文献描述这些方法，文献清单将置于本章末尾。

(1)一维解

考虑自由空间中类似于式(4.26)的方程：

$$\frac{\mathrm{d}^2\varphi(x)}{\mathrm{d}x^2}+k^2\varphi(x)=-\delta(x-x_0) \tag{4.30}$$

式(4.30)为一维自由空间中的亥姆霍兹(Helmholz)方程，满足无穷大的边界条件$\varphi(\pm\infty)=0$。x 处的响应是由于 x_0 处的 δ 源引起的。考虑齐次方程：

$$\frac{\mathrm{d}^2\varphi(x)}{\mathrm{d}x^2}+k^2\varphi(x)=0$$

$x\neq x_0$ 时与式(4.30)相同。满足无穷大边界条件的该方程的解为

$$\varphi(x)=\begin{cases}A\mathrm{e}^{\mathrm{j}kx} & x>x_0\\ B\mathrm{e}^{-\mathrm{j}kx} & x<x_0\end{cases}$$

未知常数 A、B 可以由 $\Delta x=x_0\pm\Delta$ 处的边界条件确定，其中 Δ 表示无穷小间隔。式(4.30)从 $x=x_0-\Delta$ 到 $x=x_0+\Delta$ 积分得

$$\left[\frac{\mathrm{d}\varphi}{\mathrm{d}x}\right]_{x=x_0-\Delta}^{x=x_0+\Delta}+\int_{x=x_0-\Delta}^{x=x_0+\Delta}k^2\varphi(x)\mathrm{d}x=-1$$

由于 $\varphi(x)$是连续的，因此当 $\Delta\to0$ 时，左侧的最后一项消失。

可得

$$\begin{cases}\left[\dfrac{\mathrm{d}\varphi}{\mathrm{d}x}\right]_{x=x_0-\Delta}^{x=x_0+\Delta}=-1\\ \varphi(x+\Delta)=\varphi(x-\Delta)\end{cases}$$

$$\begin{cases}ik(A\mathrm{e}^{\mathrm{j}kx}+B\mathrm{e}^{-\mathrm{j}kx})=-1\\ A\mathrm{e}^{\mathrm{j}kx}=B\mathrm{e}^{-\mathrm{j}kx}\end{cases}$$

求解 A 和 B 得到

$$\varphi(x)=\begin{cases}\dfrac{\mathrm{j}}{2k}\mathrm{e}^{\mathrm{j}k(x-x_0)} & x>x_0\\ \dfrac{\mathrm{j}}{2k}\mathrm{e}^{-\mathrm{j}k(x-x_0)} & x<x_0\end{cases}$$

$$=\frac{i}{2k}\mathrm{e}^{\mathrm{j}k|x-x_0|} \tag{4.31}$$

长波近似　当 $kx_0\ll1$(长波近似)时，得

$$\varphi_{\mathrm{lw}}(x)=\begin{cases}\dfrac{\mathrm{j}}{2k}(1+\mathrm{j}k(x-x_0)) & x>x_0\\ \dfrac{\mathrm{j}}{2k}(1-\mathrm{j}k(x-x_0)) & x<x_0\end{cases}$$

$$= \frac{\mathrm{j}}{2k}(1+\mathrm{j}\mid k(x-x_0)\mid) = \frac{\mathrm{j}}{2k} - \frac{\mid x-x_0 \mid}{2}$$

由于在长波近似中，亥姆霍兹方程简化为泊松方程，其中 φ_{lw} 由任意常数因数定义，因此可以简单地重新标记 φ_{lw} 的常数项，最后得到

$$\varphi_{\mathrm{lw}}(x) = -\frac{\mid x-x_0 \mid}{2} + C \tag{4.32}$$

通过泊松方程进行验证：

$$\frac{\mathrm{d}^2\varphi_{\mathrm{lw}}(x)}{\mathrm{d}x^2} = -\delta(x-x_0)$$

当 $x \neq x_0$ 时，得 $\frac{\partial^2\varphi_{\mathrm{lw}}(x)}{\partial x^2} \equiv 0$。如之前那样基于奇点积分得

$$\int_{x_0-\Delta}^{x_0+\Delta} \frac{\partial^2\varphi_{\mathrm{lw}}(x)}{\partial x^2}\mathrm{d}x = -\int_{x_0-\Delta}^{x_0+\Delta}\delta(x-x_0)\mathrm{d}x$$

$$\left[\frac{\mathrm{d}\varphi_{\mathrm{lw}}(x)}{\mathrm{d}x}\right]_{x_0-\Delta}^{x_0+\Delta} = -\frac{1}{2} - \frac{1}{2} = -1 = \text{等号的右边}$$

实际上，在一维和长波近似条件下在式(4.32)中求解泊松方程。

(2)二维解

二维条件下式(4.30)变为

$$\frac{\partial^2\varphi(x,y)}{\partial x^2} + \frac{\partial^2\varphi(x,y)}{\partial y^2} + k^2\varphi(x,y) = -\delta(y-y_0)\delta(x-x_0) \tag{4.33}$$

采用傅里叶变换得

$$\varphi(x,y) = \int_{-\infty}^{\infty}\tilde{\varphi}\mathrm{e}^{\mathrm{j}\beta(x-x_0)}\mathrm{d}\beta$$

于是有

$$\frac{\partial^2\varphi(\beta,y)}{\partial y^2} - \beta^2\tilde{\varphi}(\beta,y) + k^2\tilde{\varphi}(\beta,y) = -\delta(y-y_0)$$

该方程的解是一维自由空间格林函数：

$$\tilde{\varphi}(\beta,y) = \frac{\mathrm{j}}{2\kappa}\mathrm{e}^{\mathrm{j}\kappa\mid y-y_0\mid}$$

式中，$\kappa = \sqrt{k^2-\beta^2}$。

则有

$$\varphi(x,y)=\int_{-\infty}^{\infty}\frac{\mathrm{j}}{2\kappa}\mathrm{e}^{\mathrm{j}\kappa|y-y_0|}\mathrm{e}^{\mathrm{j}\beta(x-x_0)}\mathrm{d}\beta=\frac{\mathrm{j}}{4}H_0^{(1)}\left(k\sqrt{(x-x_0)^2+(y-y_0)^2}\right)$$

其中最后一个等式将 0 阶汉克尔(Hankel)函数 $H_0^{(1)}$ 与积分相关，可得解只是平面波连续频谱的简单组合。

长波近似　可以使用前面提到的一维情况类似的方法得到长波近似中的二维解。在这里将展示圆柱对称特殊情况下的解，并且在本章的稍后部分在讨论电感和电流元件时加以利用。

当 δ 函数在 $\boldsymbol{x}=0$ 时，圆柱对称的亥姆霍兹方程变为

$$\nabla\cdot\nabla\varphi=C\delta(\boldsymbol{x}) \tag{4.34}$$

若 $\boldsymbol{x}\neq 0$ 则有：

$$\nabla\cdot\nabla\varphi=\frac{1}{r}\frac{\partial}{\partial r}r\frac{\partial\varphi(r,\theta)}{\partial r}+\frac{1}{r^2}\frac{\partial^2\varphi(r,\theta)}{\partial\theta^2}=0$$

为了进一步简化，假设不存在 θ 相关性，则有：

$$\frac{1}{r}\frac{\mathrm{d}}{\mathrm{d}r}r\frac{\mathrm{d}\varphi(r)}{\mathrm{d}r}=\frac{\mathrm{d}^2\varphi(r)}{\mathrm{d}r^2}+\frac{1}{r}\frac{\mathrm{d}\varphi(r)}{\mathrm{d}r}=0$$

于是得一般解为

$$\varphi(r)=D\ln r+B$$

为了得到该常数，需要对式(4.34)在 $\boldsymbol{x}=0$ 周围积分。选择一个以 $\boldsymbol{x}=0$ 为中心的球体，半径 Δ 作为积分体积。使用散度定理，左侧有(请参阅附录 B)：

$$\int\nabla\cdot\nabla\varphi\mathrm{d}V=\int\nabla\varphi\cdot\frac{\boldsymbol{r}}{r}\mathrm{d}a=\int\frac{\mathrm{d}\varphi}{\mathrm{d}r}r\,\mathrm{d}\theta=\frac{\mathrm{d}\varphi}{\mathrm{d}r}r2\pi=2\pi D$$

如前，式(4.35)的右侧变为 C。将所有这些放在一起得

$$2\pi D=C\rightarrow D=\frac{C}{2\pi}$$

二维的亥姆霍兹方程的长波解如下：

$$\varphi(r)=\frac{C}{2\pi}\ln r+B \tag{4.35}$$

(3)三维解

最后给出三维解，本书将在第 6 章中用到它。若源置于 $r=r_0$ 处，式(4.30)变为

$$\frac{\partial^2\varphi(x,y,z)}{\partial x^2}+\frac{\partial^2\varphi(x,y,z)}{\partial y^2}+\frac{\partial^2\varphi(x,y,z)}{\partial z^2}+k^2\varphi(x,y,z)=-\delta(\boldsymbol{r}-\boldsymbol{r}_0)$$

首先引入变量 $\boldsymbol{\rho}=\boldsymbol{r}-\boldsymbol{r}_0$，构建一球对称模型。可以实现：

$$\int \delta(\boldsymbol{r}-\boldsymbol{r}_0)\mathrm{d}V = \int \delta(\boldsymbol{\rho})4\pi\rho^2\mathrm{d}\rho$$

则

$$\delta(\boldsymbol{r}-\boldsymbol{r}_0) = \frac{\delta(\rho)}{4\pi\rho^2}$$

代入

$$\varphi(\rho) = \frac{u(\rho)}{\rho}$$

则亥姆霍兹方程变为

$$(\nabla^2+k^2)u(\rho) = -\frac{\delta(\rho)}{4\pi\rho}$$

由 $u(\rho)=A\mathrm{e}^{\mathrm{j}k\rho}$ 可得

$$\varphi(\rho) = \frac{A\mathrm{e}^{\mathrm{j}k\rho}}{\rho}$$

必须使用 $\rho=0$ 处的边界条件来确定 A。亥姆霍兹方程为

$$(\nabla^2+k^2)\varphi(\rho) = -\frac{\delta(\rho)}{4\pi\rho^2}$$

对一小部分体积积分之后，发现与一维情况一样：

$$\varphi(0+) = \varphi(0-)$$

$$\int \nabla^2\varphi(\rho)\mathrm{d}V = -1$$

应用散度定理后可得

$$\int \nabla^2\varphi(\rho)\mathrm{d}V = \oint \nabla\varphi(\rho)\cdot \mathrm{d}\boldsymbol{s} = A\left(\frac{\mathrm{j}k\mathrm{e}^{\mathrm{j}k\rho}\rho-\mathrm{e}^{\mathrm{j}k\rho}}{\rho^2}4\pi\rho^2\right)_{\rho\to 0} = -4\pi A$$

因此

$$A = \frac{1}{4\pi}$$

通解为

$$\varphi(x,y,z) = \frac{1}{4\pi\mid \boldsymbol{r}-\boldsymbol{r}_0\mid}\mathrm{e}^{\mathrm{j}\boldsymbol{\kappa}(\boldsymbol{r}-\boldsymbol{r}_0)} + \frac{1}{4\pi\mid \boldsymbol{r}-\boldsymbol{r}_0\mid}\mathrm{e}^{-\mathrm{j}\boldsymbol{\kappa}\cdot(\boldsymbol{r}-\boldsymbol{r}_0)}$$

$$\kappa^2 = \kappa_{\mathrm{x}}^2+\kappa_{\mathrm{y}}^2+\kappa_{\mathrm{z}}^2 = \omega^2\varepsilon'\mu$$

同样，对于矢量势，可得

$$\boldsymbol{A}(\boldsymbol{r}) = \frac{\mu}{4\pi}\int \frac{\boldsymbol{J}_i(\boldsymbol{r}')}{|\boldsymbol{r}-\boldsymbol{r}'|}(\mathrm{e}^{\mathrm{j}\boldsymbol{\kappa}\cdot(\boldsymbol{r}-\boldsymbol{r}')} + \mathrm{e}^{-\mathrm{j}\boldsymbol{\kappa}\cdot(\boldsymbol{r}-\boldsymbol{r}')}\mathrm{d}\boldsymbol{r}')$$

长波近似　三维长波方程式(4.27)和式(4.29)的解是众所周知的，方程基本上是相同的，在无穷大处的通解是

$$\boldsymbol{A}(\boldsymbol{r}) = \frac{\mu}{4\pi}\int \frac{\boldsymbol{J}_i(\boldsymbol{r}')}{|\boldsymbol{r}-\boldsymbol{r}'|}\mathrm{d}\boldsymbol{r}' \tag{4.36}$$

同样，φ 的解为

$$\varphi(\boldsymbol{r}) = \frac{1}{4\pi\varepsilon'}\int \frac{\rho_i(\boldsymbol{r}')}{|\boldsymbol{r}-\boldsymbol{r}'|}\mathrm{d}\boldsymbol{r}' \tag{4.37}$$

对于原点处点电荷 $\rho_i(\boldsymbol{r}')=q\delta(\boldsymbol{r}')$，可得

$$\varphi(\boldsymbol{r}) = \frac{q}{4\pi\varepsilon'\boldsymbol{r}}$$

这就是人们所熟知的点电荷静电势。

(4)边界条件

识别相关方程式及其求解是一项有意义的练习，通常是研究过程中最容易的部分。当全面考虑边界条件上的时间或空间变化时，问题就会变得棘手。对于新手来说，情况恰恰相反。为了帮助理解，相关文献中有许多很好的例子说明了如何处理边界条件，这里将介绍基本方法，并让读者根据需要自行进行探索。

从根本上讲，需要做的是在边界处放置一个“药丸盒”，然后延伸到每种具有大表面积的材料中。在图 4.1 中，它将 $\varepsilon/2$ 扩展到每个区域。因此体积是无限的，而面积是宏观可分析的。这里的关键是，方程在该体积中仍然有效，并且要找出边界条件是什么，只需在较小体积上对方程进行积分即可。对于某些实体，方程的各个部分将与体积成正比，因此较小，而其他实体将与面积成比例，因此较大。利用这种方法研究麦克斯韦方程，来显性地展示条件是如何起作用的。

下面看看安培定律式(4.28)：

$$\nabla\times \boldsymbol{H} = \boldsymbol{J}$$

在两种介质之间的边界处，放一高度为 ε 的小药盒，该药盒比题中任何尺寸都小得多。基于该体积对安培定律积分：

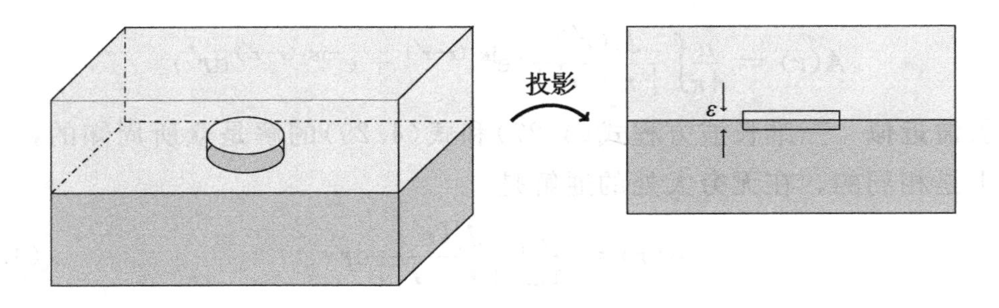

图 4.1 药盒边界条件

$$\int \nabla\times \boldsymbol{H}\mathrm{d}V = \int \boldsymbol{J}\mathrm{d}V$$

对于左侧，使用斯托克(Stoke)定理，并用 $\boldsymbol{A}_{\text{rea}} = A_{\text{rea}}\boldsymbol{n}$ 表示，其中 A_{rea} 是面积，$\boldsymbol{n}$ 是面积区块的向外法线：

$$\begin{aligned}\int \nabla\times \boldsymbol{H}\mathrm{d}V &= \oint \boldsymbol{H}\times \boldsymbol{A}_{\text{rea}}\mathrm{d}A_{\text{rea}} \\ &= A_{\text{rea}}(H_{\text{t},+} - H_{\text{t},-}) + \varepsilon H_{\text{n}} \to A_{\text{rea}}(H_{\text{t},+} - H_{\text{t},-})\end{aligned}$$

式中，$\varepsilon\to 0$。

体电流 对于没有 δ 函数的等式右侧，称为体积电流。当 $\varepsilon\to 0$ 时可得

$$\int \boldsymbol{J}\mathrm{d}V \sim \varepsilon \to 0$$

联立上式，在边界处有

$$\int \nabla\times \boldsymbol{H}\mathrm{d}V = A_{\text{rea}}(H_{\text{t},+} - H_{\text{t},-}) = \int \boldsymbol{J}\mathrm{d}V = 0$$

或

$$H_{\text{t},+} = H_{\text{t},-} \tag{4.38}$$

表面电流 当等式右侧有 δ 函数时，可得表面电流(当 $\varepsilon\to 0$ 时)：

$$\int \boldsymbol{J}\mathrm{d}V = \int J_{\text{s}}\delta(y)\mathrm{d}V = J_{\text{s}}A_{\text{rea}}$$

将等式左侧合并可得

$$A_{\text{rea}}(H_{\text{t},+} - H_{\text{t},-}) = J_{\text{s}}A_{\text{rea}}$$

或

$$(H_{\text{t},+} - H_{\text{t},-}) = J_{\text{s}} \tag{4.39}$$

同样，可以使用电荷方程式(4.23)：

$$\nabla\cdot(\varepsilon'\boldsymbol{E})=\rho_{\mathrm{i}}$$

对体积积分：

$$\int\nabla(\varepsilon'\boldsymbol{E})\mathrm{d}V=\int\rho_{\mathrm{i}}\mathrm{d}V$$

对于左侧，使用高斯定律(当 $\varepsilon\to0$ 时)：

$$\int\nabla\cdot(\varepsilon'\boldsymbol{E})\mathrm{d}V=\oint\varepsilon'\boldsymbol{E}\cdot\boldsymbol{n}\mathrm{d}A_{\mathrm{rea}}=A_{\mathrm{rea}}(\varepsilon'_{+}E_{\mathrm{n}+}-\varepsilon'_{-}E_{\mathrm{n}-})+\varepsilon\cdots\to A_{\mathrm{rea}}(\varepsilon'_{+}E_{\mathrm{n}+}-\varepsilon'_{-}E_{\mathrm{n}-})$$

体电荷　对于体电荷情况，右侧的处理方式与之前的体电流相同，因此得出以下结论：

$$\varepsilon'_{+}E_{\mathrm{n}+}=\varepsilon'_{-}E_{\mathrm{n}-}\tag{4.40}$$

最后，对于表面电荷，有

表面电荷

$$\varepsilon'_{+}E_{\mathrm{n}+}-\varepsilon'_{-}E_{\mathrm{n}-}=\frac{\rho_{\mathrm{s}}}{A_{\mathrm{rea}}}\tag{4.41}$$

这是标准的处理边界的方法，可以在许多教科书中找到。

2. 场能定义

下面看看这些场中的能量概念。场能的完整推导已超出了本书的范围，但是本书将对它的有效性提出一些合理的观点：有关详细信息，请参阅参考文献[4]。这里从没有电流的静电场开始。

(1)电场能

为简单起见，假设在恒定电压 φ 处有一个导体。如果有一个无穷小电荷 $\delta\rho$ 从无穷远处移动到该导体处，需要施加的能量为

$$\delta W=\varphi\delta\rho$$

物理学家喜欢称它为“功”，但本书将沿用不太严格的能量定义。可以知道边界条件下导体上的电荷是

$$\rho=-\oint D_{\mathrm{n}}\mathrm{d}S=-\oint\boldsymbol{D}\cdot\mathrm{d}\boldsymbol{S}$$

式中，$d\boldsymbol{S}$ 是表面部分；$\mathrm{d}\boldsymbol{S}$ 是垂直于导体表面方向的表面部分。

由于电势在导体表面是恒定的，于是有：

$$\delta W = \varphi\delta\rho = -\int \varphi\delta\boldsymbol{D} \cdot \mathrm{d}\boldsymbol{S} = -\int \nabla\cdot(\varphi\delta\boldsymbol{D})\mathrm{d}V$$

上式中最后一步使用了高斯定律，并且对整个体积进行积分。在导体外部，麦克斯韦方程的状态为$\nabla \cdot \delta\boldsymbol{D}=0$。扩展方程中的被积函数可得

$$\nabla\cdot(\varphi\delta\boldsymbol{D}) = \varphi\nabla\cdot(\delta\boldsymbol{D}) + \delta\boldsymbol{D}\cdot\nabla\varphi = -\delta\boldsymbol{D}\cdot\boldsymbol{E}$$

于是可得

$$\delta W = \int \delta\boldsymbol{D}\cdot\boldsymbol{E}\mathrm{d}V$$

用 $\boldsymbol{D}=\varepsilon\boldsymbol{E}$ 代入，则上面的被积函数为

$$\delta\boldsymbol{D}\cdot\boldsymbol{E} = \delta\varepsilon\boldsymbol{E}\cdot\boldsymbol{E} = \varepsilon\delta\boldsymbol{E}\cdot\boldsymbol{E} = \varepsilon\frac{1}{2}\delta(\boldsymbol{E}\cdot\boldsymbol{E}) = \varepsilon\frac{1}{2}\delta E^2$$

对应电场中的能量变化：

$$\delta W = \delta\int \varepsilon\frac{1}{2}E^2\mathrm{d}V$$

因此，电场能可以合理定义为

$$W_{\mathrm{E}} = \frac{1}{2}\int \varepsilon\boldsymbol{E}\cdot\boldsymbol{E}\mathrm{d}V$$

(2)*磁场能*

对于静磁场，情况类似。电流做的功，或更确切地说是能量，是由电场完成的。磁场本身对电荷或电流不起任何作用，因为作用在电荷上的磁力垂直于它的速度。相反，必须寻找磁场随时间变化的准静态情况，由此通过式(4.3)产生电场。在一段时间 δt 内，外部电源所消耗的能量为

$$\begin{aligned}\delta W &= -\delta t\int \boldsymbol{J}\cdot\boldsymbol{E}\mathrm{d}V = -\delta t\int \nabla\times\boldsymbol{H}\cdot\boldsymbol{E}\mathrm{d}V \\ &= \delta t\int \nabla\cdot(\boldsymbol{E}\times\boldsymbol{H})\mathrm{d}V - \delta t\int \boldsymbol{H}\cdot(\nabla\times\boldsymbol{E})\mathrm{d}V\end{aligned}$$

第一项可以转化为无限表面积分，假设它为零，所有场都在那里消失。变换第二项：

$$\delta W = -\delta t\int \boldsymbol{H}\cdot(\nabla\times\boldsymbol{E})\mathrm{d}V = \int \boldsymbol{H}\cdot\delta\boldsymbol{B}\mathrm{d}V$$

正如电场一样的处理方式，再次对被积函数积分：

$$\boldsymbol{H}\cdot\delta\boldsymbol{B} = \mu\frac{1}{2}\delta H^2$$

于是可得

$$\delta W = \delta\int \mu \frac{1}{2} H^2 \mathrm{d}V$$

类似于电场能，磁场能也合理定义为

$$W_{\mathrm{M}} = \frac{1}{2}\int \mu \boldsymbol{H} \cdot \boldsymbol{H} \mathrm{d}V$$

现在有：

$$\boldsymbol{W}_{\mathrm{E}} = \frac{1}{2}\int \varepsilon \boldsymbol{E} \cdot \boldsymbol{E} \mathrm{d}V$$

$$W_{\mathrm{M}} = \frac{1}{2}\int \mu \boldsymbol{H} \cdot \boldsymbol{H} \mathrm{d}V \tag{4.42}$$

积分在整个体积上进行，这是与时间相关的能量定义。在微波理论中，时间平均定义更有用，假定为正弦波，可以简单地对时间平均而得到。对于总量为 1/4 的体积积分，可以得到另一个 1/2 的因数。

(3)电容：定义

假设有一个简单两导体的结构，两者之间的电压为 φ，则电容 C 的定义为

$$\frac{1}{2} C\varphi^2 = W_{\mathrm{E}} = \frac{1}{2}\int \varepsilon \boldsymbol{E} \cdot \boldsymbol{E} \mathrm{d}V \tag{4.43}$$

一般情况下，有：

$$\begin{aligned}\frac{1}{2}\sum_a \sum_b C_{\mathrm{ab}} \varphi_{\mathrm{ab}}^2 &= \frac{1}{2}\int \varepsilon \boldsymbol{E} \cdot \boldsymbol{E} \mathrm{d}V = -\frac{1}{2}\int \varepsilon \boldsymbol{E} \cdot \nabla\varphi \mathrm{d}V \\ &= -\frac{1}{2}\int \nabla\cdot(\varepsilon \boldsymbol{E}\varphi)\mathrm{d}V + \frac{1}{2}\int \varphi \nabla\cdot(\varepsilon \boldsymbol{E})\mathrm{d}V \\ &= \frac{1}{2}\int \varphi\rho \mathrm{d}V = \frac{1}{2}\sum_a \sum_b \varphi_{\mathrm{ab}} \rho_{\mathrm{a}}\end{aligned}$$

上式中最后一步使用了通用的矢量恒等性技巧，即$\nabla\cdot(\varphi \boldsymbol{b}) = \boldsymbol{b}\cdot\nabla\varphi + \varphi\nabla\cdot\boldsymbol{b}$。只需要对含有电荷的材料进行积分即可，从而大大简化了计算。由上式可知，电容只是电荷和电压之间的简单线性关系，将在后面对此进行更详细的探讨。

关键知识点

需要知道或估计与各种导体相关的电压以及电荷的分布方式，以估计电容。

(4)电感：定义

类似地，对于带有电流 I 的导线，电感 L 可以定义为

$$\frac{1}{2}L\,J^2 = \frac{1}{2}\mu\boldsymbol{H}\cdot\boldsymbol{H}\mathrm{d}V \tag{4.44}$$

对于多电流 J_{a}，改为通用公式：

$$\frac{1}{2}\sum_a\sum_b L_{\mathrm{ab}}J_{\mathrm{a}}J_{\mathrm{b}} = \frac{1}{2}\int\mu\boldsymbol{H}\cdot\boldsymbol{H}\mathrm{d}V = \frac{1}{2}\int(\nabla\times\boldsymbol{A})\cdot\boldsymbol{H}\mathrm{d}V$$

$$= -\frac{1}{2}\int\nabla\cdot(\boldsymbol{H}\times\boldsymbol{A})\mathrm{d}V + \frac{1}{2}\int\boldsymbol{A}\cdot(\nabla\times\boldsymbol{H})\mathrm{d}V = \frac{1}{2}\boldsymbol{A}\cdot\boldsymbol{J}\mathrm{d}V$$

在前面的过程中，使用了一种通用技巧，通过利用矢量恒等性来避免大体积积分：$\nabla\cdot(\boldsymbol{a}\times\boldsymbol{b}) = \boldsymbol{b}\cdot\nabla\times\boldsymbol{a} - \boldsymbol{a}\cdot\nabla\times\boldsymbol{b}$，以及假设场在无限远处消失的散度定理。这表明只需要积分有电流通过的材料即可。正如人们所看到的，这将大大简化一些计算。

如果分别计算每个电流对 $\boldsymbol{A}$ 的贡献，可以写成

$$\boldsymbol{A}(\boldsymbol{x}) = \sum_a\boldsymbol{A}_{\mathrm{a}}(\boldsymbol{x})$$

$$\boldsymbol{J}(\boldsymbol{x}) = \sum_b\boldsymbol{J}_{\mathrm{b}}(\boldsymbol{x})$$

于是有

$$\frac{1}{2}\sum_a\sum_b L_{\mathrm{ab}}J_{\mathrm{a}}J_{\mathrm{b}} = \frac{1}{2}\sum_a\sum_b\int\boldsymbol{A}_{\mathrm{a}}\cdot\boldsymbol{J}_{\mathrm{b}}\mathrm{d}V \tag{4.45}$$

其中，如果 $a\neq b$，计算 a 和 b 之间的互感；如果 $a=b$，则说 a 为自感。本书将在本节后面使用这些结论：

$$L_{\mathrm{self,a}}J_{\mathrm{a}}J_{\mathrm{a}} = \int\boldsymbol{A}_{\mathrm{a}}\boldsymbol{J}_{\mathrm{a}}\mathrm{d}V$$

$$L_{\mathrm{mutual,ab}}J_{\mathrm{a}}J_{\mathrm{b}} = \int\boldsymbol{A}_{\mathrm{a}}\cdot\boldsymbol{J}_{\mathrm{b}}\mathrm{d}V \tag{4.46}$$

请注意，当某一导体(例如 a)的矢量电势垂直于另一导体 b 的电流时，式(4.45)中该项的贡献为零。在许多情况下，这也是重要的简化方法：

$$\int\boldsymbol{A}_{\mathrm{a}}\cdot\boldsymbol{J}_{\mathrm{b}}\mathrm{d}V \equiv 0$$

式中，$\boldsymbol{A}_{\mathrm{a}}\perp\boldsymbol{J}_{\mathrm{b}}$。

读者从这些计算中应该熟记的是电容和电感之间的物理近似。一个基于电压，另一个基于电流和矢量电势。如果了解了其中一个，则也会了解另一个。

关键知识点

电流将流过最小的阻抗路径。在这种情况下，意味着如果没有其他影响(例如电阻/电容)需要考虑，电流将以使电感最小的方式流动。

需要知道或估计电流如何流动以估计电感。

现在，估计电感的方法已成为估计电流是如何在模型中流动的一种方法。在大多数情况下，直接利用麦克斯韦方程组了解电流的自身分布。

4.3　电容

4.2 节阐述了麦克斯韦方程组的基本定义及其求解方法，并定义了电容和电感的概念。在本章的余下内容，将应用估计分析方法来更深入了解这些概念，并将寻找一种方法来简化一个给定情形，并进行求解及验证。接下来是评估阶段。首先，解决大多数工程师最熟悉的问题：电容。

4.3.1　简介

大多数工程师非常熟悉电容是什么，本节将以大多数读者非常熟悉的方式讨论电容，并采用可能不太熟悉但将会被证明是好的起点和值得学习的方法。首先，描述电路元件：电容。然后，讨论简单的之间存在电压的两极板系统。此后，直接使用麦克斯韦方程组求解相同的问题，其中也采用边界条件。最后，展示如何使用相同的方法求解带有两种不同电介质的实例。

4.3.2　电路元件——电容

到目前为止，讨论了电容与物理的关系：当电压施加到另一个导体上时，电荷将被吸引到导体表面。但是电容作为电路元件又将如何呢？为了对此进行研究，使用简单的功率(或能量)守恒定律。假设有一个与电容并联的电阻，电阻中消耗的功率为

$$P_{\mathrm{R}} = \frac{\varphi^2}{R}$$

式中，φ是电阻和电容两端的电压。

电容的功率只是能量的时间导数：

$$P_{\mathrm{C}}=\frac{\mathrm{d}}{\mathrm{d}t}\frac{1}{2}C\,\varphi(t)^2=C\varphi\frac{\mathrm{d}\varphi}{\mathrm{d}t}$$

电压源在给定时间的功率为$\varphi(t)*I(t)$。此功率必须等于电阻和电容中消耗的功率：

$$\varphi(t)I(t)=\frac{\varphi^2}{R}+C\varphi\frac{\mathrm{d}\varphi}{\mathrm{d}t}$$

或者

$$I(t)=\frac{\varphi(t)}{R}+C\frac{\mathrm{d}\varphi(t)}{\mathrm{d}t}$$

这是人们熟悉的电路关系。假设一个时间相关变量$\mathrm{e}^{\mathrm{j}\omega t}$，就变得更加清楚：

$$I=\frac{\varphi}{R}+\mathrm{j}\omega C\varphi$$

电容引起的阻抗为

$$Z_{\mathrm{c}}=\frac{\varphi}{I}=\frac{1}{\mathrm{j}\omega C}$$

这里包含电容的电路公式，该公式仅基于能量守恒原理。

4.3.3 简单的双平板系统计算

以式(4.43)为起点。为了了解这些关系式在实际情况下的含义，考虑两个面积为A的金属板，其间距为d，电压为φ，电场为$E=\varphi/d$。于是有：

$$\frac{1}{2}C\varphi^2=W_{\mathrm{E}}=\frac{1}{2}\int\varepsilon\left(\frac{\varphi}{d}\right)^2\mathrm{d}V\approx\frac{1}{2}\varepsilon\left(\frac{\varphi}{d}\right)^2Ad=\frac{1}{2}\varepsilon\frac{\varphi^2}{d}A$$

或者

$$C=\frac{\varepsilon}{d}A \tag{4.47}$$

这是人们在初级阶段课程就熟知的电容的一般计算公式。

1. 两平板系统电容的第一性原理计算

从第一性原理来看相同的情况，并看这种情况下的麦克斯韦方程。与以前的计算结果相比，本节似乎有些多余，但此处学习的内容可以轻松地扩展到其他情况。

简化 首先要做的就是简化，假设两平板在平面内的所有方向上都无限延伸，这样可以将问题简化为一个维度。然后当底板接地时，顶板电压为 V。最后，假设长波近似，因此需要求解式(4.26)，如图 4.2 所示可得。

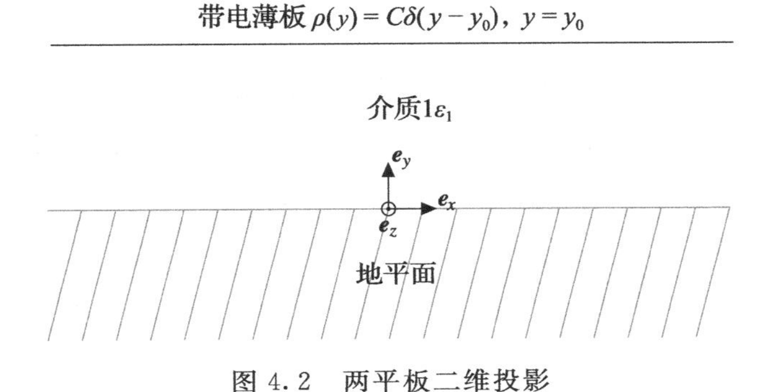

图 4.2 两平板二维投影

在自由空间中，假设无 x 方向的相关性，则

$$\Delta\varphi=-\frac{C\delta(y-y_0)}{\varepsilon'}$$

边界条件为

$$\varphi(y_0)=V$$
$$\varphi(0)=0$$

求解 该方程与 z 无关，并且是长波近似中的一维亥姆霍兹方程，即变为泊松方程，并且有解：

$$\varphi(y)=-A(y-y_0)+B$$

式中，$y_0 \geqslant y$。

代入边界条件：

$$\begin{cases}B=V\\Ay_0+B=0\end{cases}$$

$$A=-\frac{V}{y_0}$$

于是可得

$$\varphi(y)=-A(y-y_0)+B$$

电场为 $E=-\nabla\varphi$。在较低的理想电导体(PEC)边界处，电场将沿电势梯度突变为零，这将产生表面电荷，并且遵循 $\varepsilon\nabla\cdot\boldsymbol{E}=\rho$ 的边界条件，得到 $\varepsilon E_{+}=\rho$。实际是电容顶板的电压在底板中感应出电荷。在长波下，这就是所谓的电容效应。现在进行简单的推导。

已知：

$$|\boldsymbol{E}|=|-\nabla\varphi|=A=-\frac{V}{y_0}$$

将它插入电容式(4.43)并恢复式(4.47)。更进一步，使用更复杂的模型来恢复涉及电容的另一个公式。在边界周围放置一个药盒并进行积分得

$$\varepsilon\int\nabla\cdot\boldsymbol{E}\mathrm{d}V=\varepsilon(E|_{y=0+}-E|_{y=0-})A_{\text{rea}}=\varepsilon E|_{y=0+}A_{\text{rea}}$$

$$=-\varepsilon\frac{V}{y_0}A_{\text{rea}}=\int\rho\mathrm{d}V=\int\rho_0\delta(y=0)\mathrm{d}V=Q$$

于是有：

$$-\varepsilon\frac{V}{y_0}A_{\text{rea}}=Q$$

式中，$Q<0$。

设 $\frac{\varepsilon}{y_0}A_{\text{rea}}=C$，即电容，则有：

$$CV=Q \tag{4.48}$$

这是另一个关于电容的著名关系表达式，可以很容易地直接从麦克斯韦方程推导出了电容定义。

验证 这与之前的结果相同，参考式(4.47)，但这是一个更复杂的计算。本节叙述了直接使用麦克斯韦方程组的方法，现在已经有能力解决更复杂的问题了。

评价 两个金属板之间的电容表示为两金属板的重叠面积除以它们的距离。

2. 两种不同介质电容的第一性原理计算

这里研究问题中存在不同介质时场解的情形。这种情况经常出现在存在不同的介电层的集成电路中，在场求解器中求解所有介电层，通常使用等效介电常数就足够了。这里，展示如何计算有效介电常数，然后从麦克斯韦方程开始，最后得到大多数读者都非常熟悉的表达式。

简化　在原来简单模型的基础上，添加另一个边界条件：如图 4.3 所示，这仍是一维情况。

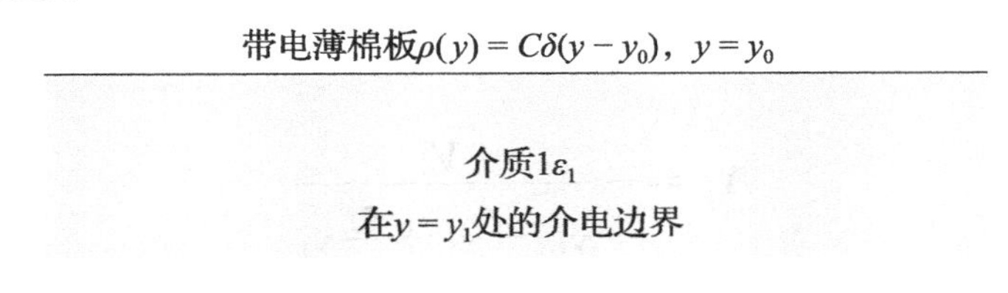

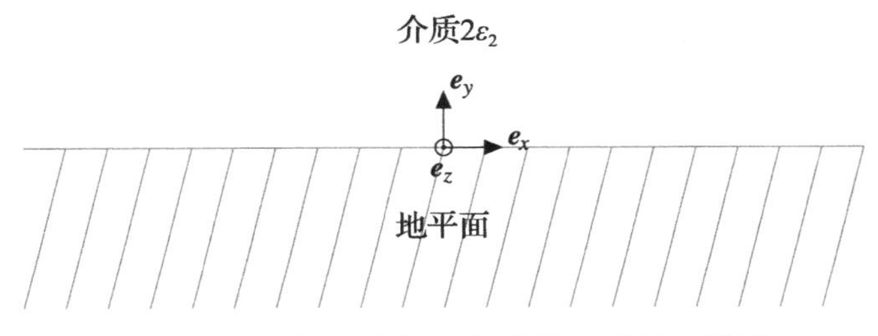

图 4.3　具有两种介电介质的两平板二维图

与以前的计算相比，所有过程都是相同的——相同的方程式、相同的求解方法，但在两种电介质之间的界面处还有一个附加的边界条件。由$\nabla \cdot \varepsilon \boldsymbol{E} = \rho$得

$$\varepsilon_1 E|_1 = \varepsilon_2 E|_2$$

因为介电介质中没有表面电荷。

求解　现在，有两个区域和两个解：

$$\varphi_1(y) = -A_1(y - y_0) + B_1$$
$$\varphi_1(y) = -A_2 y + B_2$$

由边界条件得

$$\begin{cases} B_1 = V \\ B_2 = 0 \\ \varepsilon_1 E|_1 = \varepsilon_2 E|_2 \\ \varphi_1(y_1) = \varphi_2(y_1) \end{cases}$$

第 3 个等式可以被展开：

$$\varepsilon_1 E|_1 = -\varepsilon_1 \nabla\varphi_1 = \varepsilon_1 A_1 = \varepsilon_2 E|_2 = \varepsilon_2 A_2$$

或者

$$A_2 = \frac{\varepsilon_1}{\varepsilon_2} A_1$$

由第 4 个边界条件得

$$-A_1(y_1-y_0)+V=-\frac{\varepsilon_1}{\varepsilon_2}A_1y_1$$

其中

$$A_1=-\frac{V}{y_0-y_1+\frac{\varepsilon_1}{\varepsilon_2}y_1}$$

$$A_2=-\frac{\varepsilon_1}{\varepsilon_2}\frac{V}{\left(y_0-y_1+\frac{\varepsilon_1}{\varepsilon_2}y_1\right)}$$

$y=0$ 处的电场如下：

$$E=-\nabla\varphi_2=-\frac{\varepsilon_1V}{y_1\varepsilon_1+\varepsilon_2(y_0-y_1)}$$

如前所述，在较低的 PEC 处的电荷如下：

$$\varepsilon_2EA_{rea}=-\frac{\varepsilon_1\varepsilon_2}{y_1\varepsilon_1+\varepsilon_2(y_0-y_1)}VA_{rea}=Q$$

写成更熟悉的形式：

$$-\frac{1}{y_1/A_{rea}\varepsilon_2+(y_0-y_1)/A_{rea}\varepsilon_1}V=-\frac{1}{1/C_1+1/C_2}V=Q$$

这是众所周知的电容串联公式。使用有效介电常数 ε' 替代：

$$\frac{\varepsilon'V}{y_0}A_{rea}=\frac{\varepsilon_1\varepsilon_2}{y_1\varepsilon_1+\varepsilon_2(y_0-y_1)}VA_{rea}$$

可得

$$\varepsilon'=\frac{\varepsilon_1\varepsilon_2}{y_1\varepsilon_1+\varepsilon_2(y_0-y_1)}y_0=\frac{1}{y_1/\varepsilon_2+(y_0-y_1)/\varepsilon_1}y_0$$

验证 这只是对两个串联电容等效电容的重新表述。大多数电子专业基础课本都对此进行了演示。

评价 当堆叠具有不同介电常数的电介质时，可以将有效介电常数计算为倒数的加权和的倒数。

关键知识点

当堆叠具有不同介电常数的电介质时，可以将有效介电常数计算为倒数的加权和的倒数。

3. 本节小结

估计分析法应用于需要求解总电容的两种情形，利用一些基本简化方法，直接根据麦克斯韦方程进行计算，与直接根据估计分析法求解的结果一样。

4.4 电感

下面继续介绍电感的概念。之前对电感进行了定义，这里将进一步探讨一些简单的情况，这些情形将证明估计分析法大有用处。

4.4.1 简介

本节将讨论电感的概念。由于大多数工程师可能并不熟悉此概念，因此本节将揭开它的神秘面纱。如4.3节所述，进一步展示电感和电容之间的相似之处，首先讨论电路元件——电感，然后直接利用麦克斯韦方程描述最简单的模型。基于此，就可以解决更复杂的问题，其中许多细节都可以在参考文献[4]中找到。电感效应可能对高速电路情况非常不利，为了设计出成功的产品，必须理解其本质以及它是如何增大的。

4.4.2 电路元件——电感

到目前为止，讨论了电感相关的基础物理学知识：它是一种与电流分布中的磁能成正比的效应。与电路分析之间的关系还不是很明显。为了对此进行研究，使用简单的功率(或能量)守恒定理。

假设有一个与电感串联的电阻，电阻中消耗的功率为

$$P_{\mathrm{R}} = I^2 R$$

式中，I是流经电阻和电感的电流。电感的功率是其能量的时间导数：

$$P_{\mathrm{C}} = \frac{\mathrm{d}}{\mathrm{d}t}\frac{1}{2}LI^2 = LI\frac{\mathrm{d}I}{\mathrm{d}t}$$

驱动电阻与电感组合的电压源在给定时间提供的功率为$\varphi(t) * I(t)$。此功率必须等于电阻和电感中消耗的功率：

$$\varphi(t)I(t) = I^2R + LI\,\frac{\mathrm{d}I}{\mathrm{d}t}$$

或者

$$\varphi(t) = IR + L\,\frac{\mathrm{d}I(t)}{\mathrm{d}t}$$

这是人们熟悉的电路关系。假设一个时间相关量 $\mathrm{e}^{\mathrm{j}\omega t}$，则上式变得更清晰：

$$\varphi(t) = IR + \mathrm{j}\omega LI$$

上式中电感引起的阻抗为

$$Z_\mathrm{c} = \frac{\varphi}{I} = \mathrm{j}\omega L$$

此为包含电感的电路公式，该公式仅基于能量守恒定律。

4.4.3 自由空间中的简单直导线

本章前面研究了电容。电感只是略有不同，电感与磁场和电流有关，而不是电场和电荷。电场会在它周围的导体上寻找另一个电势终止，而磁场会在其自身终止，下面的内容将详细介绍这种自我终止会导致磁场变得不受束缚。这对电流形成及其功能使能产生了巨大的影响。

在深入了解数学细节之前，先进行思维实验。假设有一个具有唯一特征的宇宙：在这个宇宙中，只有一根电流为 I 的导线，导线无限长且笔直，假设麦克斯韦方程组有效，会发生什么呢？好，有电流，所以必须有磁场（麦克斯韦定律之一）；反之亦然，如果有磁场，必须存在电流以产生磁场。磁场围绕着这条线无限延伸。总磁场能量为

$$\begin{aligned} W_\mathrm{M} &= \frac{1}{2}\int \mu \boldsymbol{H}\cdot\boldsymbol{H}\mathrm{d}V = \left\{\boldsymbol{H} = \frac{1}{2\pi r}\mathrm{e}_\theta(\text{稍后进行推导})\right\} \\ &= \frac{1}{2}\int \mu\left(\frac{I}{2\pi r}\right)^2 r\,\mathrm{d}r\mathrm{d}\theta \sim \ln R \end{aligned}$$

式中，R 为导线尺寸$\rightarrow\infty$。

这意味着什么？如果磁场能量是无限的，那么电感也是。如果人们尝试通过这条导线传输交流电流，阻抗则会无限大。在这个简单宇宙中，什么都不会发生！

诚然，这是牵强的，但可以说明一点：为了使导线和电流有意义，必须

有一种方法来限制远场磁场。通常这样做的方式是通过电路本身电流回流，或者是在某些接地平面中产生感应回流路径。必须有一个闭合的电流回路才能使电路正常工作！这是意料之中的结果。

4.4.4　简单直导线的第一性原理计算

现在，将直接通过估计分析法从麦克斯韦方程开始，更深入地研究前面内容的细节。

简化　现在已设立了相对简单的情况：自由空间中具有均匀电流分布的直导线。将其建模为没有 z 相关性的系统，即具有圆柱对称性的二维系统，因此所有实体仅取决于距导线中心的距离 r。从横截面看，即如图 4.4 所示。

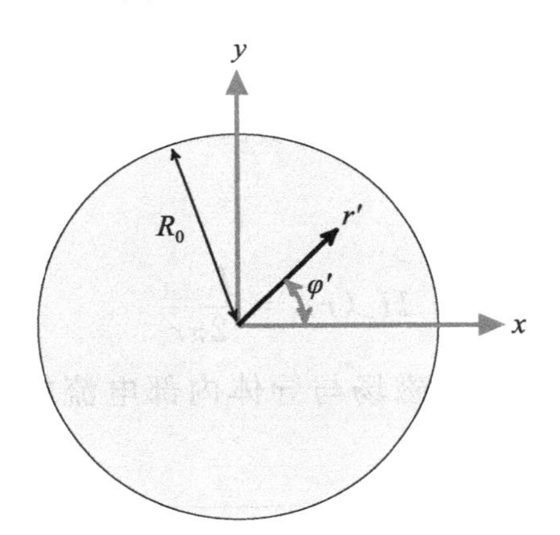

图 4.4　单导线的横截面

深入研究此简单导线的数学细节。在长波近似中，根据安培定律：

$$\nabla\times \boldsymbol{H}=\boldsymbol{J}$$

求解　在包含导线的横截面上对安培定律积分，如图 4.5 所示：

$$\int \nabla\times \boldsymbol{H}\cdot \mathrm{d}\boldsymbol{S}=\int \boldsymbol{J}\cdot \mathrm{d}S$$

在螺旋一侧使用斯托克定理：

$$\int \nabla\times \boldsymbol{H}\cdot \mathrm{d}\boldsymbol{A}=\oint \boldsymbol{H}\cdot \mathrm{d}\boldsymbol{r}=\oint H_{\varphi}(r)r\mathrm{d}\varphi=2\pi rH_{\varphi}(r)$$

上式利用了圆柱对称性。等式右侧，从 $\boldsymbol{J}$ 为电流密度这一事实得出

$$\int \boldsymbol{J}\cdot \mathrm{d}\boldsymbol{S}=J_{\text{total}}$$

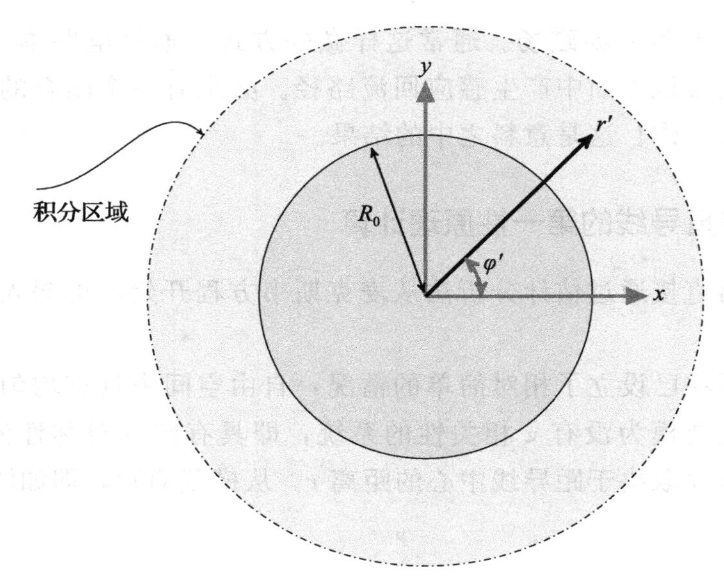

图 4.5 单导线的积分边界

将两侧合并可得

$$H_{\varphi}(r)=\frac{J_{\text{total}}}{2\pi r}$$

有趣的是，以上结果表明磁场与导体内部电流的精确径向分布无关。等式右侧仅仅与导体总电流相关。

> **关键知识点**
> 在圆柱对称的情况下，外部磁场不取决于导体内部的径向电流分布。

这反过来意味着总磁能产生的电感是

$$\frac{1}{2}LJ_{\text{total}}^{2}=\frac{1}{2}\int\mu\boldsymbol{H}\cdot\boldsymbol{H}\mathrm{d}V=\frac{1}{2}\mu l\left(\frac{1}{2\pi}\right)^{2}\int\left[\frac{J_{\text{total}}}{r}\right]^{2}r\mathrm{d}r\mathrm{d}\theta=\frac{1}{2}\frac{1}{2\pi}\mu lJ_{\text{total}}^{2}\ln(R)$$

上式已经排除了导线内部的磁能，并没有什么影响。可以发现：

$$L=\frac{\mu l}{2\pi}\ln(R)$$

式中，R 是导线的“长度”。

无论如何，它一定是一个闭环，而 R 仅仅是环的大小。正如之前所述，对于没有闭环的单根导线，电感将是无限的。

简言之，当磁场已知时，可以计算导体外部的矢量电势：

$$\nabla\times \boldsymbol{A} = \boldsymbol{B} = \mu \boldsymbol{H} \rightarrow$$
$$\boldsymbol{A} = A(r)\boldsymbol{e}_z = \left(-\mu \frac{J_{\text{total}}}{2\pi}\ln\frac{r}{R_0} + C\right)\boldsymbol{e}_z \tag{4.49}$$

验证 这是一个已知解，可以在参考文献[4]中找到。

评价 导线的电感与导线的长度乘以其大小的对数成正比。

4.4.5 两条简单直导线的第一性原理计算

假设现在有两根导线，其中一根导线的电流与另一根导线的电流相反。该想法是通过产生对齐的反向磁场来减少单根导线中的磁场。实际上，有一个局部电流回路。

简化 使用与上述相同的基本模型，但增加了一根导线。假定内部电流分布是均匀的。请参见图 4.6。

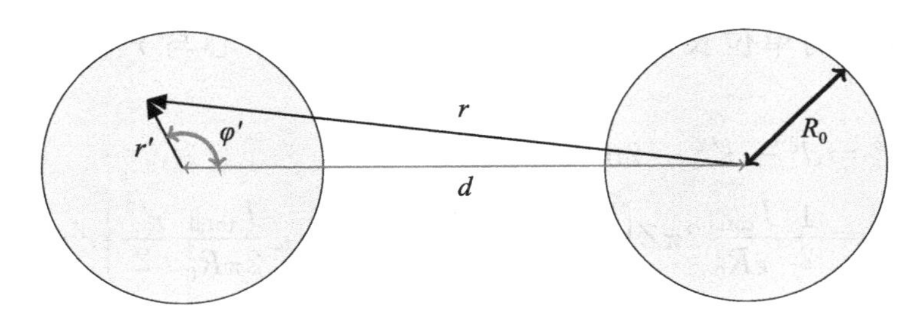

图 4.6 二维的两根导线的横截面，图源自参考文献[16]

求解 为了计算系统电感，将使用早前推导的式(4.46)。式(4.46)表明，知道导体内部的矢量电势和电流分布，仅对导体横截面进行简单积分来计算电感。这里已经假设电流分布是均匀的，剩下的就是计算矢量电势。从式(4.49)可得导线外部的矢量电势。计算导体内部 A，采用与之前相同的方法，在本节中结合安培定律并使用斯托克定理：

$$2\pi H(r)r = \int \boldsymbol{J}\cdot \mathrm{d}\boldsymbol{S} = \frac{J_{\text{total}}}{\pi R_0^2}\int_0^{R_0} r^2\, 2\pi r'\mathrm{d}r' = \frac{J_{\text{total}}}{R_0^2}$$

其中电流密度为

$$|\boldsymbol{J}| = \frac{\boldsymbol{J}_{\text{total}}}{\pi R_0^2}$$

且 $r \leqslant R_0$。

由此可得

$$H(r) = \frac{J_{\text{total}}}{2\pi R_0^2} r$$

由 $\boldsymbol{B} = \mu \boldsymbol{H} = \nabla \times \boldsymbol{A}$ 可得

$$\mu \frac{J_{\text{total}}}{2\pi R_0^2} r = -\frac{\partial A}{\partial r} \rightarrow A = C + \mu \frac{J_{\text{total}}}{2\pi} \frac{1}{2} - \mu \frac{J_{\text{total}}}{2\pi R_0^2} \frac{r^2}{2}$$

上式中已经选择常数以匹配 $r = R_0$ 边界处的外部解，即式(4.49)。现在，可以将式(4.46)中的自感和互感一起积分来计算能量。自感的能量用 F_{self} 表示，互感的能量用 F_{mutual} 表示：

$$F_{\text{self}} = \frac{1}{2} \int_0^{R_0} \left[C + \mu \frac{J_{\text{total}}}{2\pi} \frac{1}{2} - \mu \frac{J_{\text{total}}}{2\pi R_0^2} \frac{r'^2}{2} \right] \frac{J_{\text{total}}}{\pi R_0^2} r' \mathrm{d}r' 2\pi Z$$

$$F_{\text{mutual}} = -\frac{1}{2} \int_0^{2\pi} \int_0^{R_0} \left[-\frac{\mu J_{\text{total}}}{2\pi} \ln(r/R_0) + C \right] \frac{J_{\text{total}}}{\pi R_0^2} r' \mathrm{d}r' \mathrm{d}\varphi' Z$$

式中，Z 是导线的单位长度；变量 r 是导体 2 的中心与 r'、φ' 之间的距离，如图所示：

$$r^2 = d^2 + r'^2 - 2 \mathrm{d} r' \cos\varphi'$$

$$F_{\text{self}} = \frac{1}{2} \frac{J_{\text{total}}}{\pi R_0^2} 2\pi Z \int_0^{R_0} \left[C + \mu \frac{J_{\text{total}}}{2\pi} \frac{1}{2} - \mu \frac{J_{\text{total}}}{2\pi R_0^2} \frac{r'^2}{2} \right] r' \mathrm{d}r'$$

$$= J_{\text{total}} Z C \frac{1}{2} + \mu \frac{J_{\text{total}}^2}{2\pi} Z \frac{1}{8} \tag{4.50}$$

$$F_{\text{mutual}} = -\frac{1}{2} \frac{J_{\text{total}}}{\pi R_0^2} 2\pi Z C \frac{R_0^2}{2}$$

$$+ \mu \frac{1}{2} \frac{J_{\text{total}}^2}{2\pi \pi R_0^2} Z \int_0^{2\pi} \int_0^{R_0} \frac{1}{2} \ln\left(\frac{d^2 + r'^2 - 2 \mathrm{d} r' \cos\varphi'}{R_0^2} \right) r' \mathrm{d}r' \mathrm{d}\varphi'$$

表达式中的积分 F_{mutual} 可以通过下式确定：

$$I(d) = \int_0^{2\pi} \int_0^{R_0} \frac{1}{2} \ln\left(\frac{d^2 + r'^2 - 2 \mathrm{d} r' \cos\varphi'}{R_0^2} \right) r' \mathrm{d}r' \mathrm{d}\varphi'$$

直接计算可得

$$I(d) = \pi R_0^2 \ln \frac{d}{R_0}$$

现在：

$$F_{\text{mutual}} = -\frac{1}{2}\frac{J_{\text{total}}}{\pi R_0^2}2\pi ZC\frac{R_0^2}{2} + \mu\frac{1}{2}\frac{J_{\text{total}}^2}{2\pi\ \pi R_0^2}Z\pi R_0^2\ln\frac{d}{R_0}$$
$$= -J_{\text{total}}ZC\frac{1}{2} + \mu\frac{1}{4\pi}J_{\text{total}}^2Z\ln\frac{d}{R_0} \tag{4.51}$$

总能量是

$$F = F_{\text{self}} + F_{\text{mutual}} = \mu\frac{1}{2\pi 2}J_{\text{total}}^2Z\left(\frac{1}{4} + \ln\left(\frac{d}{R_0}\right)\right)$$

由于对称性，另一个导体组合就很容易纳入计算，只需乘以 2。消去 $J_{\text{total}}^2/2$ 可得电感：

$$L = \frac{\mu Z}{\pi}\left(\frac{1}{4} + \ln\left(\frac{d}{R_0}\right)\right) \tag{4.52}$$

这是基本结果之一，将在后面各种情况中反复直接使用。

验证　这是物理学文献中的标准计算：可参见参考文献[4，15]。对于具有微波理论背景的读者来说，会比较熟悉这个例子。但是微波文献中经常认为导体是理想的，在这种情况下求解方法有所不同，将它作为练习留给读者来求解理想导体的情况。

评价　对于两个彼此叠置的电感，如果两个电感中的电流均以相同的方式流动，则磁场将加倍(电流相等)→磁能变大了 4 倍→电感变大 4 倍。如果电流方向相反→磁场为零→电感为零。

这种效应通常称为导线之间的耦合效应。在高频情况下，相邻导体中会感应出(或耦合到)电流。

关键知识点

对于两个彼此叠置的电感，如果两个电感中的电流均以相同的方式流动，则磁场加倍(电流相等)→磁能变大了 4 倍→电感也变大 4 倍。如果电流方向相反→磁场为零→电感为零。

这种效应通常称为导线之间的耦合效应。在高频情况下，相邻导体中会感应出(或耦合到)电流。

将在本章后面内容中研究高频情况和感应电流。

4.4.6 地平面上单导线的第一性原理计算

当一根导线在接地平面上延伸时，情况与前面的讨论非常相似：参见图 4.7。

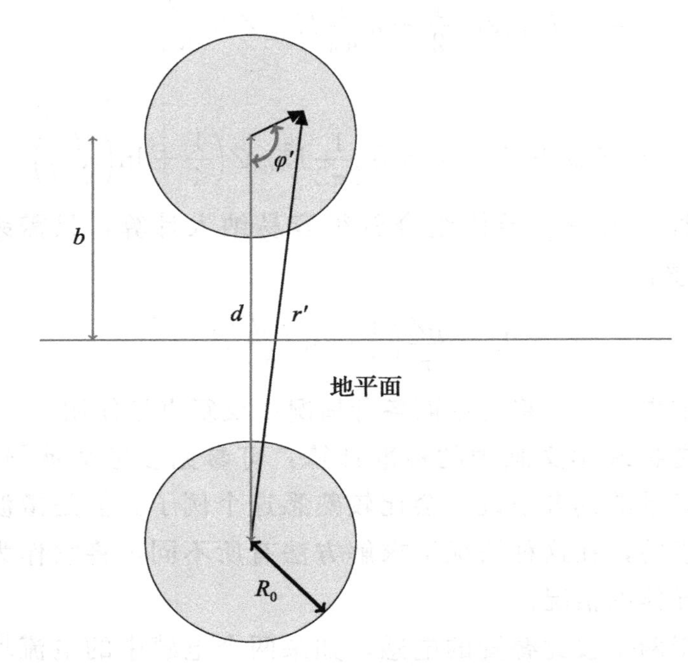

图 4.7 一根导线在地平面上演示的图像法

简化 采用图像法，以完全相同的方式建模，其中距离 d 为

$$d = 2b$$

式中，b 是从导线到地平面的距离。

参考文献[1]中图像法表明：通过移除地平面并等距离放置一个镜像导体，其中电荷/电流大小相等方向相反，可以找到理想地平面之外的场。

求解 现在，可以使用与以前完全相同的计算方法，仅仅只有一个重要区别。总的场能是以前的一半，因为地平面占据的另一半体积的场不存在。

于是有：

$$L_{\text{ground}} = \frac{1}{2}\frac{\mu Z}{\pi}\left(\frac{1}{4}+\ln\left(\frac{d}{R_0}\right)\right) \tag{4.53}$$

验证 地平面上 0.1→4mm 长导线(横截面积为 1 μm×1 μm)的情况已通

过 HFSS 仿真，如图 4.8 所示。

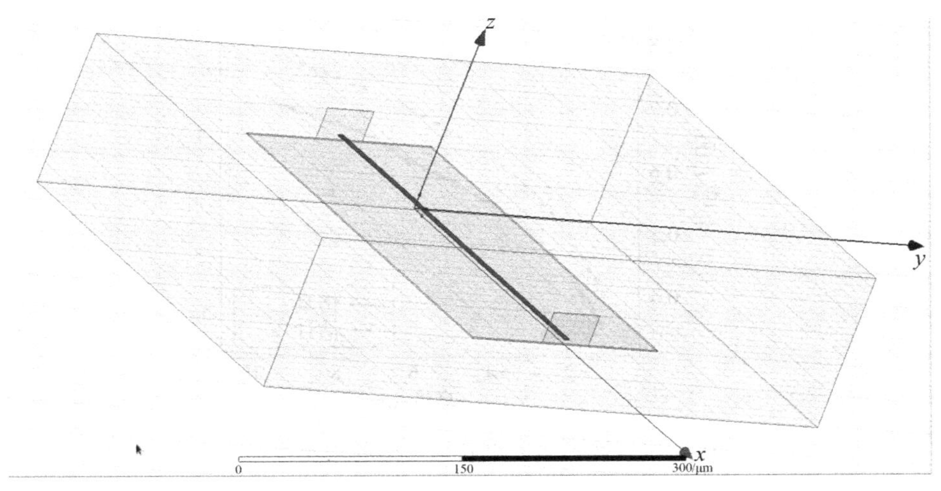

图 4.8 建立 HFSS 仿真图

导体距离地平面的高度是可变的。如图 4.8 所示，通过结构末端的波孔产生激励，电感计算为

$$L_{\text{sim}} = \text{im}\left(\frac{-2}{Y(1,2)+Y(2,1)}\right)\frac{1}{\omega}$$

式中，Y 表示 Y 参数(导纳)增益。

仿真结果与长度函数，即式(4.53)估计结果对比如图 4.9 所示，其中距离地面的高度为 3 μm。

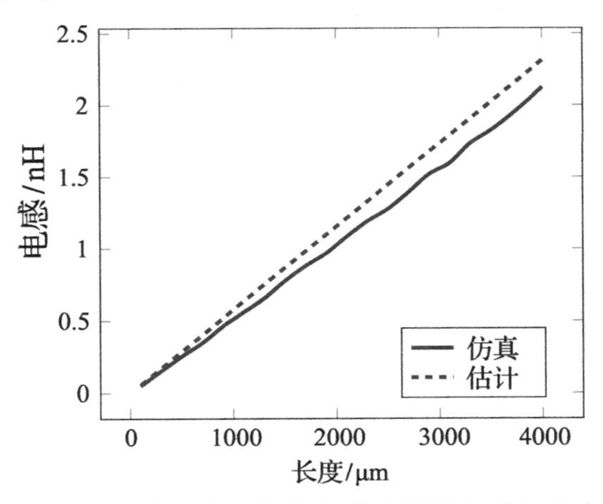

图 4.9 地平面上单导线的仿真电感和估计电感与长度的关系

电感仿真、电感估计与地平面高度的比较如图 4.10 所示。

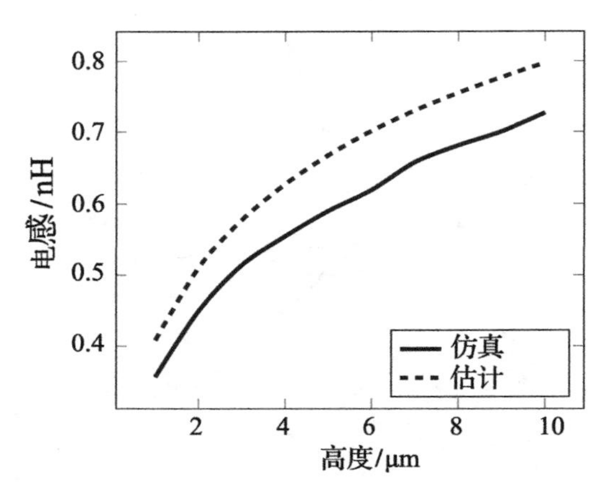

图 4.10　地平面上单导线电感与地平面高度

评价　与单根导线相比，单导线下添加地平面所产生的电感将减小。若附近没有其他导体，电感的大小大致与它到地平面距离的对数成比例。

> **关键知识点**
> 与单根导线相比，单导线下添加地平面所产生的电感将减小。电感的大小大致与它到地平面距离的对数成比例。

4.4.7　地平面上电流层的第一性原理计算

现在看一下地平面上类似电荷平面的电流，如图 4.11 所示。

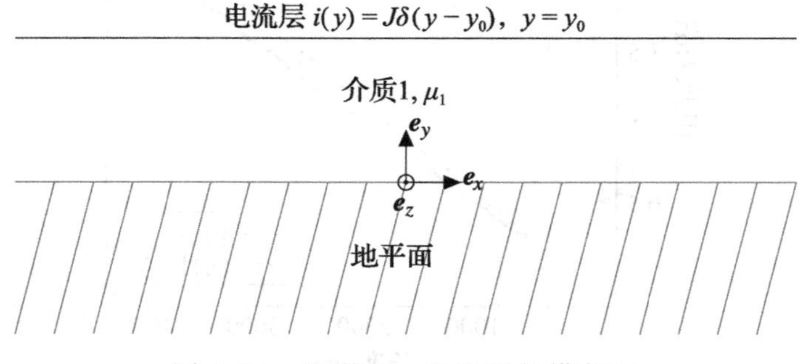

图 4.11　地平面上电流层的横截面

简化 关于矢量势的基本方程$\boldsymbol{A}=A(y)\boldsymbol{e}_z$，其中源项是电流。也可以利用在电容计算中使用的简化方法，但是这里，进一步从全波方程开始，然后到长波极限，以便阐述新的数学方法。

在自由空间中，假设没有x相关性，则：

$$\Delta A+\omega^2\varepsilon'\mu A=-\mu J\delta(y-y_0)$$

于是有：

$$\frac{\partial^2}{\partial y^2}A+\omega^2\varepsilon'\mu A=-\mu J\delta(y-y_0)$$

求解 利用

$$\omega^2\varepsilon'\mu=\kappa^2$$

$$\frac{\partial^2}{\partial y^2}A+\kappa^2 A=-\mu J\delta(y-y_0)$$

由式(4.31)可得该方程的解：

$$A(y)=\mu\frac{j}{2\kappa}e^{j\kappa|y-y_0|}+Be^{j\kappa y}=Ce^{j\kappa|y-y_0|}+Be^{j\kappa y}=Ce^{j\kappa(y_0-y)}+Be^{j\kappa y}$$

式中，$y_0\leqslant y$。

针对边界条件则有：

$$\nabla\times\boldsymbol{B}\to -B_x|_{y=y_0}=J_{y=y_0}/A_{\mathrm{rea}}$$

$$\boldsymbol{B}_x|_{y=0}=J_{y=0}/A_{\mathrm{rea}}$$

$$J_{y=y_0}-J_{y=y_0}=-J$$

从而可得

$$B_x(y)=\frac{\partial A(y)}{\partial y}=-j\kappa Ce^{j\kappa(y_0-y)}+j\kappa Be^{j\kappa y}$$

从边界条件可得

$$\begin{cases}-j\kappa C+j\kappa Be^{j\kappa y_0}=\dfrac{J}{A_{\mathrm{rea}}}\\-j\kappa Ce^{j\kappa y_0}+j\kappa B=\dfrac{J}{A_{\mathrm{rea}}}\end{cases}$$

对于常数B求解得

$$j\kappa Be^{j2\kappa y_0}-j\kappa B=\frac{J}{A_{\mathrm{rea}}}(e^{j\kappa y_0}-1)\to B=\frac{J}{j\kappa A_{\mathrm{rea}}}\frac{e^{j\kappa y_0}-1}{e^{j2\kappa y_0}-1}$$

和

$$\mathrm{j}\kappa C = \mathrm{j}\kappa B\,\mathrm{e}^{\mathrm{j}\kappa y_0} - \frac{J}{A_{\mathrm{rea}}} \rightarrow C = \frac{J}{\mathrm{j}\kappa\, A_{\mathrm{rea}}}\left(\frac{\mathrm{e}^{\mathrm{j}k y_0}-1}{\mathrm{e}^{\mathrm{j}2\kappa y_0}-1}-1\right)$$

$$= \frac{J}{\mathrm{j}\kappa\, A_{\mathrm{rea}}}\mathrm{e}^{\mathrm{j}\kappa y_0}\left(\frac{1-\mathrm{e}^{\mathrm{j}\kappa y_0}}{\mathrm{e}^{\mathrm{j}2\kappa y_0}-1}\right)$$

于是有：

$$B_{\mathrm{x}}(y) = \frac{\partial A(y)}{\partial y} = -\frac{J}{A_{\mathrm{rea}}}\mathrm{e}^{\mathrm{j}\kappa y_0}\left(\frac{1-\mathrm{e}^{\mathrm{j}\kappa y_0}}{\mathrm{e}^{\mathrm{j}2\kappa y_0}-1}\right)\mathrm{e}^{\mathrm{j}\kappa(y_0-y)} + \frac{J}{A_{\mathrm{rea}}}\,\frac{\mathrm{e}^{\mathrm{j}\kappa y_0}-1}{\mathrm{e}^{\mathrm{j}2\kappa y_0}-1}\mathrm{e}^{\mathrm{j}\kappa y}$$

长波近似后进行简化有：

$$B_{\mathrm{x}}(y) \approx -\frac{J}{A_{\mathrm{rea}}}\left[\frac{-\mathrm{j}\kappa y_0}{\mathrm{j}2\kappa y_0}\right](1+\mathrm{j}\kappa(y_0-y)) + \frac{J}{A_{\mathrm{rea}}}\mathrm{j}\kappa y_0\,\frac{(1+\mathrm{j}\kappa y)}{\mathrm{j}2\kappa y_0}$$

$$= \frac{J}{A_{\mathrm{rea}}}\,\frac{(2+\mathrm{j}k y_0)}{2} \approx \frac{J}{A_{\mathrm{rea}}}$$

通过对该区域的磁能进行积分可得

$$\int_0^{y_0} B^2\,\mathrm{d}V = \left(\frac{J}{A_{\mathrm{rea}}}\right)^2 \int_0^{y_0} A_{\mathrm{rea}}\ \mathrm{d}y = \left(\frac{J}{A_{\mathrm{rea}}}\right)^2 A_{\mathrm{rea}}\ y_0 = \frac{J^2}{A_{\mathrm{rea}}}y_0$$

根据电感的定义和式(4.4)可得

$$L = \mu\,\frac{1}{A_{\mathrm{rea}}}y_0 \tag{4.54}$$

得到此答案，这里的步骤比绝对必要的步骤要复杂得多，但是此处阐述了基于麦克斯韦方程的完整求解过程，在本例中为亥姆霍兹方程。在本章剩下的内容中，将进一步研究这种计算。

验证 结合两平板电容的计算，可以看到一个有趣的关系式。如果将式(4.47)和式(4.54)相乘：

$$LC = \mu\,\frac{1}{A_{\mathrm{rea}}}y_0\,\frac{\varepsilon}{y_0}A_{\mathrm{rea}} = \mu\varepsilon \tag{4.55}$$

评价 这是二维情况下的一般关系，任何两个形状的单位长度电感乘以单位长度电容在二维中均等于 $\mu\varepsilon$。证明超出了本书的范围，但可以在许多参考文献中找到。这是一个非常有用的规则，在实践中，也可以用于具有细长导体的三维平面几何形状。这是估计分析得出的结果具有普遍性的一种情况，如果读者发现一些简单的关系，例如刚刚描述的关系，请尝试验证它是否比简化本身更普遍，也许读者发现了一些基本原理？

关键知识点

二维情况下，任何两种形状的单位长度电感乘以单位长度电容等于 $\mu\varepsilon=\frac{1}{c^2}$。在三维情况下，也适用于具有细长导体的平面几何形状。

4.4.8　本节小结

已将估计分析应用于需要求解总电感的几种情况。根据估计分析法，使用一些基本简化方法，直接利用麦克斯韦方程进行计算。

4.5　各种高频现象

4.5.1　简介

在本节中，将使用估计分析研究集成电路设计人员感兴趣的各种高频现象，忽略高频情况下的介质介电特性变化。第一部分，从第一性原理中推导出趋肤深度现象。接下来，将根据麦克斯韦方程或本章前面的研究方法，对理想接地平面中的感应电流进行研究。接下来，还将研究全波近似的一般情况以及电阻接地层回流电流分布。最后，研究与现代 CMOS 金属叠层有关的细金属丝中的电流分布。

4.5.2　趋肤深度

在研究电感时，使用了静态近似，并提出了一些有用的近似方法帮助人们理解这些概念。大多数情况下，与芯片尺寸相比，集成电路设计中涉及的波长要大。但是有一个例外，布线层中有限的电导会产生“趋肤”效应。从完整的麦克斯韦方程组开始研究这种现象，会得出一些意想不到的结论。

简化　再次假设圆柱对称，一个电导率较高且为 σ 的球形导体，就有效介电常数而言，此导体为良导体，如图 4.12 所示。在电路设计中，通常假设导体外部长波近似，则在导体内部有

$$\nabla^2\boldsymbol{A}+\omega^2\mu\varepsilon'\boldsymbol{A}=-\mu\boldsymbol{J}_{\mathrm{i}}$$

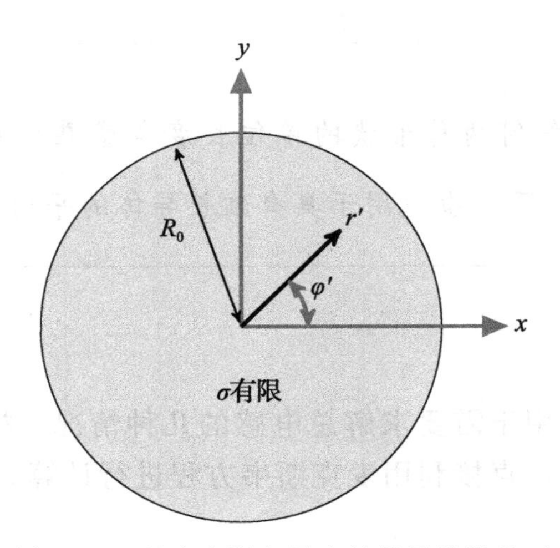

图 4.12 具有有限电导率的单导线横截面

求解 导体外也有：

$$\nabla^2 \boldsymbol{A} = 0$$

用来求解：

$$A_z(r) = C + B\ln\frac{r}{R_0}$$

磁通密度为

$$B_\varphi(r) = -\frac{B}{r}$$

导体内部通解是

$$\boldsymbol{A} = \left(\frac{D}{\mathrm{j}\kappa}\mathrm{e}^{-\mathrm{j}\kappa r} + \frac{E}{\mathrm{j}\kappa}\mathrm{e}^{\mathrm{j}\kappa r}\right)\boldsymbol{e}_z$$

上式代表输出波和输入波。假设输出波为零($E=0$)，则以上：

$$\kappa = \sqrt{\omega^2 \mu \varepsilon'}$$

且

$$\varepsilon' = -\frac{\mathrm{j}\sigma}{\omega}$$

于是有

$$\sqrt{-\mathrm{j}} = \frac{1-\mathrm{j}}{\sqrt{2}}$$

从而可得

$$\kappa=\sqrt{\omega^{2}\mu\varepsilon'}=\sqrt{-\omega^{2}\mu\frac{\mathrm{j}\sigma}{\omega}}=\sqrt{\omega\sigma\mu}\,\frac{1-\mathrm{j}}{2}$$

可得其解为

$$\boldsymbol{A}=\frac{D}{\mathrm{j}\kappa}\mathrm{e}^{-\mathrm{j}\kappa r}\boldsymbol{e}_{z}=\frac{D}{\mathrm{j}\kappa}\mathrm{e}^{-\mathrm{j}\sqrt{\omega\sigma\mu}\frac{1-\mathrm{j}}{\sqrt{2}}}\boldsymbol{e}_{z}=\frac{D}{\mathrm{j}\kappa}\mathrm{e}^{-\mathrm{j}\sqrt{\frac{\omega\sigma\mu}{2}}r-\sqrt{\frac{\omega\sigma\mu}{2}}r}\boldsymbol{e}_{z}$$

可得实数解的指数项，并且是长度 r 的函数，随着 r 递减，有：

$$\delta=\sqrt{\frac{2}{\omega\delta\mu}} \tag{4.56}$$

验证 这就是导体的趋肤深度。

评价 电磁场可以穿透导体的深度，即趋肤深度，取决于式(4.35)中的频率、电导率和磁导率。在典型的小尺寸 CMOS 工艺中，金属层薄至 90 nm 已并不罕见。对于电导率为 $1.67\times10^{8}\ \Omega\mathrm{m}$ 的铜片，信号频率为 6 GHz，其趋肤深度为 800 nm，是某些金属层的 9 倍厚。因此，在考虑金属屏蔽时，在给定的趋肤深度下，应堆叠足够的金属层以形成有效的屏蔽。此外，金属层的电阻可能很大——对于大电流时要牢记这一点。

另一个有趣的事实是，当趋肤深度小于导体尺寸时，导体的一部分将没有磁场。如前所述，在导体外部，磁场与导体内部的电流分布无关，且不受影响。因此，磁场的这种排斥性降低了空间上的总磁场，减小了电感。这种现象可以在仿真器中观察到，尽管不明显，但可以使得电感减小一部分。

关键知识点

根据式(4.56)，电磁场可以穿透导体的深度叫趋肤深度，与频率、电导率和磁导率相关。

4.5.3 完美导体地面感生电流

本书在之前的 4.4.6 节中已经研究了这种情况。这里将研究该情形下的地平面中的感生电流，如图 4.13 所示。该计算非常重要，因为呈现了实际情况中如何才能进行电流分布估计。充分了解电流分布是了解电感的关键因素。

简化 之前研究过这种情况，存在接地层时，产生的电感较小。这里，使用与以前相同的近似方法，但着眼于近地场解。这种情况在电路中非常普遍，值得进一步探讨。

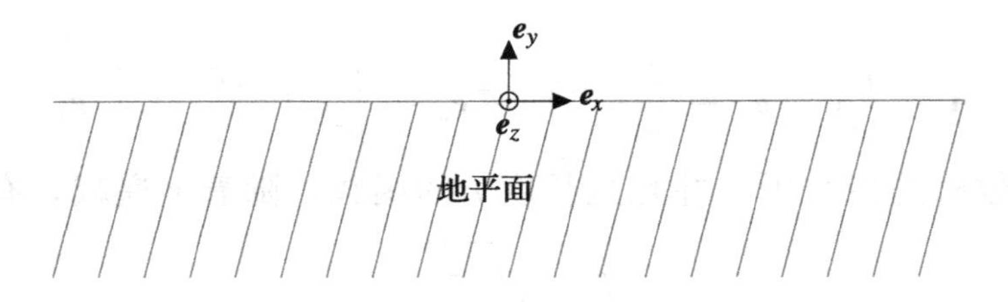

图 4.13 无限完美地平面上的电流线

求解 可以将接地平面上方的场描述为从源电流产生的场与从与地平面等距但在接地平面另一侧的镜像场之和，地平面本身已被移除。镜像电流的相位是 180°，与源电流相反。这就是所谓的图像法，之前对此已进行了叙述。从图 4.14 中可得：

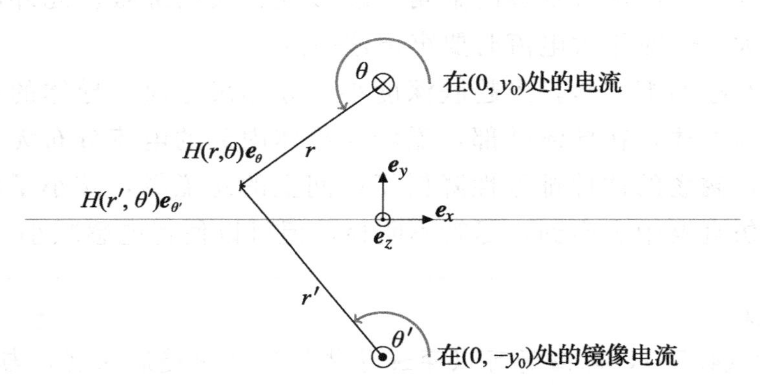

图 4.14 地平面上的电流坐标系

$$\boldsymbol{H}_{\text{sum}}(\boldsymbol{r},\boldsymbol{r}') = \frac{\boldsymbol{J}_{\text{total}}}{2\pi r}(\cos\theta \boldsymbol{e}_x + \sin\theta \boldsymbol{e}_y) - \frac{\boldsymbol{J}_{\text{total}}}{2\pi r'}(\cos\theta' \boldsymbol{e}_x + \sin\theta' \boldsymbol{e}_y)$$

式中，$r=\sqrt{x^2+(y-y_0)^2}$；$r'=\sqrt{x^2+(y+y_0)^2}$。

在地平面上，根据边界条件，可以得出 $H_{\text{sum},x}|_{y=0}$ 等于地平面的表面电流。根据对称性，有 $r=r'$，由 $\boldsymbol{H}$ 有：

$$\boldsymbol{J} = \frac{J_{\text{total}}}{2\pi\sqrt{x^2+y_0^2}} 2\cos\theta \boldsymbol{e}_z = \frac{J_{\text{total}}}{2\pi\sqrt{x^2+y_0^2}} 2\frac{y_0}{r}\boldsymbol{e}_z = \frac{J_{\text{total}}}{x^2+y_0^2}\frac{2y_0}{2\pi}\boldsymbol{e}_z$$

可见感生地电流随地平面上方电流的距离而成相应比例变化，如图 4.15 所示。这是意料之内的。注意，在长波近似中，除了趋肤深度为零，不存在其他长度尺寸。这将在后面进一步探讨。

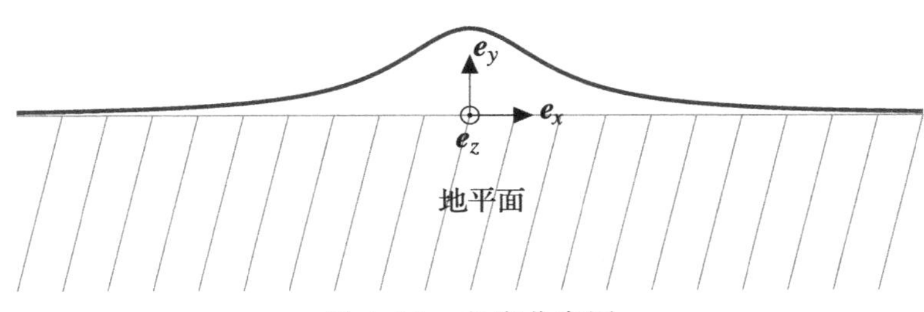

图 4.15 电流分布图

在 x 方向上积分该电流密度得

$$\int_{-\infty}^{\infty} \boldsymbol{J} \mathrm{d}x = \int_{-\infty}^{\infty} \frac{J_{\text{total}}}{x^2+y^2} \frac{2y_0}{2\pi} \mathrm{d}x = 2y_0 J_{\text{total}} \int_{-\infty}^{\infty} \frac{1}{x^2+y_0^2} \mathrm{d}x = \frac{2y_0 J_{\text{total}}}{2\pi y_0^2} \int_{-\infty}^{\infty} \frac{1}{\frac{x^2}{y_0^2}+1} \mathrm{d}x$$

$$= \frac{2y_0 J_{\text{total}}}{2\pi y_0} \int_{-\infty}^{\infty} \frac{1}{\frac{x^2}{y_0^2}+1} \frac{\mathrm{d}x}{y_0} = \frac{2J_{\text{total}}}{2\pi} \left[\tan^{-1} \frac{x}{y_0} \right]_{-\infty}^{\infty} = \frac{2J_{\text{total}}\pi}{2\pi} = J_{\text{total}}$$

因此总感应电流与激励电流相同。这是有道理的，因为远距离磁场将被两个相反的电流抵消。

验证 这是一个众所周知的计算，可以在参考文献[17]中找到。

评价 当不存在电流回路时，积分感生电流密度等于总施加标记电流。如果此情况不成立，将在很远的距离处产生净磁场，从而产生无限的阻抗。

> **关键知识点**
>
> 当不存在电流回路时，积分感应电流密度等于总施加电流。

4.5.4 电阻性地平面中的感生电流

当按照估计分析方法求解问题时，不必获得对所有情况都有效的答案。通常来看，极端情况是很有启发性的，可以从这些特定点得出关于全部解的结论。下一个示例将说明这一点。

本书已经展示了各种近似方法，以及如何使用各种近似值来推导和估计电感，这些电感取决于它的几何形状，这有助于集成电路设计。本书还会向读者提供适用于任何波长的完整求解方法。同时该工作也会由于极高速电路应用的迅速增长而加速推进，本书的讨论类似于参考文献[1]。

简化 使用上面的完整麦克斯韦方程，现在假设有与图 4.13 相同的几何形状，但是将理想的地平面替换为电阻平面：

$$\nabla^2 \mathbf{A} + \omega^2 \mu \varepsilon' \mathbf{A} = -\mu \boldsymbol{J}_{\mathrm{i}}$$

式中，$\boldsymbol{J}_{\mathrm{i}}$ 是施加的激励电流。

通过选择坐标系，可以发现：

$$\boldsymbol{J}_{\mathrm{i}} = J_0 \delta(x) \delta(y - y_0) \boldsymbol{e}_z$$
$$\mathbf{A} = A \boldsymbol{e}_z$$

于是有：

$$\nabla^2 A + \omega^2 \mu \varepsilon' A = -\mu J_0 \delta(x) \delta(y - y_0)$$

求解 由于 x 是无边界的，进行傅里叶变换：

$$\delta(x) = \frac{1}{2\pi} \int \mathrm{e}^{\mathrm{j}x\beta} \mathrm{d}\beta \quad A(x, y, z) = \frac{1}{2\pi} \int \widetilde{A}_z(\beta, y, z) \mathrm{e}^{\mathrm{j}x\beta} \mathrm{d}\beta$$

于是有：

$$\int \left(\frac{\partial^2}{\partial y^2} \widetilde{A}_z - \beta^2 \widetilde{A}_z + \omega^2 \varepsilon' \mu \widetilde{A}_z \right) \mathrm{e}^{\mathrm{j}x\beta} \mathrm{d}\beta = -\int \mu J_0 \delta(y - y_0) \mathrm{e}^{\mathrm{j}x\beta} \mathrm{d}\beta$$

可以只看被积函数：

$$\frac{\partial^2}{\partial y^2} \widetilde{A}_z - \beta^2 \widetilde{A}_z + \omega^2 \varepsilon' \mu \widetilde{A}_z = -\mu J_0 \delta(y - y_0)$$

通常，该方程不能精确求解，而只需要数值解即可。

这种情况，其解具有以下一般形式：

$$\widetilde{A}_z(\beta, y) = C \frac{\mathrm{j}}{2\kappa} \mathrm{e}^{\mathrm{j}\kappa |y - y_0|} + B \mathrm{e}^{\mathrm{j}\kappa y}$$

其中

$$C = -\mu J_0$$

在低层材料内部，解是

$$\widetilde{A}_z(\beta, y) = A \mathrm{e}^{-\mathrm{j}\kappa_2 y}$$

其中

$$(-\beta^2+\omega^2\varepsilon'\mu)=\kappa^2$$
$$(-\beta^2+\omega^2\varepsilon'_2\mu)=(\kappa_2)^2$$

边界条件现为

$$\begin{cases}E_z\,|_1=E_z\,|_2\\B_z\,|_1=B_z\,|_2\end{cases}$$

且

$$B_y\,|_1=B_y\,|_2$$

可得

$$B_x=\partial\widetilde{A}_z$$
$$B_y=\frac{\partial\widetilde{A}_z}{\partial x}=j\beta\widetilde{A}_z$$
$$B_z=0$$

由 E_z、B_z 连续可得

$$\begin{cases}C\dfrac{\mathrm{j}}{2\kappa}\mathrm{e}^{\mathrm{j}\kappa|y_0|}+B=A\\-\kappa C\dfrac{\mathrm{j}}{2\kappa}\mathrm{e}^{\mathrm{j}\kappa|y_0|}+\kappa B=-\kappa_2A\end{cases}$$

可见，B_y 的连续性由 $E_z=E_z$条件保证。首先与 κ_2相乘并相加得

$$C\frac{i}{2\kappa}\mathrm{e}^{\mathrm{j}\kappa|y_0|}(\kappa_2-\kappa)+B(\kappa_2+\kappa)=0$$

$$B=\frac{\kappa-\kappa_2}{\kappa_2+\kappa}C\frac{\mathrm{j}}{2\kappa}\mathrm{e}^{\mathrm{j}\kappa|y_0|}$$

且

$$A=C\frac{\mathrm{j}}{2\kappa}\mathrm{e}^{\mathrm{j}\kappa|y_0|}\left(1+\frac{\kappa-\kappa_2}{\kappa_2+\kappa}\right)=C\frac{\mathrm{j}}{2\kappa}\mathrm{e}^{\mathrm{j}\kappa|y_0|}\frac{2\kappa}{\kappa_2+\kappa}$$

于是有：

$$\begin{aligned}\widetilde{A}_z(\beta,y)&=C\frac{\mathrm{j}}{2\kappa}\mathrm{e}^{\mathrm{j}\omega|y-y_0|}+\frac{\kappa-\kappa_2}{\kappa_2+\kappa}C\frac{\mathrm{j}}{2\kappa}\mathrm{e}^{\mathrm{j}\kappa|y_0|}\mathrm{e}^{\mathrm{j}\kappa y}\\&=C\frac{\mathrm{j}}{\kappa}\left(\mathrm{e}^{\mathrm{j}\kappa|y-y_0|}+\frac{\kappa-\kappa_2}{\kappa_2+\kappa}\mathrm{e}^{\mathrm{j}\kappa|y_0|}\mathrm{e}^{\mathrm{j}\kappa y}\right)\end{aligned}$$

$$A(x,y)=\frac{1}{2\pi}\int C\frac{\mathrm{j}}{2\kappa}\left[\mathrm{e}^{\mathrm{j}\kappa|y-y_0|}+\frac{\kappa-\kappa_2}{\kappa_2+\kappa}\mathrm{e}^{\mathrm{j}\kappa|y_0|}\mathrm{e}^{\mathrm{j}\kappa y}\right]\mathrm{e}^{\mathrm{j}x\beta}\mathrm{d}\beta$$

第一项是零度汉克尔(Hankel)函数定义：

$$H_0(k\rho)=\frac{1}{2\pi}\int\frac{\mathrm{j}}{2\kappa}\mathrm{e}^{\mathrm{j}\kappa|y-y_0|}\mathrm{e}^{\mathrm{j}x\beta}\mathrm{d}\beta$$

在低层材料内部，其解是

$$\begin{aligned}\widetilde{A}_z(\beta,y)&=C\frac{\mathrm{j}}{2\kappa}\mathrm{e}^{\mathrm{j}\kappa|y_0|}\frac{2\kappa}{\kappa_2+\kappa}\mathrm{e}^{-\mathrm{j}\kappa_2 y}\\A_2(x,y)&=\frac{1}{2\pi}\int C\frac{\mathrm{j}}{2\kappa}\mathrm{e}^{\mathrm{j}\kappa|y_0|}\frac{2\kappa}{\kappa_2+\kappa}\mathrm{e}^{-\mathrm{j}\kappa_2 y}\mathrm{e}^{\mathrm{j}x\beta}\mathrm{d}\beta\end{aligned}\tag{4.57}$$

这是一种通用的求解方法，需要针对给定条件进行数学评估。

验证　但是通过观察关键参数的极端情况，可以得出另外一些结论。以电导率为例，按照之前描述的情况，假设有一个静电场和一个高电导率的地平面，则有：

$$(-\beta^2+\omega^2\varepsilon'\mu)\approx-\beta^2=\kappa^2$$

或

$$\kappa=\mathrm{j}|\beta|$$

$$(-\beta^2-\mathrm{j}\omega\sigma\mu)=(\kappa_2)^2$$

于是介质 2 中的解是

$$\begin{aligned}A_2(x,y)&=\frac{1}{2\pi}\int C\frac{1}{2\mathrm{j}|\beta|}\mathrm{e}^{-|\beta|\,|y_0|}\frac{2\mathrm{j}|\beta|}{\kappa_2+\mathrm{j}|\beta|}\mathrm{e}^{-\mathrm{j}\kappa_2 y}\mathrm{e}^{\mathrm{j}x\beta}\mathrm{d}\beta\\&=\frac{1}{2\pi}\int C\mathrm{e}^{-|\beta|\,|y_0|}\frac{1}{\sqrt{-\beta^2-\mathrm{j}\omega\sigma\mu}+\mathrm{j}|\beta|}\mathrm{e}^{-\mathrm{j}\sqrt{-\beta^2-\mathrm{j}\omega\sigma\mu}y}\mathrm{e}^{\mathrm{j}x\beta}\mathrm{d}\beta\end{aligned}$$

为了得到介质电流，需要取其旋度两次，这相当于乘以$-\kappa_2^2$。在这种极端情况下，假设 $y=0$。于是得

$$J(x,y=0)=\frac{1}{2\pi}\int C\mathrm{e}^{-|\beta|\,|y_0|}\frac{(\beta^2+\mathrm{j}\omega\sigma\mu)}{\sqrt{-\beta^2-\mathrm{j}\omega\sigma\mu}+\mathrm{j}|\beta|}\mathrm{e}^{\mathrm{j}x\beta}\mathrm{d}\beta$$

对于较高的σ，可见β^2在很长一段时间内对总和无影响。假设第一项指数$|\beta|\ |y_0|$很大的情况发生时，以消去被积函数而得

$$J(x,y=0)\approx\frac{1}{2\pi}\int C\mathrm{e}^{-|\beta|\,|y_0|}\sqrt{\mathrm{j}\omega\sigma\mu}\,\mathrm{e}^{\mathrm{j}x\beta}\mathrm{d}\beta$$

这是一个著名的傅里叶逆函数，于是有：

$$J(x,y=0) \sim \frac{2y_0}{x^2+y_0^2}$$

可见，回归到了以前的解，这是非常令人鼓舞的。σ 很小的另一个极端呢？在介质1，介质2中保持长波近似，可得

$$J(x,y)=\frac{1}{2\pi}\int Ce^{-|\beta|\ |y_0|}\ \frac{(\beta^2+\mathrm{j}\omega\sigma\mu)}{\sqrt{-\beta^2-\mathrm{j}\omega\sigma\mu}+\mathrm{j}\ |\ \beta\ |}e^{-\mathrm{j}\sqrt{-\beta^2-\mathrm{j}\omega\sigma\mu}y}e^{\mathrm{j}x\beta}\mathrm{d}\beta$$

在 $\sigma=0$ 的极端情况下，简单恢复至以前的静态解，其中 $J=0$ 在载流导体外部。如果 σ 很小，被积函数包含 σ 的项仅与小 β 有关？基于频率和时间而不是波长和距离的物理情况进行类比，只有它的低频频谱受到影响，因此较长的时间才会显示出 σ 的影响。同样，只有长距离情况下会显示出低电导率的影响。换句话说，对于高阻衬底，载流导体下的电流分布将是 $1/\sigma\omega\mu$ 的量级，非常大。

评价　对于如下基本概念尽管没有提供正式证明，它实际上只是对欧姆定律的修订重构：阻抗小的情况下，会有更多的电流流过。

> **关键知识点**
>
> 总之，信号下方平面中的电流将遵循最低阻抗原则。对于高导衬底，主要的阻抗是电感，电流将紧紧分布在导线的正下方。对于高阻情况，电流将在平面中扩散。

4.5.5　薄导体中的电流分布

前面已经花了一些时间研究了电感起作用的各种情况，同时已经学会了指导性原理即电流总是以降低总磁能的方式流动，本节将研究导电薄板中的情况，导电薄板厚度小于趋肤深度，但宽度远大于趋肤深度。距离导线很远处不会产生影响，产生的磁场对电流的局部分布不敏感。但是近场不同，电流将分布在导线的短端附近。这样，穿透导体的对称平面中的磁场为零，总磁能很小，将在本节中对此事实进行量化讨论。

本节将使用共形变换来解决这个问题：参阅参考文献[17,18]。这是解决二维拉普拉斯方程非常有效的方法。不仅可以用于静电情况，还可以用于

许多其他物理场。

针对这个问题，前人已经进行了非常详细的研究：参阅参考文献[16]。由于超出本书的讨论范围，因此不提供确切的求解方法，但是将利用本书一直在讨论的估计分析方法。

简化 下面考虑一个金属板内部的电流分布。矩形横截面的一般求解方法很难通过分析来解决，但是对于椭圆形，有一个已知的精确解：参阅参考文献[16]。这里仅仅概述模型并进行一些简单的比例估计，以得出渐近解。在二维情况下使用长波近似，其中电流 J_z(和矢量电势 A_z)沿 z 方向流动，这表明需要求解拉普拉斯方程：

$$\Delta A_z = 0 \tag{4.58}$$

假设导体的形状如图 4.16 所示。

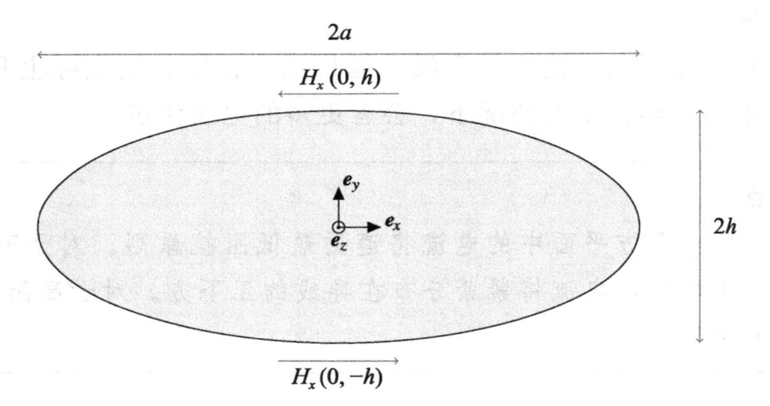

图 4.16 椭球坐标系，引用自参考文献[17]

作为坐标 x，y 的函数，椭圆形可以描述为

$$y(x) = \pm h\sqrt{1-(x/a)^2}$$

假设 $h \to 0$，$\sigma \to$"很大"，满足 $h \ll \delta \ll a$ 于是有：

$$E_z \to 0 \tag{4.59}$$

对于这种情况，很自然平板电流仅仅与 x 相关。

求解 由电场定义得到的规范电势式(4.49)，假设 $E_z=0$，则有：

$$E_z = -\frac{\partial\varphi}{\partial z} - \mathrm{j}\omega A_z = 0 \to -\mathrm{j}\omega A_z = \frac{\partial\varphi}{\partial z}$$

对最后一个表达式关于 x 求导。通过近似，假设只有在 z 轴方向上有电流。为了保持一致，沿 z 轴方向的电压降必须在导体表面保持恒定，因此希望关于 x 的导数为零：

$$\frac{\partial(-\mathrm{j}\omega A_z)}{\partial x}=-\mathrm{j}\omega\frac{\partial A_z}{\partial x}=-\mathrm{j}\omega B_y=0 \tag{4.60}$$

式(4.60)则成为平板边界条件。

问题在于用导体的边界条件式(4.60)求解 A_z 的拉普拉斯方程。对于长距离，必须基于式(4.49)得

$$A_z=-\frac{l\mu}{2\pi}\ln\frac{\sqrt{x^2+y^2}}{R} \tag{4.61}$$

这里考虑到了具有大回流半径 R 的电流细丝。这是第二个边界条件。

现在介绍共形坐标变换：

$$x+\mathrm{j}y=a\cos(u-\mathrm{j}v)$$

即

$$\begin{aligned}x&=a\cosh v\cos u\\ y&=a\sinh v\sin u\end{aligned} \tag{4.62}$$

$$\frac{\partial x}{\partial v}=a\sinh v\cos u\to 0, v\to 0$$

$$\frac{\partial x}{\partial u}=-a\cosh v\sin u\to -a\sin u, v\to 0$$

$$\frac{\partial y}{\partial v}=a\cosh v\sin u\to a\sin u, v\to 0$$

$$\frac{\partial y}{\partial u}=a\sinh v\cos u\to 0, v\to 0$$

变换限制条件一一对应为

$$-\pi\leqslant u\leqslant\pi$$

$$v\geqslant 0$$

在(x, y)平面上，常数 v 的曲线是同焦椭圆；线段 $y=0$，$|x|\leqslant a$ 是无限平坦的椭圆 $v=0$，v 向外增大到无穷大，如图 4.17 所示。常数 u 的曲线是双曲线，但沿线段 $v=0$ 存在一条切线，因此 u 在上半平面 $\mathrm{Re}\ y>0$ 中为正，在下半平面为负。半无限段 $y=0$，$x\geqslant a$ 对应于 $u=0$，而 $y=0$，$x\leqslant -a$ 对应于 $u=\pm\pi$。

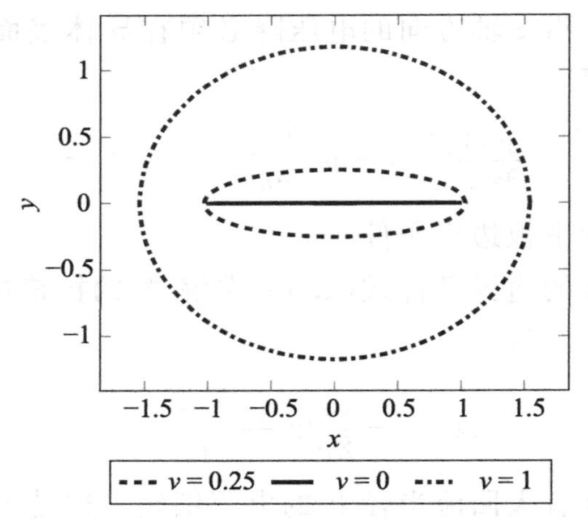

图 4.17 共形坐标变换，引用自参考文献[17]

有了这些新坐标，就可以求解方程：

$$\Delta A_z = 0$$

由边界条件得

$$\left.\frac{\partial A_z}{\partial x}\right|_{y\to 0} = \left.\frac{\partial A_z}{\partial u}\frac{\partial u}{\partial x}\right|_{v\to 0} + \left.\frac{\partial A_z}{\partial v}\frac{\partial v}{\partial x}\right|_{v\to 0} = \frac{\partial A_z}{\partial u}\frac{1}{a\sin u} = 0 \to \frac{\partial A_z}{\partial u} = 0$$

共形变换的妙处在于，如果在新坐标中求解拉普拉斯方程，那么同样也可以在旧坐标中求解，参阅参考文献[17，18]。这种变换的主要优点是，如果新坐标遵循基本几何原理，则方程更易于求解。

进一步约束 $u\neq 0$、$\mp\pi$ 的情况，换句话说，巧妙地避开了椭球的端点。对于 v 较大时，已清楚了 A_z 的性质，当 $v\to 0$ 时，也知道了 A_z 与 x 不相关（或新坐标下的 u 在极限 $v\to 0$ 处）。为了满足拉普拉斯方程，该解的形式为

$$A_z = C + Bv \tag{4.63}$$

为了得到 C、B，尝试远距离情况下 $v\to\infty$，式(4.61)是否有自洽解。则有：

$$\frac{\sqrt{x^2+y^2}}{R} \approx \frac{\sqrt{(\cosh v)^2}}{R} = \frac{\cosh v}{R} \approx \frac{e^y}{R}$$

取对数得

$$\ln\sqrt{\frac{x^2+y^2}{R}} \approx v - \ln R$$

从式(4.61)和式(4.63)可以确定常数 B、C，得到

$$A_z = -\frac{l\mu}{2\pi}\left[\ln\frac{2R}{a} - v\right] \tag{4.64}$$

该方程为拉普拉斯方程的解，当 $v\to 0$ 时，与平板边界条件所需的 u 不相关，v 较大时与 u 成正比。换句话说，它求解了边界条件下和域内部的方程。因此，这也是解决该问题的方法，将在稍后与更一般的解决方法进行比较时确认这一点。

人们对此解更感兴趣的是如何计算薄板上的电流。根据 4.2.3 节中讨论的边界条件来计算，由式(4.39)可得

$$H_x|_{y=0+} - H_x|_{y=0-} = -H_{x,0} - H_{x,0} = -2H_{x,0} = J_z \tag{4.65}$$

式中，$H_{x,0}$ 表示 $y=0+$ 处的磁场大小，磁场由式(4.6)和式(4.7)给出：

$$H_x\bigg|_{y=0+} = \frac{1}{\mu}\frac{\partial A_z}{\partial y}\bigg|_{y=0+} = \frac{1}{\mu}\frac{\partial A_z}{\partial y}\bigg|_{y=0+} = \frac{1}{\mu}\frac{1}{a|\sin u|}\frac{\partial A_z}{\partial v}\bigg|_{v=0+}$$

于是电流为

$$J_z(u) = -2\frac{1}{\mu}\frac{1}{a|\sin u|}\frac{\partial A_z}{\partial v}\bigg|_{v=0+} = -\frac{1}{\mu}\frac{1}{a|\sin u|}\frac{l\mu}{2\pi} = -\frac{I}{a|\sin u|}\frac{1}{2\pi}$$

用 x 表示为

$$J_z(x) = -\frac{I}{\sqrt{1-x^2/a^2}}\frac{1}{2\pi} \tag{4.66}$$

式中，$|x|<a$。

验证　参考文献[17]中有此问题更一般的求解方法，该论文中 $\sigma\to\infty$ 的解与此处推导的解相同。在场仿真器中，本书分析了各种厚度的情况，如图 4.18所示。正如从简化模型中得到的，随着金属板厚度的增加，磁场抑制效果越明显。对于细导线，这个预测相当吻合。除端点，误差在 10%以内(由于式(4.66)的奇异性，实际边缘被排除在外)。随着厚度增加，抑制越来越有效，趋肤深度开始占主导地位。

评价　式(4.66)，对于比趋肤深度薄得多的宽导体，其横向趋肤效应的电流变化仅取决于宽度。随着厚度的增加，正常的趋肤效应开始显现。

关键知识点

如式(4.66)，对于比趋肤深度薄得多的宽导体，其横向趋肤效应的电流变化仅取决于宽度。

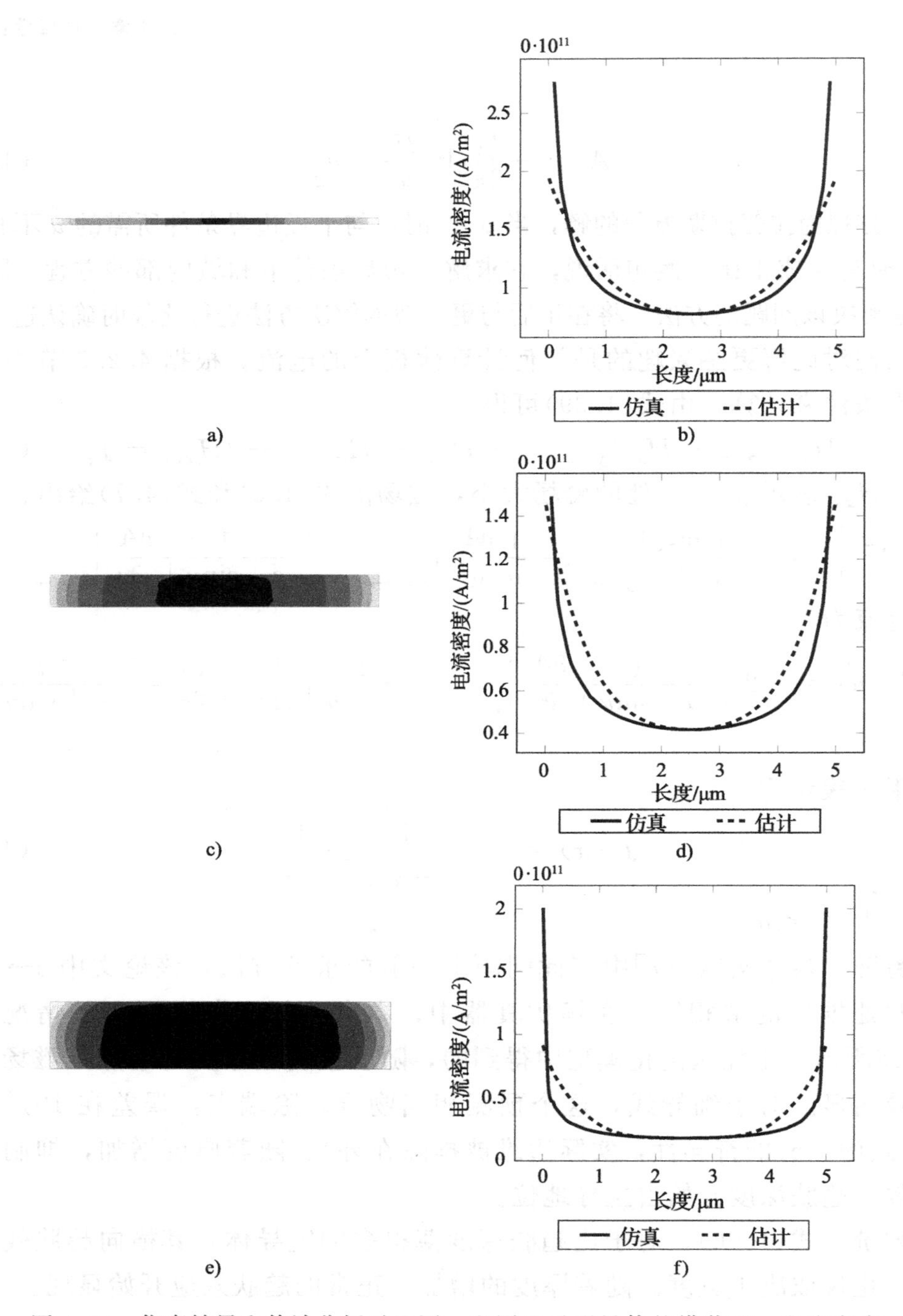

图 4.18　仿真结果和估计分析对比图。左图显示了导体的横截面，电流密度以灰色表示，右图显示了穿透导体中间的电流密度。对应于 0.1 μm 的厚度(a、b)、0.5 μm 的厚度(c、d)、1 μm 的厚度(e、f)、2 μm 的厚度(g、h)、5 μm 的厚度(i、j)。估计曲线已标准化，以使导体中间的电流密度与仿真估计响应相同

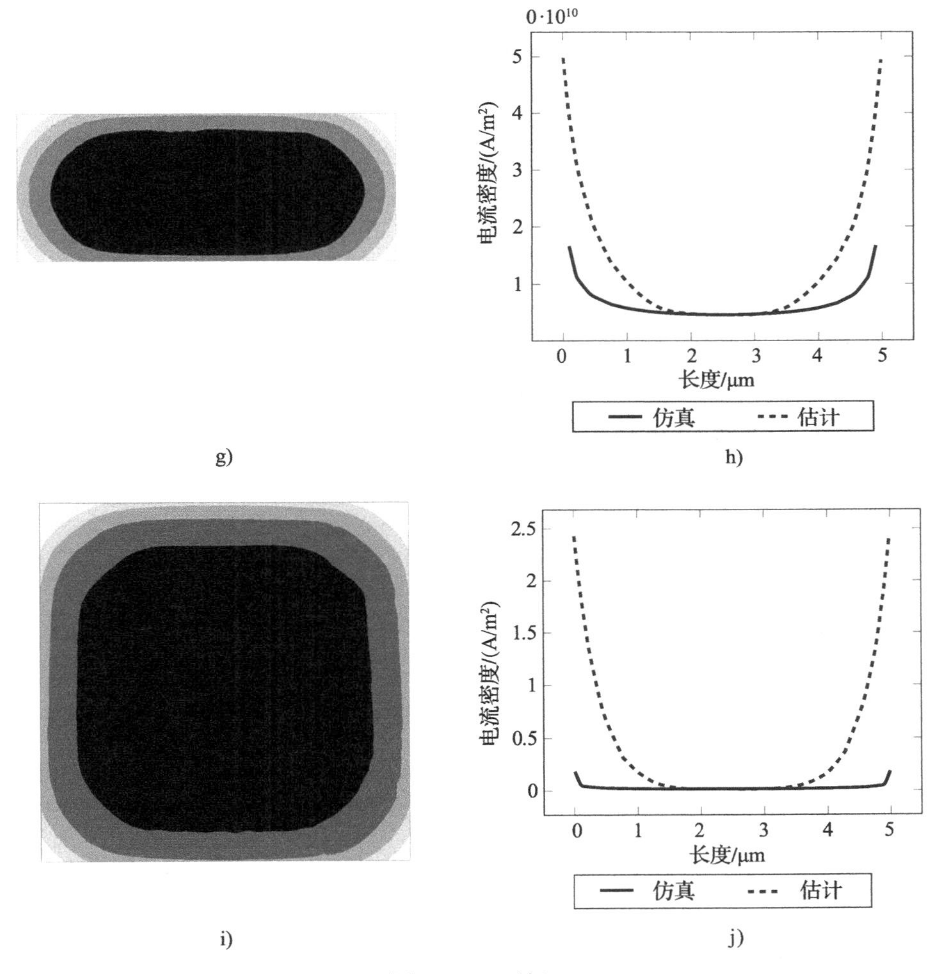

图 4.18　（续）

4.6　本章小结

本章探讨了如下内容：

- 以对集成电路应用有用的形式定义了麦克斯韦方程；
- 定义了电感和电容的物理概念；
- 要计算电容，需要知道电压；
- 为了计算电感，需要知道电流的方向；

- 列举了各种例子，以显示给定的电流源如何在相邻电感中产生感应电流。此外，通过多个示例推导了导体内的电流分布。当相邻的导体具有明显的电阻损耗时，得到了欧姆定律的变形版本，表明了电流将如何自我分布。

4.7 练习

1. 根据外部电流计算绝缘导体中的感应电流，假设外部电流是固定的。提示：基于圆柱形绝缘导体的电流层开始分析计算。
2. 假设电流在导体内部均匀分布，已经计算“两条简单直导线的第一性原理计算”部分中的总电感，对于电流仅在表面流动，计算其电感。提示：如果计算电容，则电感由式(4.55)给定。

4.8 参考文献

[1] H. J. Eom, *Electromagnetic Wave Theory for Boundary Value Problems*, Berlin: Springer Verlag, 2004.
[2] David M. *Pozar, Microwave Engineering*, 4th edn., Hoboken, NJ: Wiley and Sons, 2011.
[3] Malcolm Longair, *Theoretical Concepts in Physics*, Cambridge, UK: Cambridge University Press, 2003.
[4] L. D. Landau, *Lifshitz, Electrodynamics of Continuous Media*, 2nd edn., Oxford, UK: Pergamon Press, 1984.
[5] R. E. Collin, *Foundations for Microwave Engineering*, 2nd edn., IEEE Press on Electromagnetic Wave Theory, Hoboken, NJ: Wiley-IEEE, 1992.
[6] R. F. Harrington, *Time-Harmonic Electromagnetic Fields*, 2nd edn., IEEE Press on Electromagnetic Wave Theory, Hoboken, NJ: Wiley-IEEE, 2001.
[7] Howard W. Johnson and Martin Graham, *High-Speed Digital Design: A Handbook of Black Magic*, Englewood Cliffs, NJ: Prentice Hall, 1993.
[8] L. D. Landau and E. M. Lifshitz, *The Classical Theory of Fields*, Oxford, UK: Pergamon Press, 1984.
[9] A. Shadowitz, *The Electromagnetic Field*, Mineola, NY: Dover Press, 2010.
[10] B. Rojansky and V. J. Rojansky, *Electromagnetic Fields and Waves*, Mineola, NY; J. K. Sykulski, *Engineering Electromagnetism*, Oxford, UK: Oxford University Press, 1994.
[11] J. D. Jackson, *Classical Electrodynamics*, 3rd edn., Hoboken, NJ: Wiley, 1998.
[12] C. A. Balanis, *Advanced Engineering Electromagnetics*, 2nd edn., Hoboken, NJ: Wiley, 2012.

[13] A. Niknejad, *Electromagnetics for High-Speed Analog and Digital Communication Circuits*, Cambridge, UK: Cambridge University Press, 2007.

[14] B. Felsager, *Geometry Particles and Fields*, New York: Springer, 1998.

[15] E. B. Rosa, "The Self and Mutual Inductances of Linear Conductors," *Bulletin of Bureau of Standards*, Vol. 4, No. 2, 1908.

[16] V.Belevitch, "The Lateral Skin Effect in a Flat Conductor," *Philips Technical Review* 32, pp. 221–231, 1971.

[17] H. A. Hermann and J. R. Melcher, *Electromagnetic Fields and Energy*, Englewood Cliffs, NJ: Prentice Hall, 1989.

[18] L. Ahlfors, *Complex Analysis*, New York: McGraw-Hill, 1966.

[19] P. Olver, "Complex Analysis and Conformal Mapping," www-users.math.umn.edu/~**olver**/ln_/cml.pdf, Minnesota, 2017.

第 5 章 | Chapter 5 |

电磁学：电路应用

学习目标：

- 将估计分析应用于多种常见的高速情形
  - 传输线
  - *S* 参数
  - 电感
  - 电容

5.1 简介

本章主要借助估计分析来讨论电磁学在集成电路中的应用。本章将提出简化问题的方法，验证获得的相关属性，然后评价结果。在本章结尾，将在几个设计示例中使用这些简化模型来阐述如何利用仿真工具进行微调。

近几十年来，随着速度和所需处理功率的增加，高频电磁效应在片上电路设计中变得越来越重要。与一般微波情况相比，所需考虑的尺寸长度小于典型波长，这为估计分析提供了一些天然的简化方法。对于波长与电路尺寸相当的高频情况，将在本章讨论短波效应，本章大部分内容可以参阅参考文献[1-18]。

在本章，首先将讨论印制电路板(PCB)与片上管芯设计之间的联系。之后，讨论传输线分布的影响。*S* 参数的概念常常令人困惑，需要一些时间从估计分析的角度进行讨论。之后是关于电容的讨论，由于电容的特性是众所周知的，所以将简要介绍。传统意义上，电容被设计成堆叠式的金属板结构，但随着小几何尺寸 CMOS 工艺的进步，这种拓扑结构不再被广泛使用。

相反，薄的、数字叉指化的 MOM(金属-氧化物-金属)电容被广泛使用。光刻技术的进步使得生产这种比传统电容小得多的 CMOS 电容成为可能，本章将简要讨论这种电路。同时，将在本章中讨论在金属板上制造栅一氧化物叠式结构电容的方法。在此之后，将讨论片上电感，其中建模了各种理想化的情况，并通过去除这些理想化，得出一个考虑电阻和电容的片上电感的非理想化模型。

5.2　与 PCB 设计的关系

PCB 设计者遇到了高速、分布式设计等问题，此外还包括快速的时钟频率以及高速边沿速率的影响。而且直到最近，片上管芯电路的设计者才考虑这些影响。在裸片(管芯)上，长波近似很方便，在过去很长一段时间足以满足互连建模。通常，分布效应对封装接口的影响日益显著。如今，由于对高速需求不断增加，这些效应已经蔓延到了片上管芯互连中，因此需彻底理解这些效应。关于这些效应的详尽描述参见参考文献[7]。在第 4 章中发现的许多与 PCB 设计有关的电磁特性在本章中将得以更详尽的解释。

5.2.1　互连尺寸与波长

当所述波长为 $\lambda = c/f$ 时，分布效应开始突显。其中 c 是光的(本地)速度，f 是信号频率，类似于物理长度。这个重要的比较尺寸结果比“λ”还要小，将在本章中得出这样的结果。假设有一个频率为 10 GHz 的信号在一个介电常数为 4 的均匀介质中传播，$\lambda = 1.5 \cdot 10^{8} / 10^{10} = 1.5$ cm。在 PCB 中这是一个很小的距离，但在片上管芯中，这是相当大的。10 GHz 曾经是一个非常高的频率值，但现在试想一个 50 GHz 的信号，其波长是 3 mm。现代高速集成电路间隔(尺寸)可以轻易地达到 1～2 cm，这个尺寸下模拟电路模块相当重要。显然，诸如设置恰当的端口以避免反射之类的问题很重要。

5.2.2　地平面

这些分布效应在电路板的发展历程中很早就被理解，并提出了接地的概念。一个现代电路板几十层铜，每一层大概 15 μm 厚，第二层通常接地或者接电源。片上管芯可以超过 10 层，但与电路板系统相比，只有顶层金属较厚，地线和回路使用的底层金属显然不够厚。相反，共平面波导或多层地常使用底层金属。

5.2.3 通孔

电路板的通孔是由一个顶部/底部的焊盘和一个薄的金属圆柱体组成的。焊盘呈电容特性，薄圆柱体呈电感特性，它也呈现出分布效应。片上管芯通孔只是一个螺柱，通常由钨制成，其阻抗十分明显。当有大量的工作电流流过时，需要确保有足够多的通孔。

5.2.4 本节小结

简言之，PCB 设计与片上系统电路设计之间的异同有：

1. 相同点

- 长度尺寸与波长；
- 都需要合适的端口。

2. 不同点

- 金属层厚度；
- 通孔电阻。

5.3 片上信号完整性相关文献最新进展

在过去的几十年中，对通信速度的需求不断增加。但对于片上电感的研究并不深入。加州大学伯克利分校的罗伯特·迈耶(Robert Meyer)教授设计小组的研究中明确表示片上电感具有显著的优点。虽然当前电感的使用率逐渐降低并且难度较大，但随着通信速度的增长以及小电感的使用需求增大，使得电感成为高速设计中的关键部件，其中一个较为典型的应用就是低相位噪声振荡器。在频率高达数百吉赫兹范围时，出现问题的无源器件不再是电感，而是电容，电容中的寄生电阻会引起退化。

这种对速度的需求催生了速度越来越快的集成电路，现在着眼于尝试处理电路尺寸大小与信号频率波长相同数量级的情况。对互连线细致建模的关注正在逐步提升，出现了好多种建模方法。首先，能够处理这种尺寸大小和频率的高精度和高速的模拟器正不断地被开发和改进。许多现代仿真器拥有用户友好的界面，以便开展设置和仿真。不过，需要注意的是，这些仿真器中或多或少隐藏着一些设定，也许对其正在研究的问题没有帮助，但是在开始大规模的仿真之前花大量的时间了解工具的内部工作过程是非常明智的。其次，随着仿真器的发展，准确的分析和理解日益重要。研究人员开发了复杂的模型，将在下面概述仿真模型的发展以及电感的建模，重点是电感建模。有关该领域的最新概述，另请参见参考文献[19]。

5.3.1 电感/互连建模

电感对电路的高频性能有很大的影响，其建模过程对电路设计的成功至关重要。电感建模的一个难点是必须花一些时间通过场求解迭代找到合适的尺寸大小组合。事实上，对于电感的大小进行初步估计是十分重要的，这将在本章后面的内容中进行描述。在相关文献中，有几种精确的电感建模的方法正在被研究和推广使用。其中一种建模方法是使用工艺厂商提供的器件库中的电感(请参阅参考文献[20-22])，这往往会限制人们使用最佳尺寸，但是如果在器件库找到了合适的电感，则可以获得相应的测量数据，可以保证电感建模的精度。另一种研究趋势是创建各种详细的分析模型(如参考文献[23-26]中的模型，参考文献[27-30]中的 π 模型或参考文献[31]中的 $2-\pi$ 模型)来预测电感的性能。参考文献[32]中使用正则化理论来获得更详细的分析以满足功能要求。参考文献[33]提出了另一个研究方向，利用机器学习技术来建立电感模型。通过优化几个电磁求解器中求解推荐的备选电感，而不是像参考文献[34]中那样模拟每个可能的电感器，这种方法能够显著提高精度。参考文献[35,36]中提出的另一种方法是使用一组电磁仿真的电感作为设计优选范围，并根据各种约束条件选择最佳电感。参考文献[37-40]阐述了三维集成电路拓扑结构与硅通孔(TSV)之间的联系。借助 TSV，这种拓扑结构可以更快地实现数据的垂直纵向传输，能够显著缩短传输距离以减小信号损失。

本书已经重点阐述了不同文献中各研究小组尝试构建详尽电感仿真模型的情况。

在本章中，将运用第 4 章的方法来建立有用的简单模型，其中电感的物理特性起核心作用。事实证明，此类模型的构建对于电路实际工作情况的理解十分有效，并且是场求解计算中很好的开始。

5.4 传输线理论

5.4.1 基础理论

本章的重点是集成电路应用，在这里由于所涉及的长度尺寸很小，通常传输线效应并不重要。但是在某些情况下，例如电感，传输线理论的基本知识就很重要。因此，将在这里采用估计分析讨论基本理论，参考文献[2,5-7,13]中为读者提供了许多关于完整理论的精彩讨论。

简化 传输线基本上具有两个组成部分：信号导体；至少一个回路，如图 5.1 所示。

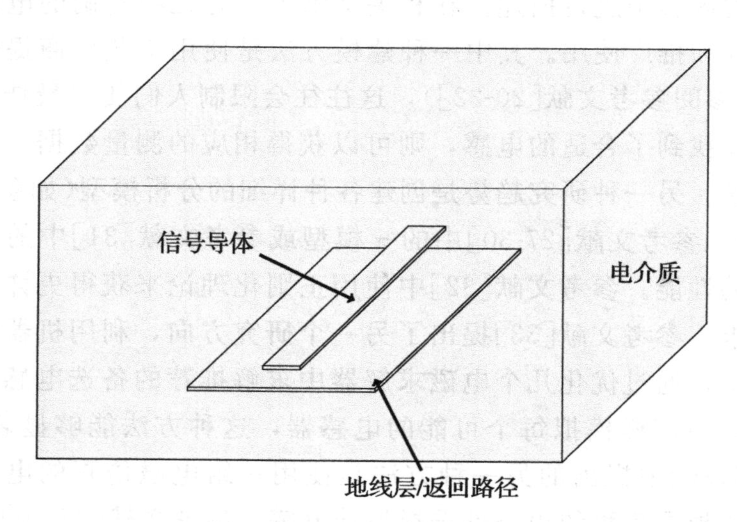

图 5.1 传输线组成

正如在第 4 章中讨论的那样，这类结构每单位长度具有一定的电感、电阻和接地电容。另外，这里将忽略电介质中的某种损耗，将传输线建模为一个简单的 RLC 滤波器，如图 5.2 所示。若忽略电介质中的所有损耗，将其建模为接地电阻。这里聚焦于“估计传输线对于增益和片上阻抗的影响”，对于集成电路内部的通用材料，这种影响可以忽略不计。

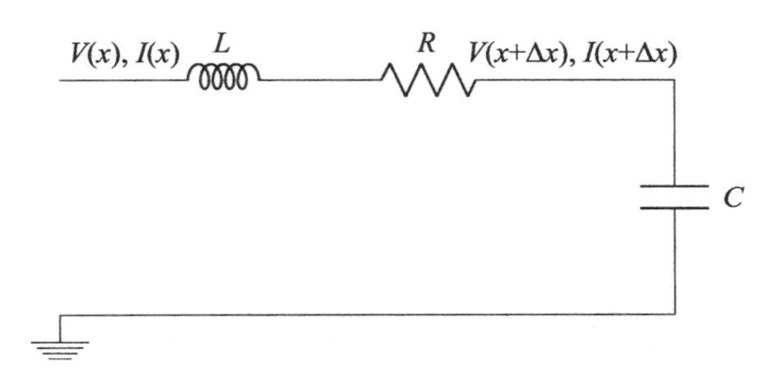

图 5.2　基本传输线模型

求解　现在，可以使用基尔霍夫(Kirchoff)电流/电压定律来分析电压和电流：

$$V(x,t) - R\Delta x I(x,t) - L\Delta x \frac{\partial I(x,t)}{\partial t} - V(x+\Delta x,t) = 0$$

$$I(x,t) - C\Delta x \frac{\partial V(x+\Delta x,t)}{\partial t} - I(x+\Delta x,t) = 0$$

通过除以 Δx 并使得 Δx 无限趋近于 0 得

$$-\frac{\partial V(x,t)}{\partial x} - RI(x,t) - L\frac{\partial I(x,t)}{\partial t} = 0$$

$$-\frac{\partial I(x,t)}{\partial x} - C\frac{\partial V(x,t)}{\partial t} = 0$$

假设处于稳态条件下，其中时间按 $e^{j\omega t}$ 呈指数衰减。方程变形为

$$-\frac{dV(x)}{dx} - (R + j\omega L)I(x) = 0 \tag{5.1}$$

$$-\frac{dI(x)}{dx} - j\omega CV(x) = 0 \tag{5.2}$$

两式同时对 x 取导数并将两者结合起来可得

$$\frac{d^2V(x)}{dx^2} = (\omega^2 LC + j\omega RC)V(x)$$

$$\frac{d^2I(x)}{dx^2} = (\omega^2 LC + j\omega RC)I(x)$$

电流和电压项前面的常数称为传播常数，$\gamma=\sqrt{(R+\mathrm{j}\omega L)\mathrm{j}\omega C}$。通解是

$$V(x)=V_0^+\mathrm{e}^{-\gamma x}+V_0^-\mathrm{e}^{\gamma x}$$

$$I(x)=I_0^+\mathrm{e}^{-\gamma x}+I_0^-\mathrm{e}^{\gamma x}$$

式中，“+”表示沿 x 方向正向传播的波；“−”表示沿 x 方向负向传播的波。

可以使用式(5.1)将当前的表达式改写为

$$I(x)=\frac{\gamma}{R+\mathrm{j}\omega L}(V_0^+\mathrm{e}^{-\gamma x}-V_0^-\mathrm{e}^{\gamma x})$$

现在可以将特征阻抗表示为

$$Z_0=\frac{R+\mathrm{j}\omega L}{\gamma}=\frac{R+\mathrm{j}\omega L}{\sqrt{(R+\mathrm{j}\omega L)\mathrm{j}\omega C}}=\sqrt{\frac{(R+\mathrm{j}\omega L)}{\mathrm{j}\omega C}} \tag{5.3}$$

进一步得

$$I(x)=\frac{V_0^+}{Z_0}\mathrm{e}^{-\gamma x}-\frac{V_0^-}{Z_0}\mathrm{e}^{\gamma x}$$

将 $x=0$ 处作为带有负载 Z_L 的传输线的终点，然后可以将阻抗定义为关于 x 的函数：

$$Z(-x)=\frac{V(-x)}{I(-x)}=\frac{V_0^+\mathrm{e}^{\gamma x}+V_0^-\mathrm{e}^{-\gamma x}}{V_0^+/Z_0\mathrm{e}^{\gamma x}-V_0^-/Z_0\mathrm{e}^{-\gamma x}}=Z_0\frac{V_0^+\mathrm{e}^{\gamma x}+V_0^-\mathrm{e}^{-\gamma x}}{V_0^+\mathrm{e}^{\gamma x}-V_0^-\mathrm{e}^{-\gamma x}}$$

当 $x=0$ 时有：

$$Z(0)=Z_L=Z_0\frac{V_0^++V_0^-}{V_0^+-V_0^-}$$

进一步得到

$$V_0^-=V_0^+\frac{Z_L-Z_0}{Z_L+Z_0}=V_0^+\Gamma$$

式中，Γ 被称为反射系数，可以得

$$Z(-x)=Z_0\frac{V_0^+\mathrm{e}^{\gamma x}+V_0^-\mathrm{e}^{-\gamma x}}{V_0^+\mathrm{e}^{\gamma x}-V_0^-\mathrm{e}^{-\gamma x}}=Z_0\frac{(Z_L+Z_0)\mathrm{e}^{\gamma x}+(Z_L-Z_0)\mathrm{e}^{-\gamma x}}{(Z_L+Z_0)\mathrm{e}^{\gamma x}-(Z_L-Z_0)\mathrm{e}^{-\gamma x}} \tag{5.4}$$

当 $R=0$ 时化简为

$$\begin{aligned}Z(-x)&=Z_0\frac{Z_L\cos\omega\sqrt{LC}x+\mathrm{j}Z_0\sin\omega\sqrt{LC}x}{Z_0\cos\omega\sqrt{LC}x+\mathrm{j}Z_L\sin\omega\sqrt{LC}x}\\&=Z_0\frac{Z_L+\mathrm{j}Z_0\tan\omega\sqrt{LC}x}{Z_0+\mathrm{j}Z_L\tan\omega\sqrt{LC}x}\end{aligned} \tag{5.5}$$

这里遵循相关文献中的规范并将 x 表示为 $-x$。现在看一下 $Z_L=0$ 和 $R=0$ 的特殊情况，根据 $Z_0=\sqrt{L/C}$ 可得

$$Z(-x)=\mathrm{j}\sqrt{\frac{L}{C}}\tan\omega\sqrt{LC}x \tag{5.6}$$

近似为

$$Z(-x)\to\mathrm{j}\sqrt{\frac{L}{C}}\omega\sqrt{LC}x=\mathrm{j}\omega Lx$$

式中，$\omega x\to 0$。

当 $Z_L\ll Z_0$ 时，传输线呈电感特性，总电感值为 Lx。在讨论电感时，必须牢记这一事实，因为不能让电感两端接高阻抗。

当 $Z_L=\infty$ 时，有：

$$Z(-x)=\frac{\sqrt{L/C}}{\mathrm{j}\tan\omega\sqrt{LC}x}\to\frac{1}{\mathrm{j}\omega Cx}$$

式中，$\omega x\to 0$。

当传输线两端开路时，传输线呈电容特性。

从式(5.6)中可得

$$\omega\sqrt{LC}x=\frac{\pi}{2}\quad\to\quad x=\frac{c}{4f}=\frac{\lambda}{4}$$

阻抗达到无穷大。基于此长度，阻抗改变符号，电感情况下变为容性，这被称为 $\lambda/4$ 共振。从式(5.6)可以清楚地看出，在该长度的奇数整数倍处也有共振。

注意：微波工程学中最难的部分之一是，麦克斯韦方程组中有很多解。对于给定的边界，当波长近似于结构的尺寸大小时，可以有许多可能的模式。区分这些模式并消除不需要的模式是微波工程的主要任务之一。对于特殊情况下的传输线终端，有时对称性问题、接地层或其他相邻导体会导致产生 $\lambda/4$ 谐振的传输线长度与简单估计的值有所不同。例如，单回路电感可以看作具有自回路的传输线，而自回路中的中间点(终端)很短。电气长度将是电感线圈物理长度的一半。由于它不在本书的讨论范围之内，因此不会在这里讨论这种情况的确切根源，但作者鼓励读者使用模拟器来验证共振位置。好消息是，当仿真结果与计算的结果不一致时，可以发现电气长度缩短至整

数倍分之一。因此，产生的共振频率比预期的更高。在此，如果计算的谐振长度不同于简单的轨迹计算，则这里的计算将始终使用仿真得到的谐振长度。

验证 这是一个标准结果，如果在讨论该主题的许多书中没有明确给出，可以很容易证明。参见参考文献[2,5-7,13]。

评价 传输线的阻抗在很大程度上取决于它的特性阻抗以及它的终端连接，这在 $\lambda/4$ 共振效应中可以清楚地看到。当从源点看时，负载阻抗特性发生了改变。如果在短路端接传输线，则在电气长度与波长相比较短时，它会呈电感特性；如果在开路端接，则传输线会呈电容特性。

> **关键知识点**
>
> 当传输线长度远小于波长时，终端连接低阻(如 0 Ω)的传输线呈电感特性，终端连接高阻的传输线呈电容特性。

> **关键知识点**
>
> $\lambda/4$ 谐振是导体的长度为波长的 1/4 而产生的情形。反过来这将改变终端阻抗。

5.4.2 本节小结

本节已经将估计分析应用于传输线的基本概念，并证明可以通过简单的数学操作来得到已知的解。

5.5 *S* 参数

散射参数或 *S* 参数是微波工程设计的基本工具。对于电气电路工程师来说，它们通常很难概念化。本节将证明可以在电路理论(长波长近似)中对其进行定义，使它们更易于理解。首先进行短波长的扩展，然后按照估计分析的步骤，建立一个简单的模型来证明一些基本属性。

下面将从一般定义开始，然后将感兴趣的读者引向相关文献以获取相关详细信息。讨论紧紧围绕广义 *S* 参数或功率波(请参见参考文献[2])，但在此另外做出一个假设，即假设源极和漏极终端电阻都相同，并且将这些点之间的阻抗不断衰减模型化。然后将关注给定参数的简单电路，并通过一些示例来展示它们的工作方式以及与一些常见概念(例如带宽)的关系。最后一部分将讨论短波长的概念。

5.5.1 定义

从图 5.3 中可以看出，S 参数定义为不同端口中输入/输出波振幅的比。

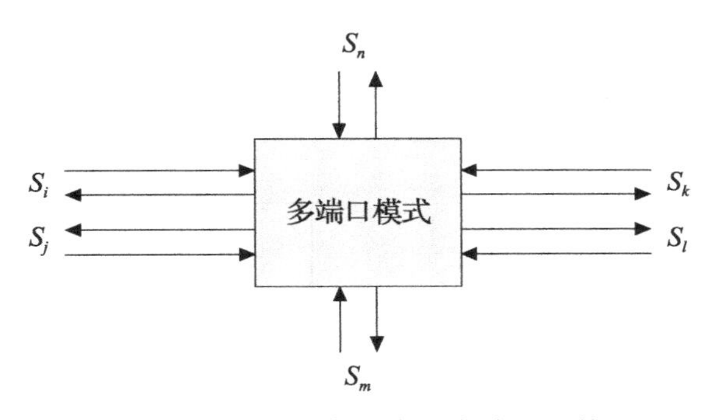

图 5.3 输入/输出波的多端口系统

例如，S_{11}是当所有其他端口都端接 50 Ω 时输出波振幅与输入波振幅之比。S_{21}是端口 2 处的输出波振幅与端口 1 处的输入波振幅之比，所有其他端口均端接 50 Ω。在这里，需要注意输出波和输入波的概念：这是一个在短波长近似中有意义的概念，但在长波长约束中没有意义。对于接下来的讨论，需要牢记这一点。

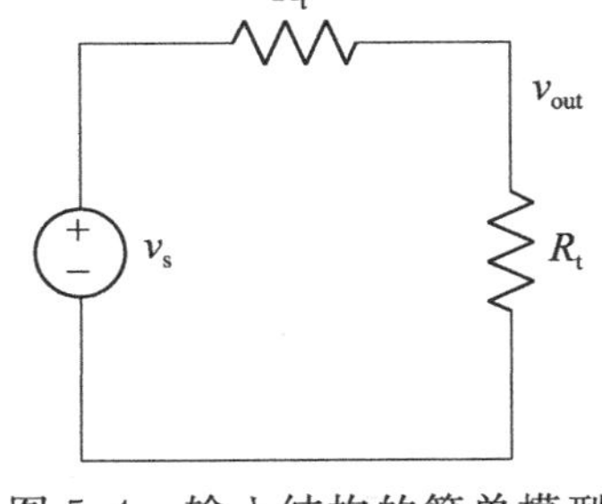

图 5.4 输入结构的简单模型

简化 现在将这种情况简化为电路模型或长波长近似。思考如下简图(见图 5.4)。

这是一个与两个电阻器串联的电压源。“v_{out}”点的电压始终为 $v_s/2$。如果通过串联一个电阻 R 来改变负载电阻(见图 5.5)，将会怎样呢？

求解 输出电压为

$$v_{out} = \frac{R_t + R}{2R_t + R} v_s$$

可以按照以下方式进行操作：

$$v_{\text{out}} = \frac{R_t + R}{2R_t + R}v_s = \frac{R_t + R/2}{2R_t + R}v_s + \frac{R/2}{2R_t + R}v_s$$

$$= 0.5v_s + \frac{R/2}{2R_t + R}v_s = S_{\text{in}} + S_{\text{out}}$$

在这里定义了一个“输入”和“输出”波。在这种情况下，S_{11}表示为

$$S_{11} = \frac{S_{\text{out}}}{S_{\text{in}}} = \frac{|R|/2}{R_t + R/2}$$

可以看出，如果 R 为零，则 S_{11}为零。下面想想一个更复杂的情形，其中负载由电容与 50 Ω 电阻并联组成(见图 5.6)。

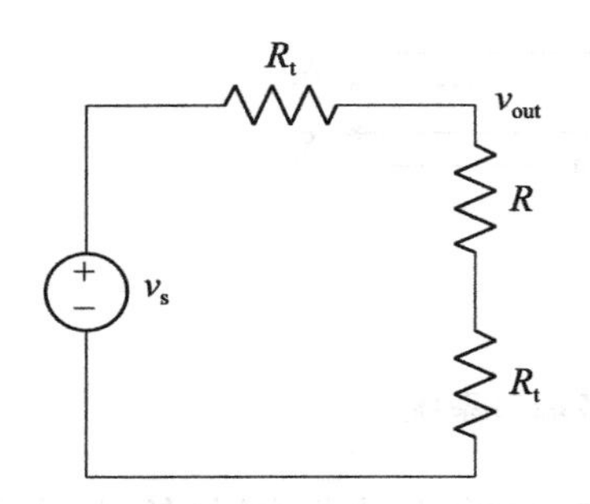

图 5.5　带额外串联电阻的输入结构的简单模型

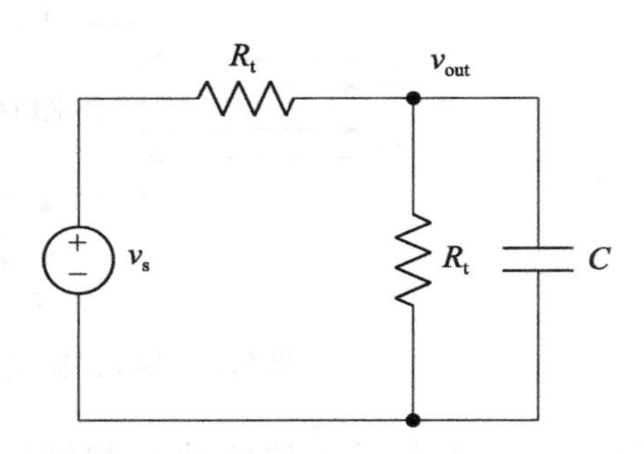

图 5.6　带并联电容的输入结构的简单模型

于是有：

$$v_{\text{out}} = \frac{R_t}{(R_t\text{j}\omega C + 1)\left(R_t + \frac{R_t}{R_t\text{j}\omega C + 1}\right)}v_s = \frac{1}{((R_t\text{j}\omega C + 1) + 1)}v_s$$

$$= 0.5v_s - \frac{R_t\text{j}\omega C/2}{((R_t\text{j}\omega C + 1) + 1)}v_s$$

在此再次定义 S_{11}并得

$$S_{11} = \frac{S_{\text{out}}}{S_{\text{in}}} = \frac{R_t\omega C/2}{|R_t\text{j}\omega C/2 + 1|} = \frac{R_t\omega C/2}{\sqrt{(R_t\omega C/2)^2 + 1}}$$

对于较小的电容 C，$S_{11}=0$；对于较大的电容 C，$S_{11}=1$。S_{11}和负载本身的带宽又如何呢？按照 $R_t\omega C=1$ 定义，可知带宽，这种情况如图 5.7 所示：

$$S_{11\mathrm{BW}} = \frac{0.5}{\sqrt{1.25}} = -7(\mathrm{dB})$$

要使 $S_{11}=-20$ dB，需要离带宽多远？具体如下：

$$\frac{R_t\omega C/2}{\sqrt{(R_t\omega C/2)^2+1}} = 0.1 \rightarrow \left[\frac{R_t\omega C}{2}\right]^2(1-0.01) = 0.01 \rightarrow \frac{R_t\omega C}{2} \approx 0.1$$

它是无端接输入带宽的 5 倍左右！读者现在应该意识到对于给定系统而获得低回波损耗的困难。

其他 S 参数呢？使用如图 5.7 所示的模型可以计算 S_{21}。

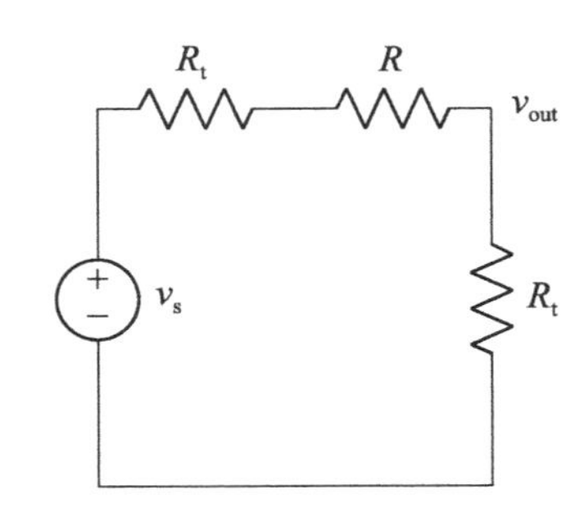

图 5.7　带串联源电阻的输入结构的简单模型

其中，可以将终端视为理想的 R_t，并且驱动阻抗与之前的讨论相比有所不同。这里的电阻驱动阻抗为

$$v_{out} = \frac{R_t}{R+2R_t}v_s$$

流入输出负载的能量仅仅为输出波。

在输入端可得驱动阻抗为 R_t，其负载是非理想的。在非理想情况下有：

$$v_i = \frac{R_t+R}{R+2R_t}v_s = \frac{R_t+R/2}{R+2R_t}v_s + \frac{R/2}{R+2R_t}v_s$$

再次确认第一项为入射波，最后一项为反射波。

现在，可以确定各种 S 参数：

$$\begin{aligned} S_{11} &= \frac{R}{R+2R_t} \\ S_{21} &= \frac{R_t}{R+2R_t}\frac{1}{1/2} = \frac{2R_t}{R+2R_t} \end{aligned} \tag{5.7}$$

其中

$$S_{11}^2 + S_{21}^2 = \frac{R^2+R_t^2}{(R+R_t)^2} < 1$$

如果使得总和等于 1，这里缺少一项：

$$\frac{2RR_t}{(R+R_t)^2}$$

这是怎么回事？由于 S 参数的平方项与功率有关，因此退一步而言，从

功率的角度考虑这种情况。其中，电流为

$$i = \frac{v_s}{2R_t + R}$$

那么，各种电阻消耗了多少功率？具体如下：

$$P_{load} = i^2 R_t = \left(\frac{v_s}{2R_t + R}\right)^2 R_t$$

$$P_{return} = \left(\frac{v_s R/2}{R + 2R_t}\right)^2 \frac{1}{R_t}$$

$$P_R = \left(\frac{v_s}{2R_t + R}\right)^2 R$$

当 $R=0$ 时，负载终端电阻消耗的功率归一化为

$$P_{ideal} = \frac{v_s^2}{(2R_t)^2} R_t = \frac{1}{4} \frac{v_s^2}{R_t}$$

通过将各种电阻器的实际功率归一化为理想功率得

$$\frac{P_{load}}{P_{ideal}} = \frac{(v_s/(2R_t + R))^2 R_t}{v_s^2/4R_t} = \frac{R_t 4R_t}{(R + 2R_t)^2} = \frac{2R_t \cdot 2R_t}{(R + 2R_t)^2}$$

$$\frac{P_{returen}}{P_{ideal}} = \frac{\left(\frac{v_s R/2}{R + 2R_t}\right)^2 \frac{1}{R_t}}{v_s^2/4R_t} = \frac{4(R/2)^2}{(R + 2R_t)^2} = \frac{R \cdot R}{(R + 2R_t)^2}$$

$$\frac{P_R}{P_{ideal}} = \frac{(v_s/(2R_t + R))^2 R}{v_s^2/4R_t} = \frac{R \cdot 2R_t}{(R + 2R_t)^2} = \frac{2R \cdot 2R_t}{(R + 2R_t)^2}$$

最后一个方程式显示式(5.7)中的缺失项。在理想情况下，与一个端接电阻消耗的功率相比，这只是寄生电阻 R 消耗的功率。其余项对应回波在负载电阻器中消耗的功率和在源电阻器中消耗的功率。

关键知识点

当互连线呈电阻特性时，它将消耗功率，因此 S_{11} 和 S_{21} 的平方之和小于 1。

如图 5.8 所示，一部分为电感性接口，那又如何呢？

其中

$$v_{out} = \frac{R_t}{j\omega L + 2R_t} v_s$$

进入输出负载的能量仅仅是输出波。

在输入端可得驱动阻抗为 R_t，其负载是非理想的。在非理想电感情况下有：

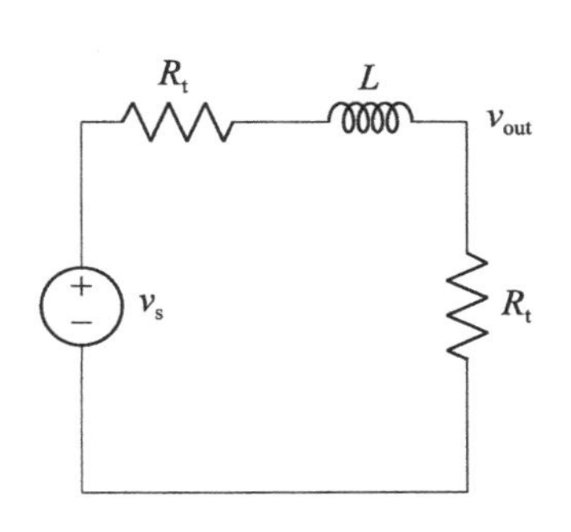

图 5.8　与源阻抗串联的电感

$$v_{out} = \frac{R_t + j\omega L}{j\omega L + 2R_t} v_s = \frac{R_t + j\omega L/2}{j\omega L + 2R_t} v_s + \frac{j\omega L/2}{j\omega L + 2R_t} v_s$$

再次确定第一项为入射波，最后一项确定为反射波。

现在，可以确定各种 S 参数：

$$S_{11} = \frac{\omega L/2}{\sqrt{(\omega L)^2 + (2R_t)^2}} \frac{1}{1/2}$$

$$S_{21} = \frac{R_t}{\sqrt{(\omega L)^2 + (2R_t)^2}} \frac{1}{1/2} = \frac{2R_t}{\sqrt{(\omega L)^2 + (2R_t)^2}}$$

其中

$$S_{11}^2 + S_{21}^2 = \frac{(\omega L)^2 + (2R_t)^2}{(\omega L)^2 + (2R_t)^2} = 1$$

还可计算带并联电容系统的 S_{21}，可得

$$S_{21} = \frac{S_{out}}{S_{in}} = \frac{|\ 1/((R_t j\omega C + 1) + 1)\ |\ v_s}{0.5 v_s} = \frac{1}{\sqrt{(R_t \omega C/2)^2 + 1}}$$

$$S_{11}^2 + S_{22}^2 = \frac{(R_t \omega C/2)^2}{(R_t \omega C/2)^2 + 1} + \frac{1}{(R_t \omega C/2)^2 + 1} = 1$$

由此可以推断，在纯电抗情况下，S 参数的平方和为 1。而介质中没有功率损耗。关于此形式的证明超出了本书的范围，在这里不予证明。

关键知识点

如果互连是纯电抗的，则 S_{11} 和 S_{21} 的平方和等于 1；互连中没有功率消耗。

对于前两个示例，由于它们的对称性，显然 $S_{12} = S_{21}$。但实际上对于互连系统，这个结果是正确的(没有有源器件、铁氧体或等离子体，参见参考

文献[2])。

最后，以如何估计电阻性传输线的插入损耗(S_{21})的示例来结束本节。想象一下如图 5.9 所示的情况。

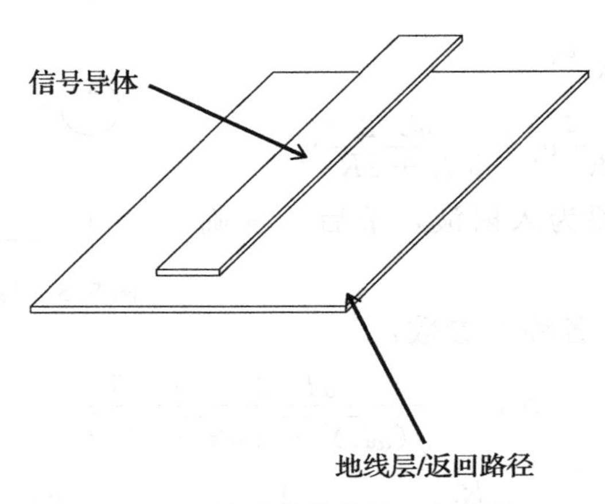

图 5.9 单端传输线的几何形状

有一条工作在高频下的传输线，其趋肤深度小于导体尺寸。它在理想的地线层运行(稍后再分析非理想地线层)。

简化 电流将在导体的底部流动以最小化磁场，并且人们已知导线的宽度和趋肤深度。如图 5.10 所示，假设电介质延伸到导体带之外。

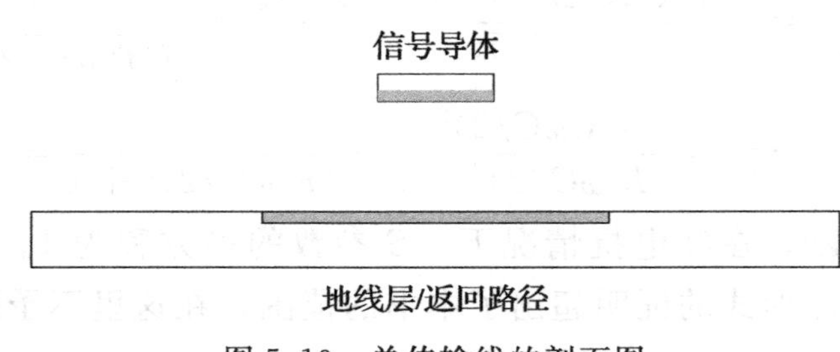

图 5.10 单传输线的剖面图

因此：

$$R = \rho \frac{L}{sW}$$

地线层中趋肤深度的宽度为

$$W_{\text{gnd}} = W + 2h$$

在对 4.5.3 节的研究结果进行了概括以后，其中假设扩展超出边界。首先，为简单起见，将忽略接地线层的电阻。其后将很容易进行归纳。

求解 根据式(5.3)的特征阻抗和终端阻抗 $Z_{\mathrm{L}}=R_{\mathrm{t}}$ 计算线路阻抗。由式(5.4)可得

$$
\begin{aligned}
Z &= Z_0\frac{(Z_{\mathrm{L}}+Z_0)\mathrm{e}^{\gamma x}+(Z_{\mathrm{L}}-Z_0)\mathrm{e}^{-\gamma x}}{(Z_{\mathrm{L}}+Z_0)\mathrm{e}^{\gamma x}-(Z_{\mathrm{L}}-Z_0)\mathrm{e}^{-\gamma x}}\\
&= Z_0\frac{Z_{\mathrm{L}}(\mathrm{e}^{\gamma x}+\mathrm{e}^{-\gamma x})+Z_0(e^{\gamma x}-\mathrm{e}^{-\gamma x})}{Z_{\mathrm{L}}(\mathrm{e}^{\gamma \mathrm{x}}-\mathrm{e}^{-\gamma x})+Z_0(\mathrm{e}^{\gamma x}+\mathrm{e}^{-\gamma x})}
\end{aligned}
$$

首先可以从较小的电学长度的角度来看，即式中 γx 很小：

$$
Z = Z_0\frac{R_{\mathrm{t}}+Z_0\gamma x}{R_{\mathrm{t}}\gamma x+Z_0}
$$

通过使用式(5.3)得

$$
\begin{aligned}
Z_0 &= \frac{R+\mathrm{j}\omega L}{\gamma}\frac{R_{\mathrm{t}}+(R+\mathrm{j}\omega L)x}{R_{\mathrm{t}}\gamma^2x+(R+\mathrm{j}\omega L)}\gamma\\
&= (R+\mathrm{j}\omega L)\frac{R_{\mathrm{t}}+(R+\mathrm{j}\omega L)x}{R_{\mathrm{t}}(R+\mathrm{j}\omega L)\mathrm{j}\omega Cx+(R+\mathrm{j}\omega L)}\\
&= \frac{R_{\mathrm{t}}+(R+\mathrm{j}\omega L)x}{R_{\mathrm{t}}\mathrm{j}\omega Cx+1}\approx(R_{\mathrm{t}}+(R+\mathrm{j}\omega L)x)(-R_{\mathrm{t}}\mathrm{j}\omega Cx+1)\\
&= R_{\mathrm{t}}+(R+\mathrm{j}\omega L)x-R_{\mathrm{t}}^2\mathrm{j}\omega Cx=R_{\mathrm{t}}+(R+\mathrm{j}\omega L)x-\mathrm{j}\omega Lx=R_{\mathrm{t}}+Rx
\end{aligned}
$$

可以得到一个相当直观的结果。

从式(5.7)可以看出：

$$
S_{21}=\frac{1}{Rx/2R_{\mathrm{t}}+1} \tag{5.8}
$$

验证 将传输线的长度建模，其固定长度远小于 $\lambda/4$，以避免产生与之前的建模假设一致的分布效应。激励被建模为波端口。从图 5.11 可以看出，场求解器的结果与理论上高度一致，高达 $Rx/R_{\mathrm{t}}\approx 0.1$ 。因此，高阶效应变得很重要，但是在 $Rx/R_{\mathrm{t}}=0.5$ 时，仍处于 0.5dB 以内。

评价 基于广义 S 参数和功率(电压)波，可以从简单的图 5.11 中了解 S 参数。根据以上情况，可以很容易得出和确认许多简单的等比例缩放定律。

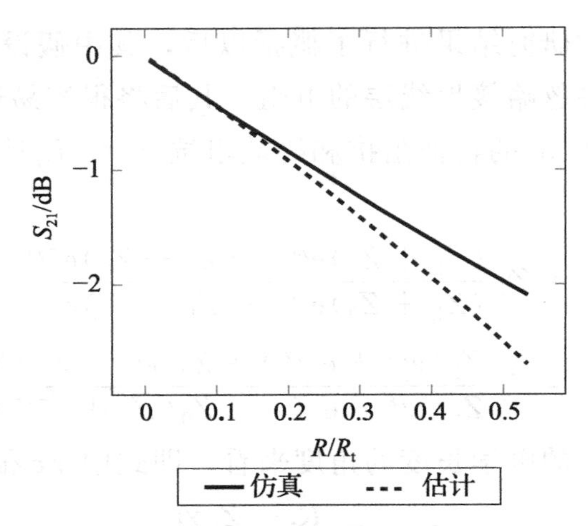

图 5.11 单传输线中仿真损耗与估计损耗的比较

5.5.2 本节小结

有两个常用的微波定理可以帮助理解无源系统。如果无源系统中没有电阻，则

$$\sum_i S_{i1}^2 = 1$$

特别是对于的两端口系统：

$$S_{11}^2 + S_{21}^2 = 1$$

有些是本书刚刚列举的实例。

另一个便捷之处是可用于互异系统：

$$S_{ij} = S_{ji}$$

对于两端口系统有：

$$S_{21} = S_{12}$$

5.5.3 长传输线的 S 参数

前面已经研究了一条短传输线，其长度远小于波长。在这里，将讨论任意长度传输线的通用情况以及所求得的 S 参数。本节将把在本章前面讨论的一些内容联系在一起。

如下情形如图 5.12 所示。

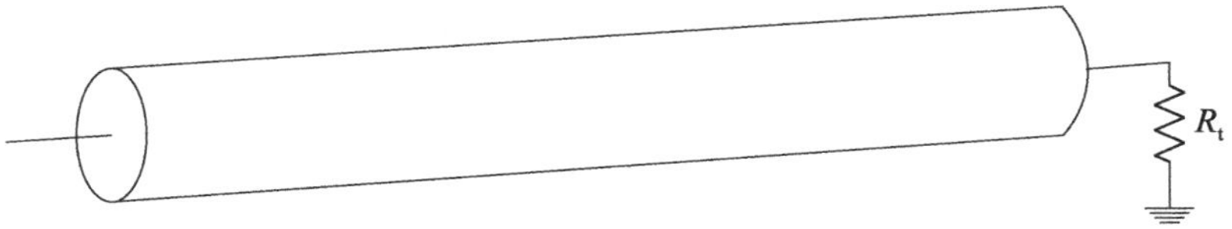

图5.12 与终端电阻串联的t线图

简化 假设单位长度电阻$R \ll \omega L$，则可得到

$$\gamma = \sqrt{(R+\mathrm{j}\omega L)\mathrm{j}\omega C} \approx \mathrm{j}\omega\sqrt{LC}\left(1+\frac{R}{\mathrm{j}2\omega L}\right)$$

$$= \mathrm{j}\omega\sqrt{LC}(1+\varepsilon) = \mathrm{j}\omega\sqrt{LC} + \frac{R}{2R_t}$$

且

$$Z_L = R_t$$

$$Z_0 = \frac{R+\mathrm{j}\omega L}{\gamma} \approx \frac{\mathrm{j}\omega L}{\gamma}\left(1+\frac{R}{\mathrm{j}\omega L}\right) = \frac{\mathrm{j}\omega L}{\gamma}(1+2\varepsilon)$$

$$= \frac{i\omega L}{i\omega\sqrt{LC}(1+\varepsilon)}(1+2\varepsilon) \approx R_t(1+\varepsilon)$$

式中，$\varepsilon = \frac{R}{\mathrm{j}2\omega L}$。

求解 由式(5.4)可知，从传输线源端口看它的阻抗为

$$Z = Z_0\frac{(Z_L+Z_0)\mathrm{e}^{\gamma x}+(Z_L-Z_0)\mathrm{e}^{-\gamma x}}{(Z_L+Z_0)\mathrm{e}^{\gamma x}-(Z_L-Z_0)\mathrm{e}^{-\gamma x}} = R_t(1+\varepsilon)\frac{(2+\varepsilon)\mathrm{e}^{\gamma x}-\varepsilon\mathrm{e}^{-\gamma x}}{(2+\varepsilon)\mathrm{e}^{\gamma x}+\varepsilon\mathrm{e}^{-\gamma x}}$$

$$\approx R_t(1+\varepsilon)\frac{1+\varepsilon(1-\mathrm{e}^{-2\gamma x})/2}{1+\varepsilon(1+\mathrm{e}^{-2\gamma x})/2}$$

$$\approx R_t(1+\varepsilon(1-\mathrm{e}^{-2\gamma x})) = R_t(1+\varepsilon(1-\mathrm{e}^{-\mathrm{j}2\omega\sqrt{LC}x-Rx/R_t}))$$

$$= R_t(1+\varepsilon(1-\mathrm{e}^{-Rx/R_t}(\cos 2\omega\sqrt{LC}x - \mathrm{j}\sin 2\omega\sqrt{LC}x)))$$

如前面对S_{11}的讨论，t线输入端的电压为

$$V_o = \frac{Z}{R_t+Z} = \frac{Z/2+R_t/2}{R_t+Z} + \frac{(Z-R_t)/2}{R_t+Z} = S_{in}+S_{out}$$

式中，定义了一个“输入”和“输出”波，于是可知：

$$S_{11} = \frac{S_{out}}{S_{in}} = \frac{Z-R_t}{Z+R_t}$$

在大多数教科书中都可以找到这种表达方式。代入数值可以发现：

$$S_{11}=\frac{R_{\mathrm{t}}(1+\varepsilon(1-\mathrm{e}^{-Rx/R_{\mathrm{t}}}(\cos 2\omega\sqrt{LC}x-\mathrm{j}\sin 2\omega\sqrt{LC}x)))-R_{\mathrm{t}}}{R_{\mathrm{t}}(2+\varepsilon(1-\mathrm{e}^{-Rx/R_{\mathrm{t}}}(\cos 2\omega\sqrt{LC}x-\mathrm{j}\sin 2\omega\sqrt{LC}x)))}$$

或用实数表示为

$$S_{11}=\frac{|\varepsilon|\sqrt{(1-\mathrm{e}^{-Rx/R_{\mathrm{t}}}\cos 2\omega\sqrt{LC}x)^2+(\mathrm{e}^{-Rx/R_{\mathrm{t}}}\sin 2\omega\sqrt{LC}x)^2}}{2}$$

$$=\frac{|\varepsilon|\sqrt{1-2\mathrm{e}^{-Rx/R_{\mathrm{t}}}\cos 2\omega\sqrt{LC}x+\mathrm{e}^{-2Rx/R_{\mathrm{t}}}}}{2}$$

对于 S_{21}，再次看目标端口的电压。从 5.4 节可得

$$V(x)=V_0^+\mathrm{e}^{-\gamma x}+V_0^-\mathrm{e}^{\gamma x}$$

式中，V_0^+ 表示进入端口的入射波；V_0^- 表示来自端口的反射波。

因此有：

$$S_{21}=\frac{V_0^+\mathrm{e}^{-\gamma x}}{V_0^+\mathrm{e}^{-\gamma\cdot 0}}=\mathrm{e}^{-\gamma x}=\mathrm{e}^{-\mathrm{j}\omega\sqrt{LC}x-Rx/(2R_{\mathrm{t}})}$$

$$=\mathrm{e}^{-Rx/(2R_{\mathrm{t}})}(\cos\omega\sqrt{LC}x-\mathrm{j}\sin\omega\sqrt{LC}x)$$

当 x 无限小时，则可得

$$S_{21}\approx\left(1-\frac{Rx}{2R_{\mathrm{t}}}\right)(1-\mathrm{j}\omega\sqrt{LC}x)=\left(1-\frac{Rx}{2R_{\mathrm{t}}}\right)\left(1-\mathrm{j}\frac{\omega Lx}{R_{\mathrm{t}}}\right)\approx\left(1-\mathrm{j}\frac{\omega Lx}{R_{\mathrm{t}}}\right)$$

保持较小的 x 并通过改变金属的电阻率来改变 R 时，S_{21} 随 R 的变化而变化：

$$S_{21}\sim\mathrm{e}^{-Rx/(2R_{\mathrm{t}})}\approx 1-\frac{Rx}{2R_{\mathrm{t}}}$$

验证 当 $Rx\ll R_{\mathrm{t}}$ 时，与之前得到的式(5.8)相同。

评价 长距离传输线的 S 参数可以通过观察传输线输入处的阻抗并从中计算回波损耗来估计。通过响应可以直接根据微波方程的结果进行估计。

5.6 集成电路中的电容

工程师通常对集成电路中电容的了解非常深入。在这里将简单讨论一下电容的相关内容。首先介绍通常用较老的工艺技术加工的平板电容，再阐述基于现代 CMOS 工艺制造的叉指电容。

5.6.1　集成电路中的电容：平板电容

MIM(金属-绝缘体-金属)电容是老式电容。它由两层金属板组成，中间有一个薄的绝缘体，如图 5.13 所示。

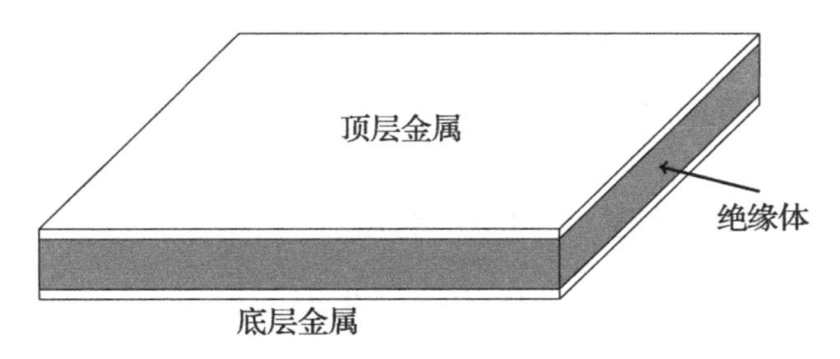

图 5.13　基本电容模型

在现代 CMOS 工艺中，一般不再使用 MIM 电容。最接近平板电容的是 MOS 电容，其中顶层是晶体管的栅极，底层是晶体管的体(衬底)。

简化　对于这两种电容，可以使用第 4 章“简单的双平板系统计算”中的模型来近似计算电容值。

在图 5.14 中，也忽略了寄生电阻 R_{par}。

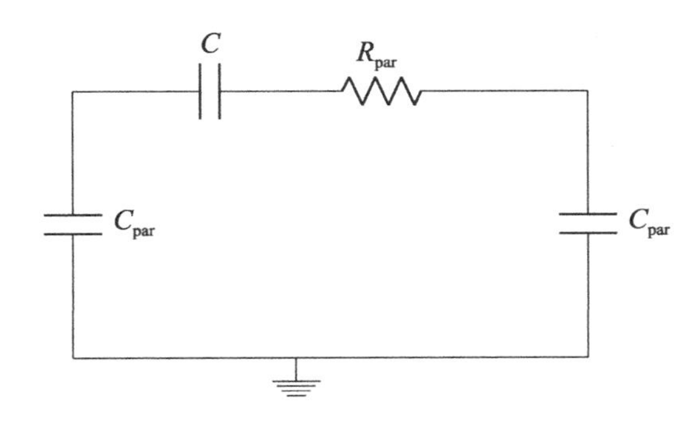

图 5.14　电容的基本电路模型

求解　可以发现：

$$C_{\mathrm{mim}}=\frac{A_{\mathrm{rea}}}{d}\varepsilon_0\varepsilon$$

且

$$2C_{\text{par}}=\frac{A_{\text{rea}}}{d_{\text{sub}}}\varepsilon_0\varepsilon$$

式中，d 是平板之间的间距；d_{sub}是到衬底的距离。

验证 这是一个众所周知的近似值，可以在参考文献[15,16]中找到类似结果。

评价 已经忽略了电容模型中的寄生电阻。在这种情况下，可以将电容描述为寄生电容接地的理想电容。

5.6.2 集成电路中的电容：MOM 电容

MIM 电容不再出现在现代 CMOS 工艺中，取而代之的是细薄的链接叉指电容，如图 5.15 所示。

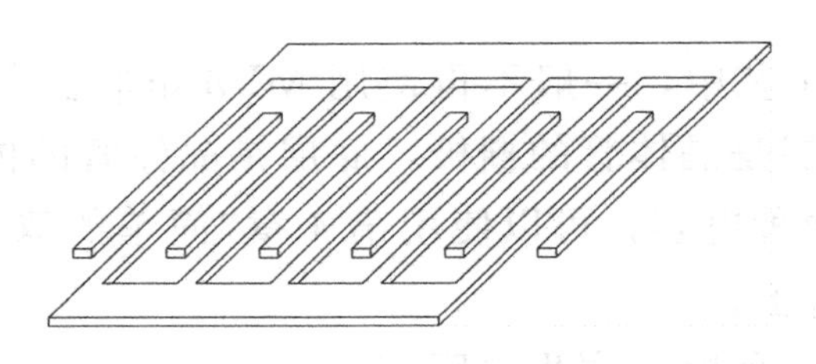

图 5.15 叉指(MOM)电容结构，一般用于小尺寸 CMOS 电路设计。图中为一层金属层，通常具有多层金属，高达 10 层！各层彼此堆叠

简化 可以通过假设侧壁-侧壁电容为主导来简化电容计算。接地寄生电容的大小与电容面积有关。电路模型与图 5.14 相同。这里也忽略了寄生电阻。

求解 已经知道：

$$C_{\text{mom}}=C_{\text{corr}}N_{\text{fingers}}N_{\text{layers}}\frac{lt}{d}\varepsilon_0\varepsilon \tag{5.9}$$

以及

$$2C_{\text{par}}=\frac{A_{\text{rea}}}{d_{\text{sub}}}\varepsilon_0\varepsilon$$

式中 $C_{\text{corr}}\sim 2$ 是由于顶壁增加的电容校正常数；A_{rea}是总的电容面积；d_{sub}是到基板的距离。

验证　表 5.1 显示了估计电容值与仿真电容值之间的比较。这些模型的精度低于较大的平板电容的正常精度，因为其他的金属侧面对电容有很大的影响，因此引入校正常数 C_{corr}。

评价　MOM 电容按以下方式估计：根据式(5.9)，MOM 电容或叉指电容的值为指数乘以厚度，再乘以长度并除以指间距离。

表 5.1　MOM 电容器的估计值与仿真值的比较

90 nm 工艺不同参数对应的 MOM 电容	估计电容值($\varepsilon=3$)/fF	实际工艺仿真电容值/fF
层数=3，指数=10，d=50 nm，l=1 μm	2.86	2.90
层数=6，指数=10，d=50 nm，l=1 μm	5.72	5.50
层数=3，指数=20，d=50 nm，l=1 μm	5.72	6.02
层数=3，指数=10，d=100 nm，l=1 μm	2.86	2.30
层数=3，指数=10，d=50 nm，l=2 μm	5.72	5.57

5.7　集成电路中的电感

很多年前科研人员已经开始对集成电路中的电感进行探讨和研究。例如，参考文献[14]是一本介绍电感的经典书籍，同时作为一个广泛使用的软件工具，即 ASITIC 的理论基础。此外，参考文献[15，17]对电感的各个方面开展了广泛研究。

本书将通过电感电路元件的应用来对估计分析的使用进行举例说明。讨论如何从最简单的线对开始，根据人们所学的知识，使用两个线对构建完整的矩形电感。然后，更为复杂的情况是如何使用估计分析方法，更便捷地对矩形横截面建模。此后针对更复杂的包含两匝线圈的电感，阐述接地平面对电感的影响。本书将通过将估计分析应用于构建自谐振和包含寄生电阻与电容的完整模型来总结关于电感的相关知识。所有的内容都会包含一些有用的速记公式，这些公式可在实际设计中使用。本书将通过本章末尾部分的案例对公式的应用进行说明。

5.7.1　线对的部分电感

显然，不存在单导线电感的情况，因其在某种程度上需要闭环。因此，本书用一个类似的导线短接来近似这种回路，电流以另一种方式流过，如图 5.16 所示。实际上，本书已经在第 4 章的“两根简单直导线的第一性原理计算”中解决了一个非常相似的问题。读者可能还记得，前面假设存在两条无限长的导线，并计算出了单位长度的电感。在这里，将使用这种简化的计算方法。

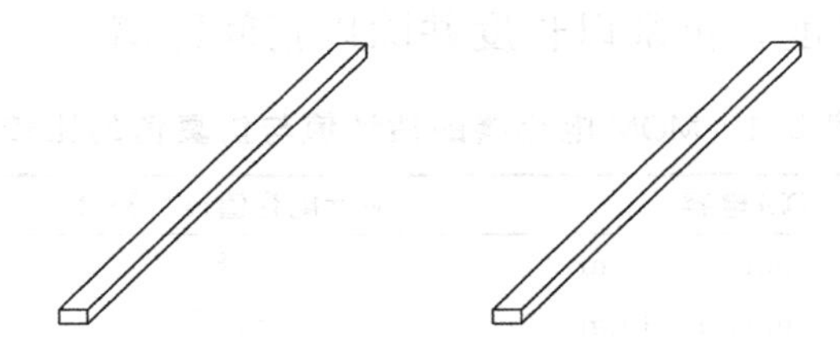

图 5.16 两根有限长度金属线的“部分”电感

简化 无限长环形线对单位长度电感为

$$\frac{L}{Z}=\frac{\mu}{\pi}\left(\frac{1}{4}+\ln\left(\frac{\mathrm{d}}{R_0}\right)\right)$$

式中，L/Z 是单位长度电感。

本书将通过假设磁场与导线的位置无关并且在导线末端突然终止来简化有限长度导线的问题。换句话说，假设沿导线的磁场由第 4 章中“两根简单直导线的第一性原理计算”的近似值给出，且导线外为零，本节中还将矩形横截面近似为圆形。

求解 现在导线的电感很容易得出：

$$L_{\text{pair}}=\frac{L}{Z}l$$

验证 实际上，磁场在导线末端逐渐减小，大约超过该评估模型的 10％～15％。

评价 该表达式阐述了一个重要的结论，电感的大小与线段的长度成正比。同时可以看出，电感随着导线之间距离的对数而改变，因此在估计电感时需考虑其面积大小。想象一下两根导线位于同一位置的情况：导线的长度显然是存在的，但是由于它们完全重叠，从而抵消了彼此的电流，所以总电感为零。

还要注意的是，由于没有完整的回路，因此在这里必须严格描述成“部分”电感。根据电流实际在回路中闭合循环，总电感可能会有所区别。将在后面的内容中纠正弥补这种情况。

5.7.2　两直角线对的电感

通过前面的简单示例，现在了解一下另一种情况：有两个彼此垂直的导线对，并且以一种闭合的矩形电感的方式进行连接。在这种情况下，电感中存在 4 根流过电流的导线。导线对的大小不必相等。

可以将它与图 5.18 中所示的典型片上电感进行比较。

从图 5.18 可以明显看出，图 5.17 给出的近似值是一个相当合理的值。

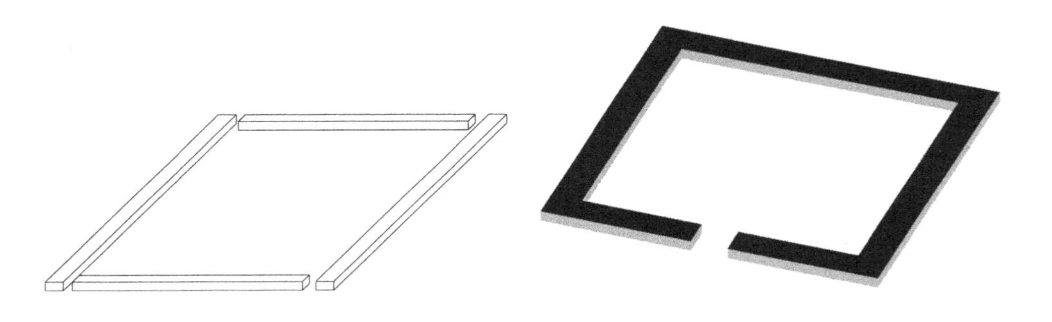

图 5.17　相互连接的两导线对　　　　图 5.18　二维投影的典型片上电感

简化　形式上，需要遵循第 4 章中"场能定义"的内容，并计算每个电流段 $\boldsymbol{J}_j$ 的矢量电势 $\boldsymbol{A}_j$ 与其他电流段的 $\boldsymbol{J}_i$ 之间的相互作用。但是，现在很清楚，两个单独的场和电流之间没有相互作用。当 i 和 j 属于不同的磁场时，$\boldsymbol{A}_j \cdot \boldsymbol{J}_i = 0$，所有这些积分都等于零。本书在这里所进行的简化是在导线末端，保持两条导线的磁场之间不相互作用。因此，总的磁场能量等于两个独立的导线对的磁场能量之和：

$$|\boldsymbol{B}|^2_{\text{total}} = |\boldsymbol{B}|^2_{\text{pair1}} + |\boldsymbol{B}|^2_{\text{pair2}}$$

最后，将电感矩形截面简化为圆形。其准确性将在 5.7.3 节中阐述。

求解　现在，总电感简化为两个导线对形成的部分电感之和：

$$L = \frac{\mu}{\pi} l_{\text{pair1}} \left[\frac{1}{4} + \ln\left(\frac{d_{\text{pair2}}}{R_0}\right)\right] + \frac{\mu}{\pi} l_{\text{pair2}} \left[\frac{1}{4} + \ln\left(\frac{d_{\text{pair1}}}{R_0}\right)\right] \tag{5.10}$$

对于导线长度相等的特殊情况可得

$$L=\frac{2\mu l}{\pi}\left(\frac{1}{4}+\ln\left(\frac{l}{R_0}\right)\right) \tag{5.11}$$

由于两对导线长度相等，于是有 $d_{\text{pair1}}=d_{\text{pair2}}=l_{\text{pair1}}=l_{\text{pair2}}$。这种结构的电感总长度为 $4l$。

验证 对于图 5.18 中的方形电感结构，场求解器的设置如图 5.19 所示。图 5.20 中显示了通过磁场求解器得出在固定宽度 R_0 时电感与导线长度 l 的函数关系曲线，并将它与式(5.11)中的近似解进行比较。

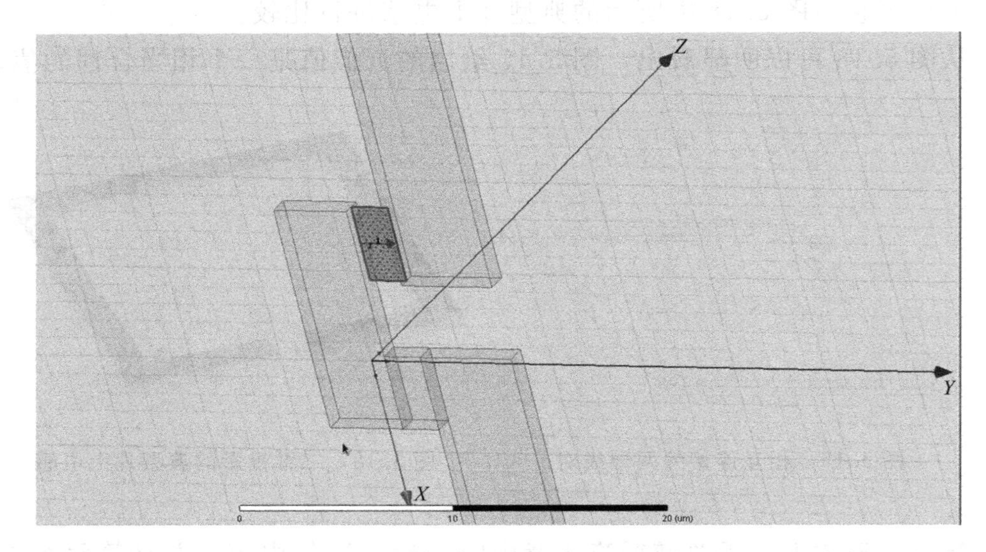

图 5.19 典型的场求解设置

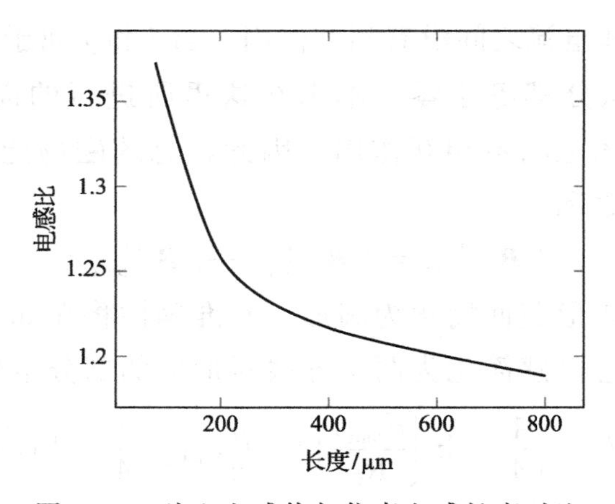

图 5.20 片上电感值与仿真电感长度对比

电感位于带有辐射边界条件的空气箱中。空气箱的尺寸大约是电感器本身的 3～4 倍。通过改变大小观测结果的变化来验证尺寸是否达到最佳。

端口激励建模一端为集总端口，另一端接地短路。地被建模为一个简单的完美的短截线导体以闭合回路。电感就是 $Z(1,1)$阻抗的虚部：

$$L_{\text{sim}} = \frac{\text{im}Z(1,1)}{\omega}$$

本章讨论的所有电感均按照相同的传输线建模。电感周围的材料只是具有辐射边界条件的空气。

本书还仿真了具有不同长宽比的电感，如图 5.21 所示。

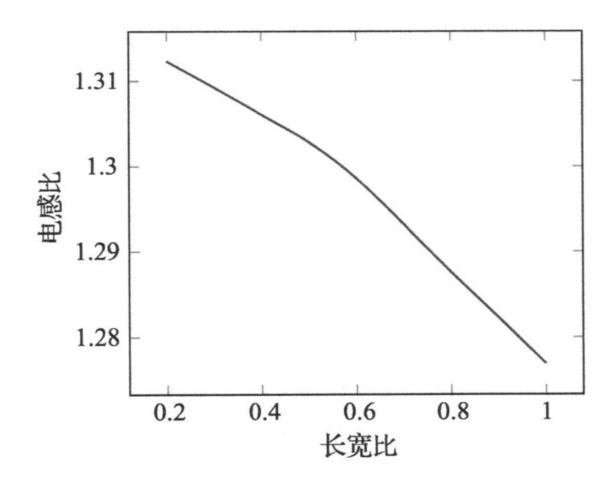

图 5.21　片上电感值与仿真电感长宽比的对比

评价　单匝电感的电感值与导体的长度大致呈线性关系。此外还包含一个取决于电感的长宽比的对数项。要改变电感值，改变长度比改变宽度更重要。

此外，可以用高达 30％的精度对不同的长宽比进行建模。

关键知识点

单匝电感的电感值与其长度大致呈线性关系，与其宽度呈对数关系。

5.7.3 矩形横截面结构的电感模型

在此之前，前面给出的公式将导体的正方形横截面近似为圆形。随着电感横截面的长宽比偏离正方形，近似值将越来越偏离预期。在本节中，将对矩形横截面下的各种情形进行讨论。

1. 两相邻圆弧段

将此前模型扩展为矩形横截面的一种方法是，将另一个圆形导体放置在之前的导体附近。其横截面如图 5.22 所示。

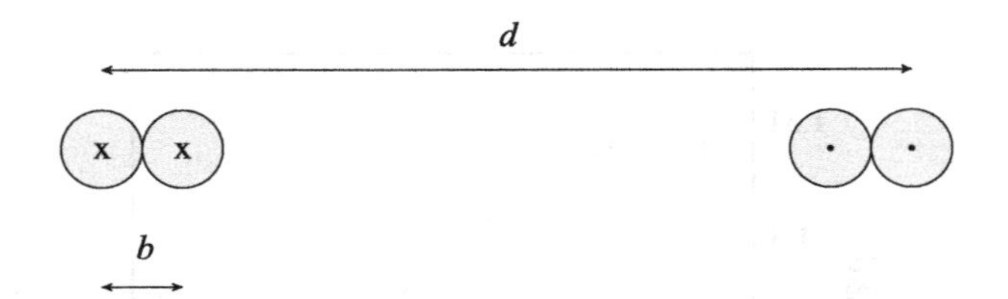

图 5.22 电感的横截面，其中宽长比为 2∶1 的矩形的横截面被建模为两个相互接触的圆柱体

简化 这里的建模简化是采用两个圆来描述矩形横截面。

求解 现在可以将式(4.52)应用于该模型。注意，有 6 对而不是 1 对圆形导体，每个导体中的电流等于总电流的一半。这最后一点很重要。此前的讨论中假定电感的总电流为 J。要对矩形横截面建模，总电流仍需为 J，在每个导体中均流过 $J/2$ 的电流。在后面的内容中，将讨论每个导体中的电流等于 J 时的情况。可得

$$F_{\text{rect/2pair}}=\frac{(J/2)^2}{2}\frac{2\mu}{\pi}d\left(\frac{1}{4}+\ln\frac{d}{H/2}+\frac{1}{4}+\ln\frac{d-2b}{H/2}-2\ln\frac{b}{H/2}+2\ln\frac{d-b}{H/2}\right)$$

式中，H 是矩形的厚度。

令 $b=H\ll d$ 并消去 $J^2/2$ 项得到电感表达式：

$$L_{\text{rect/2pair}}=\frac{1}{4}\frac{2\mu}{\pi}d\left(\frac{1}{2}+4\ln\frac{d}{R_0}-2\ln2\right)=\frac{2\mu}{\pi}d\left(\frac{1}{8}+\ln\frac{d}{R_0}-\frac{1}{2}\ln2\right)$$

验证 与 200 μm 长、1 μm 厚、2 μm 宽的电感器的仿真结果的比较显示，$L_{\text{sim}}=134.7\text{pH}, L_{\text{est}}=175\text{pH}$，误差为 30%。

评价 通过使用两个相互接触的圆对正方形模型进行简单扩展，可以对宽长比为2∶1的导体进行建模，显示出与正方形建模时的误差相同，也为30%。

2. 根据面积等效定义有效半径

建模矩形横截面的另一种方法是定义有效半径。这里将首先基于等面积假设而使用有效半径。

简化

$$R_0=\sqrt{\frac{HW}{\pi}}$$

求解 从式(5.10)可得

$$L=\frac{2\mu d}{\pi}\left[\frac{1}{4}+\ln\left[\frac{d}{\sqrt{HW/\pi}}\right]\right] \tag{5.12}$$

对于一个宽×长为2×1的矩形，有：

$$L=\frac{2\mu d}{\pi}\left[\frac{1}{4}+\ln\left[\frac{d}{H\ \sqrt{2/\pi}}\right]\right]=\frac{2\mu d}{\pi}\left(\frac{1}{4}+\ln\left(\frac{2d}{H}\right)-\frac{1}{2}\ln 2-\frac{1}{2}\ln\left(\frac{4}{\pi}\right)\right)$$

验证 这与以前的表达式非常相似。尤其是最后一项约等于1/8。

评价 只要电感的尺寸比该半径大，导体的“半径”精确模型就没什么用。当它的参数一开始就比较大时，它的对数项几乎可以忽略。

3. 基于最大尺寸定义有效半径

还有其他方法可以定义有效半径，但这种方法更有效。

简化 将有效比定义为导体横截面侧的最大值：

$$R_0=\mathrm{MAX}(W,H)/2$$

求解 令$W>H$，于是有：

$$L=\frac{2\mu d}{\pi}\left(\frac{1}{4}+\ln\left(\frac{2d}{W}\right)\right) \tag{5.13}$$

验证 使用式(5.13)，与图5.23中的仿真相比，可以看出有显著改进。

评价 原因很简单，负负得正。式(5.13)过高估计了导体横截面的有效半径，从而产生了较小的对数项。但是，由于导体长度受限，磁场强度已经被过高估计。这两个误差相互抵消，实际结果更接近于仿真结果。对于极端的横截面长宽比，式(5.13)显然不起作用，但将宽长比设置为1/10或更小，如图5.23所示，仿真结果与实际情况更加接近合理区间。典型的集成电路应用也很好地说明了这一点。

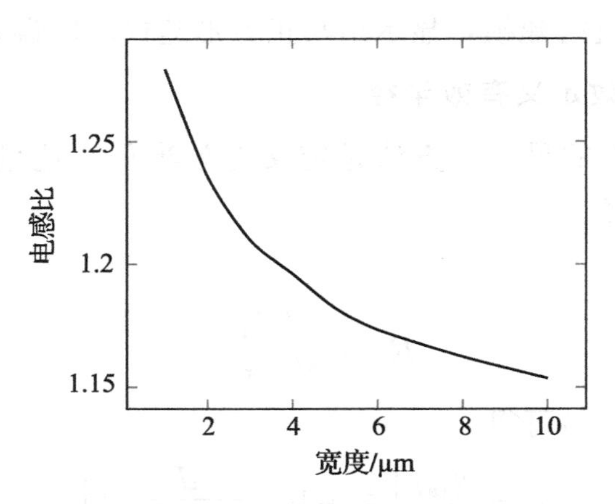

图 5.23 估计值与电感仿真值与式(5.13)计算的宽度

小结——单匝电感

前面将估计分析应用于单匝线圈的电感，可以发现考虑真实电感的外观并将它与在第 4 章中已经解决的问题进行对比，可以得出一个非常简单的涵盖许多方面的物理结构的模型，并且为电感实际值的 10%～30%。这是应用估计分析的一个很好的例子。下面将继续使用这种估计方法来分析含有两匝线圈的电感器。

5.7.4 两匝电感模型

可以基于该模型进一步探究两匝电感，如图 5.24 所示。

图 5.24 两匝线圈电感示意图

简化 按照之前介绍的策略来简化该过程，但是在这里，将允许第二个导体与外匝线圈之间留出一定的空间，如图 5.25 所示。

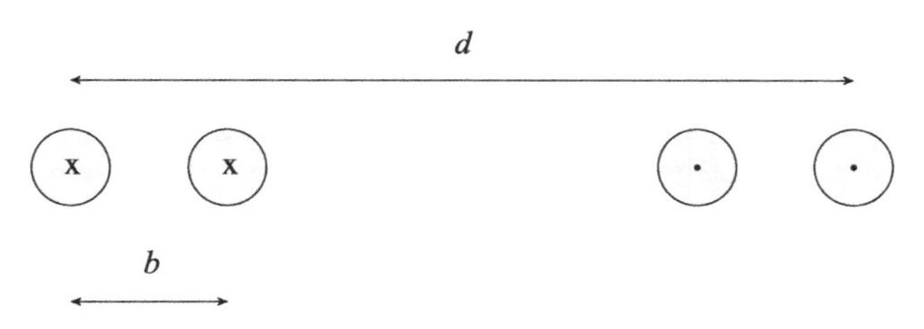

图 5.25　两匝线圈电感的横截面示意图

进一步假设内线圈对的长度为 $l_{\text{int}} = d - 2b$，由于与其他导体的相互作用而被约束为相同的长度。

求解　现在，可以使用式(4.52)考虑导体之间的所有相互作用。注意，这里与前面“两相邻圆弧段”中矩形横截面相反的是，现在总电流 J 流过每个支路，这里只需在第二个回路中实现电流反馈即可。得到磁场能量的表达式为

$$F_{2\text{-turn}} = \frac{2\mu J^2 d}{2\pi} \times \left(\frac{1}{4} + \frac{1}{4}\frac{d-2b}{d} - \frac{2(d-2b)}{d}\ln\frac{b}{R_0} + \frac{2(d-2b)}{d}\ln\frac{d-b}{R_0} + \frac{d-2b}{d}\ln\frac{d-2b}{R_0} + \ln\frac{\mathrm{d}}{R_0}\right)$$

经过重新组合后，相应的电感为

$$L_{2\text{-turn}} = \frac{2\mu d}{\pi}\left(\frac{1}{4} + \ln\frac{d}{R_0} + \frac{d-2b}{d}\left(\frac{1}{4} - 2\ln\frac{b}{R_0} + 2\ln\frac{d-b}{R_0} + \ln\frac{d-2b}{R_0}\right)\right) \tag{5.14}$$

当 $R_0 \ll d$ 时，$b \to 2R_0$，于是有：

$$L_{2\text{-turn}}\big|_{b=2R_0 \ll d} = \frac{2\mu d}{\pi}\left(\frac{1}{2} + 4\ln\frac{d}{R_0} - 2\ln\frac{b}{R_0}\right) \tag{5.15}$$

将它与先前的计算公式，即式(5.11)进行比较，当 $R_0 \ll d$ 时电感值约为原来的 4 倍。实际上，从磁能的角度看电感，可以发现，在这种情况下磁场加倍，能量变为原来的 4 倍。在电路中，通常根据线圈之间的电感耦合来进行讨论。

验证　在图 5.26 中，对真实的具有矩形横截面的两匝电感进行了建模，并将 b、d 的各种组合与式(5.14)进行了比较。场求解器的设置类似于单匝电感的设置，同时以相同的方式来评价模拟的电感值。使用式(5.13)对不同宽度的电感进行估计。

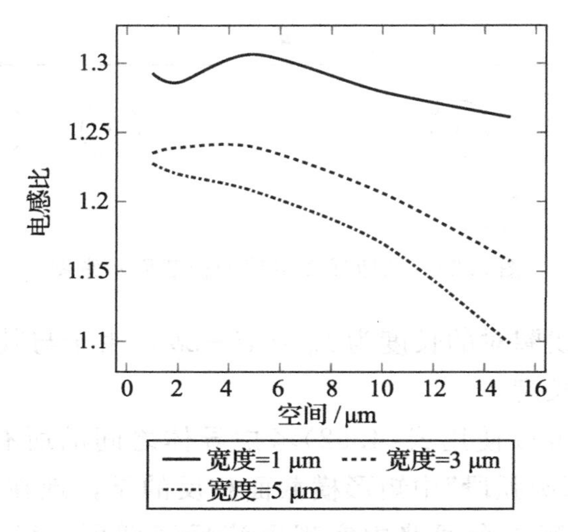

图 5.26　与估计电感的仿真结果比较

评价　从结果中可以看到，电感值的误差小于 30%，这意味着平均磁场振幅大约降低了 15%。两误差相互抵消的结果是使得随着电感宽度的增大其匹配性更好。而对于场强和导体横截面积的过高估计使得整体的误差更小了。

> **关键知识点**
>
> 线圈尺寸相同，线圈之间的间距最小且电流沿相同方向移动的两匝电感将使磁场强度加倍，磁场能量是原来的 4 倍，因此与单匝电感相比，两匝电感是原来的 4 倍。

5.7.5　包含地平面的电感模型

在本节中，将在电感下方添加一个地平面。

简化　这里将对电感导线使用与上一个示例相同的简化方式。对于接地层，假设它与电感的距离比其他间隔线段距离更近，并且是没有磁场穿透的理想导体。如图 5.27 所示，可以看出 $s \ll d$。从图 5.27 中可以看出这种情况与之前类似，除了水平方向，垂直方向的导体电流方向相反。左右两边导线之间的相互作用在彼此远离时往往会相互抵消，可以简单处理而忽略它们之间的相互作用，一次只针对其中某一个方面展开研究。

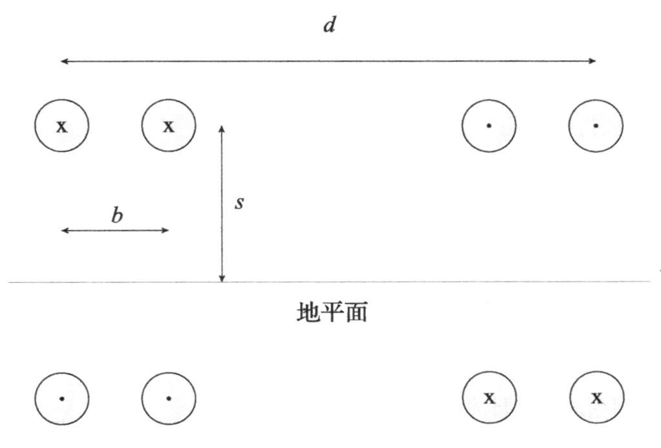

图 5.27 地平面上两匝电感横截面示意图

求解 可以注意到，有两个四倍体，因此应该从两个四倍体中计算出磁场能量。但是，这种建模方法仅针对上半平面的磁场能量建模。地平面中的磁场为零。因此根据对称性，可以忽略地平面和一个四倍体，而仅通过一个四倍体计算总磁场能量。现在情况与之前非常相似，可以简单地使用式(5.14)来进行建模，并且用 $2s$ 来替换原来公式中的 d。实际上，可以简单地将式(5.14)乘以

$$\frac{1}{\ln(d/2s)}$$

对于 $d \gg s \gg b > R_0$ 的情况，这种计算精度很高。

于是可得

$$L_{2\text{-turn,gnd}} = \frac{1}{\ln(d/2s)} \frac{2\mu d}{\pi} \left(\frac{1}{4} + \ln \frac{d}{R_0} + \frac{d-2b}{d} \left(\frac{1}{4} - 2\ln \frac{b}{R_0} + 3\ln \frac{d}{R_0} \right) \right) \tag{5.16}$$

其中，事实上假设两匝线圈与地平面的距离相同。

验证 在接下来的图 5.28 中，给出了几个固定间距电感结构的场求解结果，它是 l 的函数，并与式(5.16)中的近似解进行了比较。仿真的设置与之前相同，在所有仿真条件中，在电感下方位于顶部导体下方 3 μm 处的地方有一个接地屏蔽线。同时，场求解器的顶部导体高度均为 1 μm。

评价 从图 5.28 中可以看出，与之前比，宽导体是最差的导体。这是在地平面上方导体距其底部使用固定 3 μm 高度的仿真结果。在估计方程，即

式(5.16)中使用直径为5μm的圆柱导体进行建模时，它将偏离仿真器的设置。

在5.8节例5.2和例5.4两种情况中，有两个点要特别关注：

1)电感模型的主要影响因素是与尺寸相关的线性项。

2)次要影响因素是对数项，对模型构建的误差的影响可忽略不计。

对于小间距，图5.28中的结果会更好一些，因为相邻导体比镜像更近。

总体而言，式(5.16)比式(5.14)更粗略，并且可以使用与前面“两匝电感器模型”中所述的类似方法加以修正。事实上，1μm情况下的误差比以前小得多，这与互补的误差源有关，而不是式(5.16)中更精确的误差源。

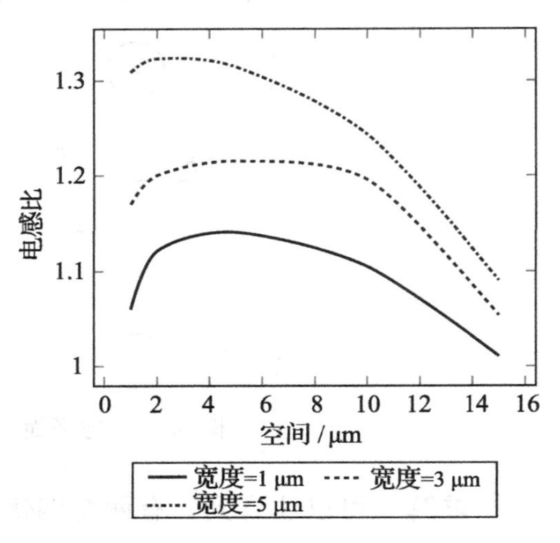

图5.28 与两匝电感估计电感值的仿真结果对比

关键知识点

电感值随着“电感下方的接地层与电感的距离以及接地层的厚度/电导率”等值以对数关系减小。它的物理原因可以视为总磁场的减小。

小结——两匝电感

在前两节中，将估计分析应用于两匝线圈电感。可见，通过考虑真实电感的外观并将它与已经研究过的单匝电感问题进行比较，可以得出一个非常简单的涵盖许多方面的物理结构的模型，并且误差范围在电感实际值的10%～30%。这是估计分析的好处的另一个很好的例子。这里将继续将估计分析应用于实际电感的寄生效应，例如由于寄生电容引起的自谐振效应以及导线和基板之间的电阻损耗效应。

5.7.6 带自谐振效应的电感模型

之前已经研究了电感的电感值的简化模型。从结果看，通过相当简单的假设，可以很好地预测电感值。电感的另一个重要方面是自谐振效应。高于此谐振频率，电感将呈现电容特性，现在采用简化方法实现该谐振频率的估计：

简化　之前在5.4节中已经表明，片上电感实际上是一条高阻抗传输线，该传输线在某低阻抗处终止。估计自谐振频率的最简单方法是假设电感的另一端接地，按5.4节所述计算 $\lambda/4$ 谐振。

求解　自谐振频率表达式简化为

$$f_{\mathrm{res}}=\frac{c}{\lambda/4}=\frac{c}{4l} \tag{5.17}$$

式中，l 是电感的电气长度；c 是本地光速。

电气长度并不总是与物理长度相同，因为对称有时会减小该长度，从而将增大谐振频率。电气长度应始终通过仿真器进行验证。在集成电路的应用中，人们总是想通过改变对称性来增大电感的谐振频率。此处概述性地给出了谐振频率的保守估计方法。

验证　见表5.2，按照之前讨论的相同的仿真过程，将估计的自谐振频率与场求解器的预测值进行了对比。这些仿真器的模拟精度约为2%。

表5.2　估计共振频率值与仿真结果对比表

电感侧/μm	谐振频率/GHz	单匝线圈 线圈宽度=1 μm①	两匝线圈 线圈宽度=1 μm 匝距=2 μm	两匝线圈 线圈宽度=1 μm 匝距=5 μm
100	估计值	375	95	99
	仿真值	337	94	113
	误差(%)	+11	+1	−12
150	估计值	250	63	66
	仿真值	229	61	74
	误差(%)	+9	+3	−11
200	估计值	187	47	49
	仿真值	174	46	55
	误差(%)	+7	+2	−11
300	估计值	125	31	33
	仿真值	117	30	36
	误差(%)	+7	+3	−8

①仿真时电气长度为物理长度的一半。

评价 自谐振效应可以建模为短负载传输线。请注意，电气长度有时会由于边界条件或对称性而与物理长度有所区别。电气长度应始终通过场求解器进行验证。电气长度几乎在所有情况下都小于或等于物理长度，因此实际的自谐振现象发生在频率较高时。

> **关键知识点**
> 可以将自谐振效应建模为短负载传输线的 $\lambda/4$ 谐振。

5.7.7 带寄生电容和电阻的电感模型

在集成电路中，电感周围还存在其他导体，对实际电感模型产生不同的影响。在这里，将讨论片上电感的标准模型以及如何估计各种参数(参见参考文献[41])。

简化 常用的标准模型是 ad hoc 模型或唯象模型，如图 5.29 所示。

前面已经讨论了传输线电感 L。可以将电容建模为理想电容 C_{diel} 与硅衬底 C_{sub}，R_{sub} 贡献的漏电容的串联。串联电阻 R_s 是线圈中的简单的线电阻。

电感的特性将通过一端短路接地来建模，因此接下来的电容器组之一将接地。这符合将片上电感作为短负载传输线的概念。

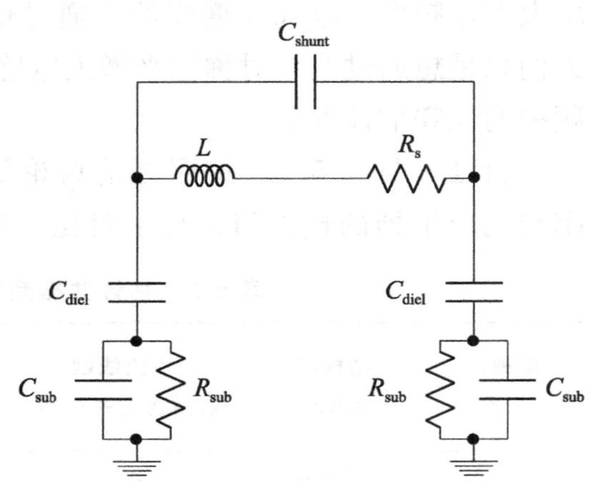

图 5.29 片上电感的唯象模型

求解 电容 C_{diel} 通常大于衬底电容，由于它们串联，因此衬底电容将占主导。在这里将忽略 C_{diel}。

C_{shunt} 和 C_{sub} 电容并联，将它们合并得

$$C_p = C_{shunt} + C_{sub}$$

在这个简单的模型中，可得电感的谐振频率表达式为

$$f_{res} = \frac{1}{2\pi\sqrt{LC_p}} = \frac{c}{4l}\{\text{来自式(5.17)}\} \rightarrow$$
$$C_p = \frac{16l^2}{(2\pi)^2 c^2 L} = \frac{4l^2}{\pi^2 c^2 L} = \frac{4l^2 L/lC_t/l}{\pi^2 L} \approx \frac{4C_t}{\pi^2} \approx \frac{C_t}{2.5} \tag{5.18}$$

式中，C_t是第 4 章式(4.55)中通过二维计算而得出的传输线电容。

有两种介电常数不同的介电材料，因此分析变得很复杂。这里只采用电感周围的介电常数。硅衬底的介电常数要大 4 倍，所以有效介电常数会更大，进而导致光速更小，实际谐振频率与估计的值相比更低。式(5.18)中的最后一个常数不是 2，由于传输线电容是分布电容，在该模型中，电容值近似为电感结构两端的两个电容。当电容和整个电感并联时，谐振频率的计算公式为 $1/\sqrt{LC}$。实际上，电容的分布特性将减小这种影响，因此对于该模型，该系数不是 2，而是 2.5。

衬底中电感的电流产生了大部分的垂直电场，可以通过耗损来估计衬底电阻。如果用 L_{area}表示电感的导体部分的面积，用 T_{sub}表示衬底的厚度，就可以简单地得到

$$R_{sub} = \frac{\rho T_{sub}}{L_{area}}$$

$$L_{area} = L_{length} \cdot L_{width} \tag{5.19}$$

式中，ρ 是衬底电阻率；L_{length} 是电感的长度；L_{width} 是电感的宽度。

与仿真/实验结果进行比较，通常将其用作拟合参数，但在这里使用式(5.19)。可以认为，对于多匝电感，如果每一匝线圈之间的距离足够近，衬底中由线圈产生的电场将重叠，从而产生较小有效面积和较大的 R_{sub}。这样，将对单匝和双匝电感使用相同的公式。

最后，串联电阻表达式为

$$R_s = \frac{1}{\sigma} \frac{L_{length}}{L_{thick} L_{width}} \alpha \tag{5.20}$$

式中，α 是由于趋肤效应而产生的校正因数。

通常，可以简单地用趋肤深度 δ 乘以周长计算。而实际上，与仿真/测量值进行比较，通常误差范围在几个百分点以内：

$$R_s \approx \frac{1}{\sigma} \frac{L_{length}}{\delta 2(L_{width} + L_{thick})}$$

有时，电感的横截面可能会使得电流分布偏离趋肤深度的计算结果。较高频率下的偏差归因于第 4 章“薄导体中的电流分布”中讨论的横向趋肤效应的影响。如图 5.30 所示为一个工作频率为 30 GHz 的铜制成的单匝电感的横截面，其大小为 1 μm×5 μm。

图 5.30　片上单匝电感的横向趋肤效应

其趋肤深度约为 0.4 μm，但是由于高度仅为趋肤深度的 2 倍，因此仍然可以看到某些横向趋肤效应的持久影响。

在图 5.31 所示的宽度为 5 μm、匝距为 1 μm 的两匝电感中，可以看到另一种类似的效果。

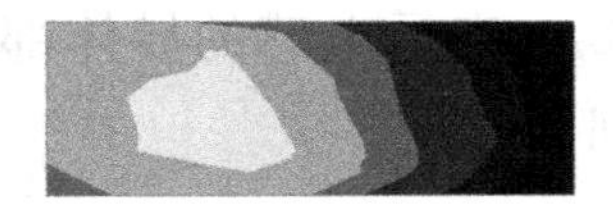

图 5.31　片上双匝电感的横向趋肤效应

在两个导体中均发现了分布式的横向趋肤效应。可以采用之前的相同方式来理解，电流自行分布以最小化磁场或等效电感值。这样，两个导体之间的近磁场为“零”。

简言之，导体中的磁场并不总是像计算趋肤深度那样简单。若导体的横截面和频率有所区别，效果可能会大不相同。在这里，除非特别说明，否则将使用简单的趋肤深度公式：

$$\alpha = \mathrm{MAX}\left(\frac{L_{\text{thick}} L_{\text{width}}}{2(L_{\text{thick}} + L_{\text{width}})\delta}, 1\right) \tag{5.21}$$

电感的一个关键指标是品质因数，即 Q。对于图 5.32 所示的一端接地的模型，其阻抗表达式为

$$Z = \frac{R_{\text{sub}}/(\mathrm{j}\omega R_{\text{sub}} C_{\mathrm{p}} + 1)(R_{\mathrm{s}} + \mathrm{j}\omega L)}{R_{\text{sub}}/(\mathrm{j}\omega R_{\text{sub}} C_{\mathrm{p}} + 1) + R_{\mathrm{s}} + \mathrm{j}\omega L} = \frac{R_{\text{sub}}(R_{\mathrm{s}} + \mathrm{j}\omega L)}{R_{\text{sub}} + (\mathrm{j}\omega R_{\text{sub}} C_{\mathrm{p}} + 1)(R_{\mathrm{s}} + \mathrm{j}\omega L)}$$
$$= \frac{R_{\text{sub}}(R_{\mathrm{s}} + \mathrm{j}\omega L)}{R_{\text{sub}} + R_{\mathrm{s}} - \omega^2 R_{\text{sub}} C_{\mathrm{p}} L + \mathrm{j}\omega(R_{\mathrm{s}} R_{\text{sub}} C_{\mathrm{p}} + L)}$$

变形为

$$Z = \frac{R_{\text{sub}}(R_{\mathrm{s}} + \mathrm{j}\omega L)}{R_{\text{sub}} + R_{\mathrm{s}} - \omega^2 R_{\text{sub}} C_{\mathrm{p}} L + \mathrm{j}\omega(R_{\mathrm{s}} R_{\text{sub}} C_{\mathrm{p}} + L)}$$
$$= \frac{R_{\text{sub}}(R_{\mathrm{s}} + \mathrm{j}\omega L)(R_{\text{sub}} + R_{\mathrm{s}} - \omega^2 R_{\text{sub}} C_{\mathrm{p}} L - \mathrm{j}\omega(R_{\mathrm{s}} R_{\text{sub}} C_{\mathrm{p}} + L))}{(R_{\text{sub}} - \omega^2 R_{\text{sub}} C_{\mathrm{p}} L)^2 + \omega^2 (R_{\mathrm{s}} R_{\text{sub}} C_{\mathrm{p}} + L)^2}$$

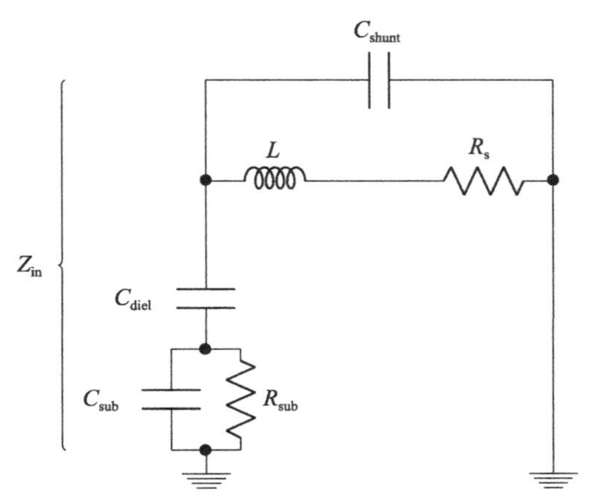

图 5.32　唯象模型中 Q 值的计算

分母现在是实数，分子可以写成 $a+\mathrm{i}b$ 的复数形式，其中：

$$a=R_sR_{sub}(R_{sub}+R_s-\omega^2R_{sub}C_pL)+R_{sub}\omega^2L(R_sR_{sub}C_p+L)$$

$$b=R_{sub}\omega L(R_{sub}+R_s-\omega^2R_{sub}C_pL)-R_{sub}R_s\omega(R_sR_{sub}C_p+L)$$

将 Q 定义为阻抗的虚部除以实部时，得到

$$\begin{aligned}Q&=\frac{\mathrm{im}(Z)}{\mathrm{re}(Z)}=\frac{R_{sub}\omega L(R_{sub}+R_s-\omega^2R_{sub}C_pL)-R_{sub}R_s\omega(R_sR_{sub}C_p+L)}{R_sR_{sub}(R_{sub}+R_s-\omega^2R_{sub}C_pL)+R_{sub}\omega^2L(R_sR_{sub}C_p+L)}\\&=\omega\frac{L(R_{sub}-\omega^2R_{sub}C_pL)-R_s(R_sR_{sub}C_p)}{R_s(R_{sub}+R_s)+\omega^2L^2}\\&=\frac{\omega L}{R_s}R_{sub}\frac{1-\omega^2C_pL-R_s^2C_p/L}{R_{sub}+R_s+\omega^2L^2/R_s}\end{aligned}\tag{5.22}$$

低频条件下，假定 $R_{sub}\gg R_s$：

$$Q\sim\frac{\omega L}{R_s}$$

当频率条件满足 $\omega^2LC_p\ll1$ 和 $\omega L\gg R_s$ 时，有：

$$Q\sim\frac{\omega L}{R_s}R_{sub}\frac{1}{\omega^2L^2/R_s}=\frac{1}{\omega L}R_{sub}$$

由于衬底损耗，Q 值迅速减小。实际上，在这种情况下，造成损耗的主要原因是电感的电场在衬底中产生了电流。比较而言，来自磁场的感应电流要小得多。

验证　场求解器的设置与之前讨论的相同，但是在包含电感的介电常数为 3 的介电材料情形下，添加了一个介电常数为 11.9 且电阻率为 0.1 Ω-m 的有损

衬底模型，这是轻掺杂 CMOS 晶圆的典型特征。品质因数 Q 的表达式为

$$Q_{\text{sim}}=\left|\frac{\text{im}Z(1,1)}{\text{re}Z(1,1)}\right|$$

式中，$Z(1,1)$是阻抗矩阵响应。

在这种情况下，仅使用一个端口激励。

图 5.33a～d 显示了线圈宽度为 1 μm 的单匝电感的估计和仿真的比较结果。估计结果采用了式(5.22)进行计算，其中 R_s是根据式(5.20)和式(5.21)计算得出的，R_{sub}是根据式(5.19)计算得出的。图 5.33e～h 显示了线圈宽度为 1 μm 匝距为 1 μm 的两匝电感的比较结果。

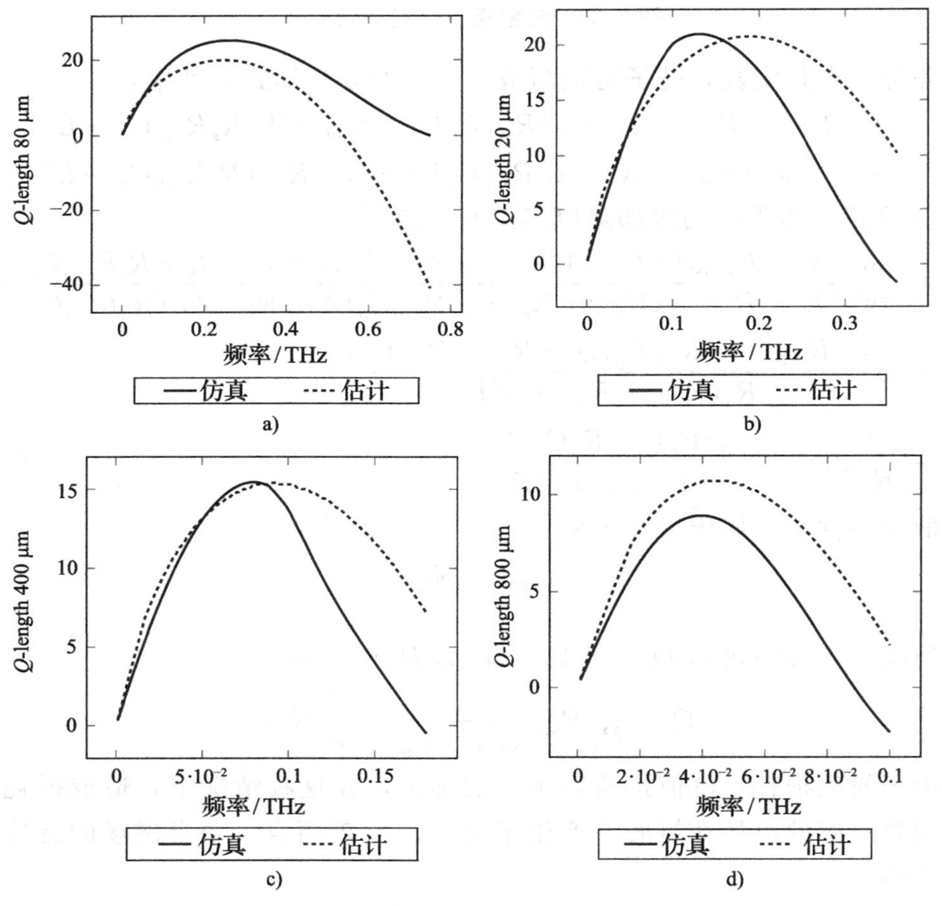

图 5.33　电感品质因数 Q 的估计结果和仿真结果的比较。图 5.33a～d 所示为单匝电感的比较结果，图 5.33e～h 所示为两匝电感的比较结果

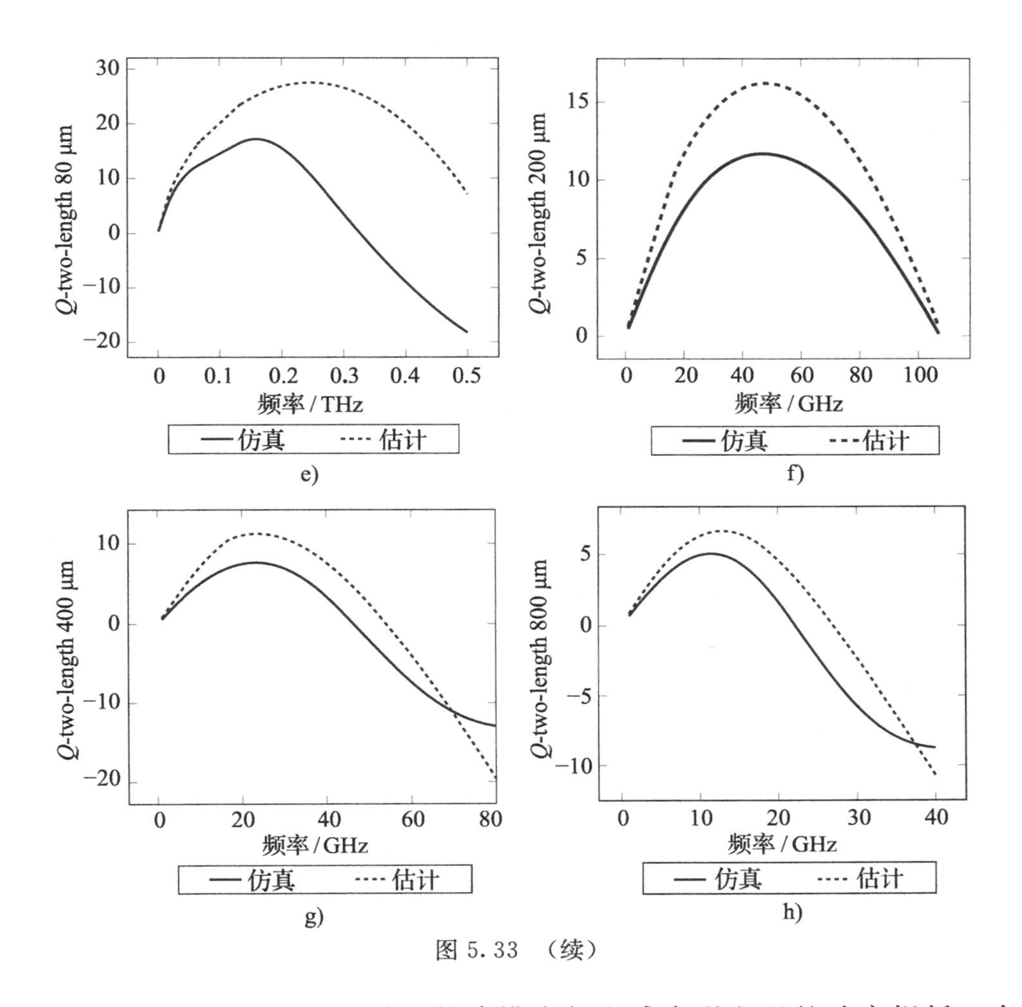

图 5.33 （续）

评价　可以将电感的品质因数建模为与电感串联电阻的功率损耗，在高频条件下，还需包含衬底电阻的功耗。与集总模型的仿真结果相比，Q 的误差取决于线圈的大小、匝数以及线圈形状，但误差范围通常为 0％～30％。由图 5.33 还可以看出，谐振频率在相同的误差范围内，并且估计的谐振频率值远高于仿真结果。对于式(5.18)中电容值的估计，使用顶层电介质的介电常数来计算光速，会使得估计结果远高于仿真值。

关键知识点

可以将电感的品质因数建模为电感串联电阻中的功率损耗，在高频条件下，还需包含衬底电阻的功率损耗。

5.8 设计示例

前面已经研究了许多种情况，并使用估计分析法推导了电感、电容和传输线的许多简便公式。下面将在本节中利用这些公式作为起点，来运用知识并构建真实设计案例。

例 5.1 矩形低 Q 电感

首先了解如何设计一个较大的电感。表 5.3 中的规格参数类似于设计者在真实情况下的设计需求。

解

由于 1 nH 是一个相当大的电感值，最终单个线圈可能会变得相当大，周长约为 1 mm，因此最好采用双匝拓扑结构。电阻可忽略不计，但是需要关注直流电流。我们需要选择能够承载直流电流对应的线圈的最小宽度，直流电流的大小会限制选择线圈的宽度。从附录 A 中可以看到第 9 层金属的电流密度最大，其极限为 5 mA/μm。其中线圈宽度 w=1 μm，围绕式(5.12)讨论等效面积时，令 R_0=0.5 μm。

表 5.3 电感的设计规格

规格	极限	备注
电感值	1 [nH]	
Q	N/A	
直流电流	5 [mA]	
尺寸	小	

现在来估计一下线圈的长度。单匝电感线圈长约 200+μm，由于耦合作用，两匝电感线圈长度仅为单匝的 1/4，即约为 50 μm。然而耦合作用并不是理想状态下的，以线圈长 d=75 μm 且间距 b=2 μm 来进行设计，于是有 $\ln d/R_0 = 5$。这样，可以使用式(5.15)为仿真迭代提供一个好的开始。于是可得

$$\frac{2\mu d}{\pi}\left(\frac{1}{2}-2\ln\frac{b}{R_0}+4\ln\frac{d}{R_0}\right)=1.3(\text{nH})$$

已经在本章前面讨论过，该电感超出估计的 30%。将该电感值代入相应

公式，可以得到一个新的线圈长度的估计值：

$$d8\times10^{-7}\times17.5=1.3\times10^{-9}\rightarrow d\approx92\ \mu\text{m}$$

该电感的谐振频率至少为

$$f_{\text{res}}=\frac{c}{4\times8l_{\text{side}}}=\frac{3\times10^{8}/\sqrt{3}}{4\times8\times92\times10^{-6}}=59(\text{GHz})$$

串联电阻 $R_s=p8l_{\text{side}}/(w\cdot0.5)=25(\Omega)$，部分参数值来自附录 A：

$$Q@10\ \text{GHz}\approx\frac{\omega L}{R_s}=2.5$$

将此参数代入仿真器，经过一轮迭代后发现 $d=88\ \mu\text{m}$，得出 $L=986\ \text{pH}$，$f_{\text{res}}=95\ \text{GHz}$，$Q=2.6$。

例 5.2　矩形高 Q 电感

现在了解一下设计高 Q 值电感的过程。表 5.4 的规格参数类似于设计者在真实情况下的设计需求。

解

下面设计一个总电感值为 200 pH 的方形电感。从式(5.10)中可以看出，电感值的大小或多或少与一侧的长度成正比。

表 5.4　200 pH 电感的设计规格表

规格	极限	备注
电感	200[pH]	
Q	20	@25 GHz
共振频率	50[GHz]	

可以通过假设长宽比为 10 来估计对数因数，得出对数因数为 2。进一步得到下式：

$$I_{\text{side}}=\frac{200\times10^{-12}}{\mu\times2}\frac{\pi}{2.5}=\frac{200\times10^{-12}}{4\pi\times10^{-7}\times2}\frac{\pi}{2.5}\approx100(\mu\text{m})$$

稍后将验证对数项，并可能进行一些调整。根据式(5.17)，可以得出电感的自谐振频率：

$$f_{\text{res}}=\frac{c}{4\times4l_{\text{side}}}=\frac{1.5\times10^{8}}{4\times4\times100\times10^{-6}}\approx10^{11}(\text{Hz})$$

可以看出，工作频率远小于自谐振频率。然后，可以预期损耗的主要来源是电感器金属本身的串联电阻。现在来讨论 Q 值的问题。由于趋肤效应，大多数电流会沿着导线的边缘流动。现在从附录工艺中顶层铜金属 M9 开始，了解 2 μm 宽的导线能否与人们期望的阻值对应。在 25GHz 的工作频率下，串联电阻需要：$R_s < \omega L/Q = 31/20 = 1.55(\Omega)$。长度为400 μm铜线的电阻值为 $R=L\rho/A=400\cdot10^{-6}\cdot1.7\cdot10^{-8}/(10^{-6}\cdot10^{-6}2\cdot0.5)\approx7(\Omega)$，即使不考虑趋肤效应，这个阻值已经足够高了。在 20GHz 的工作频率下，铜的趋肤深度为 $\delta=\sqrt{2\rho/\omega\mu}\approx0.46\,\mu m$，它将使有效电阻增加大约两倍。如果使导体更宽，趋肤效应将限制电阻值的减小，看起来宽度的改变对铜金属层电阻值的影响不大。下面尝试使用顶层铝金属，$R=L\rho/A=400\times10^{-6}\times2.6\times10^{-8}/(10^{-6}\times10^{-6}\times2\times2)=2.6$。看起来这层金属可作为很好的替代品。可以使用 4 μm 宽的金属线圈来进一步减小电阻并留有一定的裕度。在确定宽度后，便可以确定线圈的长度。进一步可以发现在 $l_{side}=80\,\mu m$ 处，电感值超过该模型的 20%。该电感器应该采用铝金属，并被设计成边长为 80 μm 的正方形，线圈宽度为 4 μm。根据公式，可以得出

$$L=2\times4\times10^{-7}\,80\times10^{-6}\left(\frac{1}{4}+\ln\left(\frac{80\times10^{-6}}{2\times10^{-6}}\right)\right)=252(\mathrm{pH})$$

$$R_s=2.6\times10^{-8}\,\frac{320\times10^{-6}}{0.57\times10^{-6}\times2(4\times10^{-6}+2\times10^{-6})}\approx1.2(\Omega)$$

$$Q\approx26(\text{使用 } L=200\mathrm{pH})$$

总之，通过估计分析得出了见表 5.5 的电感的尺寸参数。

表 5.5 根据估计分析得出的 200 pH 电感设计的尺寸参数

参数	值	单位
l_{side}	80	μm
w	4	μm
L	252	pH
R	1.2	Ω
Q	26	

这离设计目标有些裕度。现在，将这些参数放入场求解器中，首先得到

$$L = 205\ \text{pH}$$
$$R = 1.5\ \Omega$$
$$Q = 21$$

经过一次仿真迭代，得出了见表 5.6 的尺寸参数。

表 5.6　仿真优化后的最终尺寸参数

参数	值	单位
l_{side}	78	μm
w	4	μm
L	200	pH
R	1.5	Ω
Q	21	

串联电阻对应于并联分流电阻 $R_{\text{shunt}} = Q\omega L \approx 660(\Omega)$。

例 5.3　两个耦合电感

本例中将探究两个方形电感之间的耦合效应，从表 5.7 中可以看出，需要使耦合系数最大化。

解

对于此示例，可以简单地将表达式用于两匝电感，并将它与单匝电感进行比较。随着两匝线圈之间距离的减小，在前面的 5.7.4 节中展示了总电感值接近单匝电感的 4 倍，此时，两匝电感的耦合因数为 1。接下来使用 $b=2R_0$ 更精确地计算耦合因数。由式(5.15)得出两匝电感的长度公式为

$$L_{2\text{-turn}\ b=2R_0 \ll d} = \frac{2\mu d}{\pi}\left(\frac{1}{2} + 4\ln\frac{d}{R_0} - 2\ln\frac{b}{R_0}\right)$$

表 5.7　电感耦合规范表

规范	极限	注释
耦合系数，k	>0.5	假定 $h/R_0 = 10, b/R_0 = 2$

由式(5.11)得出单匝电感的长度为

$$L = \frac{2\mu d}{\pi}\left(\frac{1}{4} + \ln\left(\frac{d}{R_0}\right)\right)$$

两类电感的长度之比为

$$\frac{L_{\text{2-turn } b=2R_0 \ll d}}{L} = \frac{2L + 2kL}{L} = 2 + 2k = \frac{\left(\frac{1}{2} + 4\ln 10 - 2\ln 2\right)}{\left(\frac{1}{4} + \ln 10\right)} = 3.2 \rightarrow k = 0.6$$

从该结果中可以看到，需要尽可能地减小匝距，以实现所需的耦合因数。

例 5.4　通过耦合增大电感值

现在，将使用例 5.3 中的耦合因数计算来设计一个电感，在与单个电感相同的面积条件下，该电感具有更大的总电感值。

解　如例 5.3 所示，可以利用两个电感之间的耦合效应来实现 4 倍单根金属电感值的设计。现在分别采用金属层 M9、M10 来完成两个电感的设计。根据附录 A 中的工艺参数，两层金属之间的间隔距离至少为 0.5 μm。从例 5.3 中可以看出，使用与例 5.2 相同的尺寸的电感，它的电感值的大小应接近单个电感值的 3.2 倍：

$$L = 3.2 \times 200\ \text{pH} = 640\ \text{pH}$$

但是，只有当重叠部分的电流沿相同方向流动时才是正确的，因此在设计回路时必须格外小心，避免电流朝相反的方向流动的情况。

例 5.5　*LC* 谐振电路设计

前面的例中设计了很多电感。现在，采用例 5.2 设计的电感，通过增加一个电容来实现 *LC* 谐振电路的设计。该电路的谐振频率为 25 GHz，并使用了一个大于 500 Ω 的有效并联电阻。第 7 章中将详细介绍 *LC* 谐振电路的应用。

解　可以尝试使用例 5.2 中设计的电感，而谐振电路中电容的电容值为：

$$C = \frac{1}{L\omega^2} = \frac{1}{200 \times 10^{-12}(2\pi \times 25 \times 10^9)^2} = 0.2(\text{pF})$$

它的等效电路如图 7.6 所示，等效并联电阻大小为

$$R \approx \omega L Q = 660(\Omega)$$

例 5.6　估计各种放大器的电容负载

最后，可以使用在本章最开始内容中了解到的电容方面的知识来估计放大器设计中的寄生电容。

例 2.2 的寄生电容

例 2.2 中设计的源跟随器与下一层电路的连接采用 M9 层金属布线。两级电路之间的远距离连接布线必须进行长度匹配设置。M9 层金属线长度为 50 μm，可以将它保持在 0.5 μm 的最小宽度。设计难点在于 M9 上方 M10 布线的电源通孔。它的寄生电容大小为

$$C_{par}=\varepsilon\frac{A}{d}=3\times8.85\times10^{-12}\frac{50\times10^{-6}\times0.5\times10^{-6}}{0.5\times10^{-6}}\approx1.35(\mathrm{fF})$$

该计算忽略了侧壁电容，因此该计算结果与实际相比相差约 2 倍，大约是下一级电容的 20%，约为 12 fF。

例 3.1 中的寄生电容

例 3.1 中的比较器电路的输出互连采用宽度为 0.2 μm 的金属层 M2 进行布线，它的长度相比较而言短得多，仅为 5 μm。它的寄生电容大小为

$$C_{par}=\varepsilon\frac{A}{d}=3\times8.85\times10^{-12}\frac{5\times10^{-6}\times0.2\times10^{-6}}{3\times10^{-7}}=0.13(\mathrm{fF})$$

与比较器的输出负载相比，该寄生电容非常小，即使作者估计的值与实际也相差 2 倍。

例 3.2 的寄生电容

最后，例 3.2 中的放大器的输出互连采用的是长为 3 μm，最小宽度为 0.5 μm 的金属层 M8 进行布线，它的寄生电容大小为

$$C_{par}=\varepsilon\frac{A}{d}=3\times8.85\times10^{-12}\frac{3\times10^{-6}\times0.5\times10^{-6}}{2\times10^{-6}}=0.02(\mathrm{fF})$$

更高层次的金属布线在这里对减少寄生电容非常有帮助。

例 5.7　寄生电容的估计

在本例中，将估计一组长度/宽度/间距＝20 μm/0.2 μm/0.2 μm 的 M2 金属层通孔的寄生电容。对于这种设计中偶尔会出现的通孔，估计接地电容的简便方法可能会十分有效。

解　从设计上来看，该通孔的排布非常紧密，事实上从场预测来看，像

是非常均匀的金属。假设为某固体金属，可以估计出对地电容大小为

$$C_{\text{par}}=\varepsilon\frac{A}{d}=3\times8.85\times10^{-12}\frac{20\times10^{-6}\times10\times10^{-6}}{3\times10^{-7}}=18(\text{fF})$$

5.9 本章小结

在本章中，学习了以下内容：

- 从传输线分析来看，电感只是一条传输线，其端接的阻抗远小于传输线的特征阻抗。同样，与特征电阻相比，电容可以看作一条开路的传输线。
- 估计给定工艺参数的裸片上单匝和两匝电感的 L、Q。
- 设计任何种类电感拓扑结构的通用方法。
- 估计不同片上电容的电容值 C。
- 在不同情况下估计 S_{11}、S_{21} 参数。

5.10 练习

1. 推导出长宽比为 3∶1 的矩形截面的电感值大小的表达式。参考“带矩形横截面的电感模型”中的内容，对电感进行适当的近似化，例如近似为圆柱体。

2. 估计电感值为 1 nH 的矩形电感的尺寸，它的最大高度为 100 μm。

3. 在工作频率为 10 GHz 的接地层上估计电感值为 200 pH 的电感的尺寸。假设接地层为理想情况。

4. 参考练习 2，设计一个电感值为 3 nH 的电感。

5. 设计一个谐振频率为 10 GHz 的 LC 振荡电路，它的有效并联电阻大于 1000 Ω，该设计能否实现？假设该电容为理想电容。

6. 采用金属 M10 设计一个正方形电感，边长为 100 μm。该芯片作为倒装芯片，封装对电感的影响尚未考虑。可以将封装对电感的影响建模为电感上方 100 μm 处的理想接地层。估计封装平面对电感的影响。

7. 采用有损耗的传输线和有损耗的地线计算 S_{21}，其中信号导体和地线均由铜制成。

8. 描述电压和电流的屏蔽效果，并进行评估。使用第 4 章“简单的两板系统计算”和“地平面上电流层的第一性原理计算”中概述的一维模型示例，使用几个薄的导体平面，这些平面的厚度会影响导体平面上的电磁场，可以通过估计矢量电势 $\boldsymbol{A}$ 和电压场 φ 来评估这种影响。

5.11 参考文献

[1] H. J. Eom, *Electromagnetic Wave Theory for Boundary Value Problems*, Berlin, Germany: Springer Verlag, 2004.

[2] David M. Pozar, *Microwave Engineering*, 4th edn., Hoboken, NJ: Wiley and Sons, 2012.

[3] L. D. Landau, *Lifshitz, Electrodynamics of Continuous Media*, 2nd edn., Oxford, UK: Pergamon Press, 1984.

[4] V. Belevitch, “The Lateral Skin Effect in a Flat Conductor,” *Philips Technical Review* 32, pp. 221–231, 1971.

[5] R. E. Collin, *Foundations for Microwave Engineering*, 2nd edn., IEEE Press on Electromagnetic Wave Theory, Hoboken, NJ: Wiley-IEEE, 1992.

[6] R. F. Harrington, *Time-Harmonic Electromagnetic Fields*, IEEE Press on Electromagnetic Wave Theory, Hoboken, NJ: Wiley-IEEE, 2001.

[7] Howard W. Johnson and Martin Graham, *High-Speed Digital Design: A Handbook of Black Magic*, Englewood Cliffs, NJ: Prentice-Hall, 1993.

[8] L. D. Landau and E. M. Lifshitz, *The Classical Theory of Fields*, 4th edn., Oxford, UK: Pergamon Press, 1984.

[9] A. Shadowitz, *The Electromagnetic Field*, Mineola, New York: Dover Press, 2010.

[10] B. Rojansky and V. J. Rojansky, *Electromagnetic Fields and Waves*, Mineola, NY: Dover Press, 1979.

[11] P. Hammond and J. K. Sykulski, *Engineering Electromagnetism*, Oxford, UK: Oxford University Press, 1994.

[12] J. D. Jackson, *Classical Electrodynamics*, 3rd edn., Hoboken, NJ: Wiley, 1998.

[13] C. A. Balanis, *Advanced Engineering Electromagnetics*, 2nd edn., Hoboken, NJ: Wiley, 2012.

[14] A. Niknejad and R. Meyer, *Design, Simulation and Application of Inductors and Transformers for Si RF ICs*, New York: Springer, 2000.

[15] S. Voinigescu, *High-Frequency Integrated Circuits*, Cambridge, UK: Cambridge University Press, 2012.

[16] W. M. Rogers and C. Plett, *Radio-Frequency Integrated Circuits Design*, New York: Artech House, 2003.

[17] H. Darabi, *Radio Frequency Integrated Circuits and Systems*, Cambridge, UK: Cambridge University Press, 2015.

[18] B. Razavi, *RF Microelectronics, Englewood Cliffs*, 2nd edn., Englewood Cliffs, NJ: Prentice-Hall, 2011.

[19] R. Martins et al., "Two-Step RF IC Block Synthesis with Pre-Optimized Inductors and Full Layout Generation In-the-loop," Transactions on Computer-Aided Design of Integrated Circuits and Systems, Early Access.

[20] G. Zhang, A. Dengi, and L. R. Carley, "Automatic Synthesis of a 2.1 GHz SiGe Low Noise Amplifier," in *Proceedings IEEE Radio Frequency Integrated Circuits Symposium.* (RFIC), pp. 125–128, 2002.

[21] G. Tulunay and S. Balkir, "A Synthesis Tool for CMOS RF Low-Noise Amplifiers," *IEEE Transactions on Computer-Aided Design of Integrated Circuits and Systems*, Vol. 27, No. 5, pp. 977–982, May 2008.

[22] R. Póvoa et al., "LC-VCO Automatic Synthesis Using Multi-Objective Evolutionary Techniques," in IEEE International Symposium on Circuits and Systems (ISCAS), pp. 293–296, June 2014.

[23] L. Chen et al., "A Novel Spiral Inductor Model with a New Parameter-Extraction Approach," Proc. IEEE International Conference on Microwave and Millimeter Wave Technology, pp. 720–723, 2010.

[24] F. Passos et al., "A Wideband Lumped-Element Model for Arbitrarily Shaped Integrated Inductors," European Conference Circuit Theory Design (ECCTD), 2013.

[25] V. Vecchi et al., "A Simple and Complete Circuit Model for the Coupling Between Symmetrical Spiral Inductors in Silicon RF-ICs," IEEE Radio Frequency Integrated Circuits Symposium, pp. 479–482, 2013.

[26] A. Ghannam et al., "High-Q SU8 Based Above-IC Inductors for RF Power Devices," IEEE, Topical Meeting Silicon Monolithic Integrated Circuits RF Systems, pp. 25–28, 2011.

[27] P. Vancorenland, C. De Ranter, M. Steyaert, and G. Gielen, "Optimal RF Design Using Smart Evolutionary Algorithms," in IEEE, Proceedings Design Automation Conference, pp. 7–10, 2000.

[28] A. Nieuwoudt, T. Ragheb, and Y. Massoud, "Hierarchical Optimization Methodology for Wideband Low Noise Amplifiers," in IEEE Proceedings Asia South Pacific Design Automation Conference, Yokohama, pp. 68–73, 2007.

[29] A. Nieuwoudt, T. Ragheb, and Y. Massoud, "Narrow-Band Low Noise Amplifier Synthesis for High-Performance System-on-Chip Design," *Microelectronics Journal*, Vol. 38, No. 12, pp. 1123–1134, Dec. 2007.

[30] Y. Xu, K. Hsiung, X. Li, L. Pileggi, and S. Boyd, "Regular Analog/RF Integrated Circuits Design Using Optimization with Recourse Including Ellipsoidal Uncertainty," *IEEE Transactions on Computer-Aided Design of Integrated Circuits and Systems*, Vol. 28, No. 5, pp. 623–637, May 2009.

[31] E. Afacan and G. Dündar, "A Mixed Domain Sizing Approach for RF Circuit Synthesis," in IEEE International Symposium on Design and Diagnostics of Electronic Circuits and Systems, pp. 1–4, June 2016.

[32] B. Liu et al., "An Efficient High-Frequency Linear RF Amplifier Synthesis Method Based on Evolutionary Computation and Machine Learning Techniques," *IEEE Transactions on Computer-Aided Design of Integrated Circuits and Systems*, Vol. 31, No. 7, pp. 981–993, July 2012.

[33] C. Ranter et al., "CYCLONE: Automated Design and Layout of RF LC-Oscillators," *IEEE Transactions on Computer-Aided Design of Integrated Circuits and Systems*, Vol. 21, pp. 1161–1170, Oct. 2002.

[34] M. Ballicchia and S. Orcioni, "Design and Modeling of Optimum Quality Spiral Inductors with Regularization and Debye Approximation," *IEEE Transactions on Computer-Aided Design of Integrated Circuits and Systems*, Vol. 29, pp. 1669–1681, 2010.
[35] R. González-Echevarría et al., "Automated Generation of the Optimal Performance Trade-Offs of Integrated Inductors," *IEEE Transactions on Computer-Aided Design of Integrated Circuits and Systems*, Vol. 33, No. 8, pp. 1269–1273, August 2014.
[36] R. González-Echevarría et al., "An Automated Design Methodology of RF Circuits by Using Pareto-Optimal Fronts of EM-Simulated Inductors," *IEEE Transactions on Computer-Aided Design of Integrated Circuits and Systems*, Vol. 36, No. 1, pp. 15–26, Jan. 2017.
[37] Y. Bontzios et al., "Prospects of 3D Inductors on Through Silicon Vias Processes for 3D ICs," IEEE International Conference on VLSI System-On-Chip, pp. 90–93, 2011.
[38] K. Salah et al., "A Closed Form Expression for TSV-Based On-Chip Spiral Inductor," IEEE International Symposium on Circuits and Systems, pp. 2325–2328, 2012.
[39] G. Yahalom et al., "A Vertical Solenoid Inductor for Noise Coupling Minimization in 3D-IC," IEEE Radio Frequency International Symposium on Circuits and Systems, pp. 55–58, 2015.
[40] B. Kim and S. Cho, "Recent Advances in TSV Inductors for 3D IC Technology," IEEE Int. SoC Design Conference, pp. 29–30, 2016.
[41] S. Mohan, "The Design Modeling and Optimization of on Hip to Chip Inductor and Transformer Circuits," Ph.D. Dissertation, Stanford University, 1999.

|Chapter 6| 第 6 章

电磁场仿真器

学习目标：

- 基于估计分析应用而得的仿真器基本原理如下：
  - 长波近似
  - 全波近似

6.1 简介

本章将从第 4 章和第 5 章中汲取经验，并使用其中的一些结果来概述仿真器是如何工作的。本章不会详细讨论，因为这有点超出了本书的范围，但是从目前所学，可以得出一些有趣的结论，关于怎样构建一个好的仿真器，还有一个差的仿真器也会被展示。事实上，本章将展示估计分析的另一个应用，尽管和上面提到的大不相同。本章将简化假设，简要讨论解决方案并验证/评价结果。实现一个不在本书范围内的真实世界的仿真器有很多细节。本章在相关参考内容中为感兴趣的读者提供了进一步探索的途径。

本章从静电学的一个简单例子开始，在这个例子中，展示了如何通过理论上非常简单的方法来解决由电压感应的电荷。之后，通过计算电流分布的场来研究电感模拟，并继续展示设计全波模拟器所需的一些基本步骤，以及什么是激励端口和如何使用它。最后，对矩阵求逆做了简要的概述。

6.2 仿真器基本原理

所有仿真器都遵循相同的基本原则：将主题事项(无论是时间还是空间)分成称为网格或网格的更小的块。假设在每个块中，相关的属性根本没有变化，或者变化缓慢，或者是常数，或者是一些线性的，也许是一些高阶多项式。用这些近似建立控制方程并求解(几乎总是通过求逆矩阵)。重复细化网格，直到达到所需的精度。这些原理同样适用于电路仿真器、麦克斯韦场求解器、系统仿真器等。

就本书的目的而言，人们想看看场求解器是如何工作的。读者已经看到了前几章中，当前段的场可以精确求解，并且读者可能已经猜到，一些场求解器通过将载流导体分成更小的块，其中每个块都有一个常数电流。类似地，如果想知道电容，将每个导体的表面分成小块，假设这些小块电压和电荷是恒定的或在某些情况下缓慢变化的。

6.3 长波长仿真器

长波只意味着问题中所述长度尺度远小于任何场波长，正如在第 4 章中所见。矢量电势 $\boldsymbol{A}$ 会产生磁场，从而产生电感，而其中 φ 会产生电场和电容。下面将依次研究这些影响。

6.3.1 三维环境下的电容仿真

由第 4 章可知，长波近似意味着问题中所述长度尺度远小于场的任何波长。对于势场，从式(4.29)得到

$$\Delta\varphi(\boldsymbol{x}) = 0$$

在任何导体外(它的电荷为零)。这只是拉普拉斯三维方程。尝试用一组给定的边界条件来求解该方程也许极具诱惑。它看起来确实相当不错，但遇到的主要困难是准确性不够。仿真的结果将是各种导体表面的感应电荷。计算电荷需要在表面对 φ 取二阶导数。从方程本身知道这个导数在外面是零。为了实现这样的功能，网格需要非常精细，需要很长时间才能求解。相反，从

式(4.37)开始计算感应电荷更有效。在这里，把导体分成更小的形状，假设电荷在这些地方是恒定的，然后用式(4.37)计算电荷分布在某个点 $\boldsymbol{x}$ 产生的电势。接着，简单地遍历所有导体，计算出所有其他因素产生的电压，最后得到一个矩阵方程。

下面将通过一些简化来说明这一过程的要点。这是一个很好的估计分析的例子，但是这个例子与本书的其余章有些不同。这里的估计分析将产生一组可以实现的伪码。读者必须记住，遵循这些步骤将产生理论上有效的代码。构建高效且没有错误(bug)的代码是本书范围之外的另一件事。

简化 现在做一些简化：

- 导体是完美的，所以没有电荷能穿透导体，即电荷都是表面电荷。
- 将每个导体表面分成更小的表面段，其中电荷是恒定的，如图 6.1 所示。

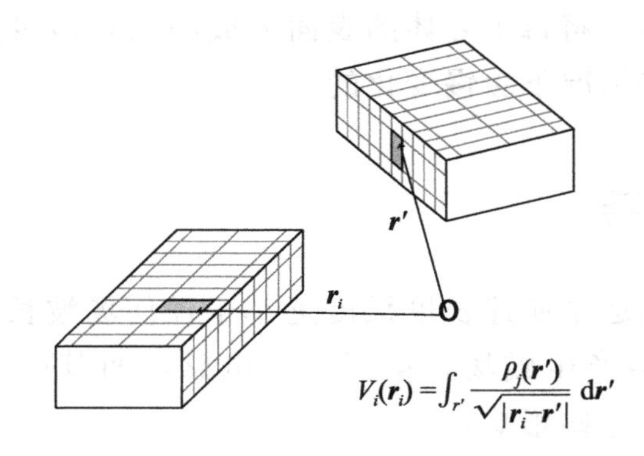

图 6.1 三维导体，它的表面被分割成电荷恒定的较小区域

- 因为只有一种介质，所以不需要考虑介质边界。
- 这里将忽略自相互作用的复杂性，即给定电荷对其自身区域上的电压产生影响(存在奇点)。这是一个并不难处理的重要影响，但为了便于说明，这里不讨论这个问题。

求解 现在来定义这个问题，通过观察表面 j 区域上的电荷在 $\boldsymbol{r}$ 点的电势，由式(4.37)可得

$$V(\boldsymbol{r}) = \int_{\text{Surface}\_j} \frac{\rho_j(\boldsymbol{r}')}{|\boldsymbol{r}-\boldsymbol{r}'|}\mathrm{d}\boldsymbol{r}'$$

现在计算另一表面段 $\boldsymbol{r}_i$ 的中心处的某点电压，并求出所有区域段的和。于是可得

$$V_i(\boldsymbol{r}_i) = \sum_j \int_{\mathrm{Surface}\_j} \frac{\rho_j(\boldsymbol{r}')}{|\boldsymbol{r}_i - \boldsymbol{r}'|} \mathrm{d}\boldsymbol{r}' = \sum_j \rho_j \int_{\mathrm{Surface}\_j} \frac{1}{|\boldsymbol{r}_i - \boldsymbol{r}'|} \mathrm{d}\boldsymbol{r}'$$

这可以写成矩阵方程：

$$\boldsymbol{V} = \boldsymbol{G} \cdot \boldsymbol{\rho} \tag{6.1}$$

根据边界条件，可以知道所有曲面上的 $\boldsymbol{V}$ 值，可以计算 $\boldsymbol{G}$ 并求解 $\boldsymbol{\rho}$。为了得到电容，符号使用上要更仔细一点。假设有 N_{seg} 个导体段，每个导体段被细分为 N_{sub} 个电荷段。则电荷段的总数即 $N_{\mathrm{tot}}=N_{\mathrm{seg}}N_{\mathrm{sub}}$。用 ρ_{ij} 表示导体段 i 上的电荷段 j。为了得到导体 i 段和 j 段之间的电容，需要将除 i 段外的所有段接地，i 段的电压为 $V_i=V$。求解式(6.1)并根据式(4.48)计算电容：

$$C_{ij} = \frac{1}{V} \sum_{k=1}^{N_{\mathrm{sub}}} \rho_{jk}$$

在这个过程中，需要遍历所有导体，将每个电压一次性设置为 V，保持所有其他导体接地，求解方程，并计算得出电容。这听起来很简单，但细节是比较困难的。被积函数有散度，当 $i=j$ 时，数值积分所需的精度可能过高。此外，网格是至关重要的，为了正确设置网格，必须事先深入了解电荷如何在表面上分布。然而，虚拟程序代码很简单。

虚拟程序代码如下：

```
Subroutine build_G(Mesh)
* Loop over Mesh to build Matrix G.
For i = 0,N do
        For j = 0,N do
                  Integrate_element(r[i],r[j])
        End for
End for
End build_G

Subroutine CapacitanceSolver
Create_mesh(Mesh)
G = Build_G(Mesh)
Ginv = Invert_matrix(G)
For i = 1,N do
          V = Define_voltages(Mesh)
          rho = Multiply(Ginv,V)
          C[i] = sum(rho) // 假设电压 V = 1.
End for
End CapacitanceSolver
```

验证 仿真器通常通过求解已知问题和比较它们的解来进行验证。这里把它作为一个练习留给读者来实现代码，并通过实际操作来获得经验。

评价 本书不打算在这里讨论实际构建代码的问题，而只是简单声明，虽然这听起来很简单，在某种意义上说，当人们想要精确时，这是一个问题。电荷倾向于位于导体的边缘，类似于在第 5 章中研究的电流分布。这意味着在这些边缘附近，表面区域必须变得非常小，才能解决电荷分布问题，对于大的几何形状，这些区域单元加起来相当多。为了弄清这一点并使问题易于处理，需要使用一些特殊的技巧。最成功的仿真器有一个共同点，那就是它们找到了管理网格生成算法的好方法。这确实使一些发明家变得非常富有。网格结构和矩阵运算进度 $\boldsymbol{G}$ 是标准仿真器的关键部件。如果这项工作做得不好，则需要很长时间才能得到给定精度的解。

6.3.2 三维电感仿真

电感仿真器可以用类似的方式设计，把导体分成更小的载流段。需要完成的步骤稍微复杂一些，将在这里简单介绍这个过程。更多细节参阅参考文献[3]。

简化 假设处理的是一根厚度和宽度都比导体长度小得多的长导线。将导线切割成小的导体段，在这里做以下 4 点假设：

- 每个导体段中的电流大小相同，因此不存在电容或其他损耗。
- 电流在导线的横截面上是均匀的，换句话说，趋肤深度并不重要。然后每个导体段可以覆盖导线的整个横截面。
- 这只是一种磁性介质，所以不需要考虑边界。
- 这里将忽略给定电流段影响其自身磁场(存在奇点)的自相互作用的复杂性。这是一个重要的影响，并不难处理，但为了便于说明，这里不讨论这个问题。

求解 现在通过观察导体段 i 上的电流在 $\boldsymbol{r}$ 点处的矢量电势来定义该问题。从式(4.36)得

$$\boldsymbol{A}_i(\boldsymbol{r}) = \int_{\text{Segment\_}i} \frac{\boldsymbol{I}_i(\boldsymbol{r}')}{|\boldsymbol{r}-\boldsymbol{r}'|}\mathrm{d}\boldsymbol{r}'$$

利用这个表达式，现在可以计算导体段 i 和 j 间的部分电感矩阵，$L_{i,j}$，

使用式(4.46)和

$$\boldsymbol{I}_j = |\boldsymbol{I}_j| \boldsymbol{e}_j = I_j \boldsymbol{e}_j$$

可得

$$\begin{aligned}
L_{i,j} &= \frac{1}{I_i I_j}\int_{\text{Segment}_j} \boldsymbol{I}_j(\boldsymbol{r}_j) \cdot \boldsymbol{A}_i(\boldsymbol{r}_j)\mathrm{d}\boldsymbol{r}_j \\
&= \frac{1}{I_i I_j}\int_{\text{Segment}_j} \boldsymbol{I}_j(\boldsymbol{r}_j) \cdot \int_{\text{Segment}_i} \frac{\boldsymbol{I}_i(\boldsymbol{r}_i)}{|\boldsymbol{r}_j - \boldsymbol{r}_i|}\mathrm{d}\boldsymbol{r}_i \mathrm{d}\boldsymbol{r}_j \\
&\approx \frac{\boldsymbol{I}_j \cdot \boldsymbol{I}_i}{I_i I_j}\int_{\text{Segment}_j}\int_{\text{Segment}_i} \frac{1}{|\boldsymbol{r}_j - \boldsymbol{r}_i|}\mathrm{d}\boldsymbol{r}_i \mathrm{d}\boldsymbol{r}_j \\
&= \boldsymbol{e}_j \cdot \boldsymbol{e}_i\int_{\text{Segment}_j}\int_{\text{Segment}_i} \frac{1}{|\boldsymbol{r}_j - \boldsymbol{r}_i|}\mathrm{d}\boldsymbol{r}_i \mathrm{d}\boldsymbol{r}_j
\end{aligned}$$

如前所讨论的，把 $i \neq j$ 的情况称为互感，$i = j$ 的情况称为自感。这里可以清楚地得到一个简单的事实：当两个电流相互垂直时，它们的互感为零。如果决定不细分导体——也许它们真的很薄，或者频率很低——将在这里处理。只需要把所有的片段单元加起来就可以得到导线的总电感：

$$L = \sum_{i,j} L_{i,j}$$

注意，这里的表达式与前面的电容求解器的表达式有相似之处，在这里对所有电荷求和，然后除以电压差，得到两个导体之间的总电容。有几个重要的区别。例如，对于电感的情况，假设只有一根导线有一定的固定电流通过所有段。这大大简化了分析，只需计算耦合而不必求解矩阵方程。由于这些不同的假设，电容和电感的正态对偶性被隐藏了起来。

但可以更进一步，看看趋肤效应的重要性。这里做了一些额外的简化：

- 导体接近理想状态，因此电流只能在一定的表面深度内流动。没有电阻损耗。
- 将每个导体段的表面分成更小的表面段，在这些表面段内假设电流是恒定的。为简单起见，所有导体段的子段数都相同。
- 对于导体段，假设所有表面段的电压降是恒定的。

通过将导体段细分成更小的段，其中每个段内的电流是恒定的，可以发现与之前类似：

$$L_{i,j} = \boldsymbol{e}_i \cdot \boldsymbol{e}_j\int_{\text{Segment}\_j}\int_{\text{Segment}\_i} \frac{1}{|\boldsymbol{r}_j - \boldsymbol{r}_i|}\mathrm{d}\boldsymbol{r}_i \mathrm{d}\boldsymbol{r}_j$$

这定义了每个小表面段之间的电感矩阵。这确实不是本书想要的。本书需要特定导体段的部分电感，这样就可以求出整个结构的总电感，而不知道每个表面段的电流大小。为了进一步分析，需要对角标标识符的定义更加小心一些。曲面段 i 属于某个导体 k，在该导体段内有一个子角标 l。然后得到当前段的总数，N_{total}是导体段的总数，N_{seg}乘以表面段的总数 N_{sub}：

$$N_{\text{total}}=N_{\text{seg}}N_{\text{sub}}$$

特定的电流段 i 被称为 kl。同样，对于索引 j，指的是特定导体段 m 和子段 n（见图 6.2）。

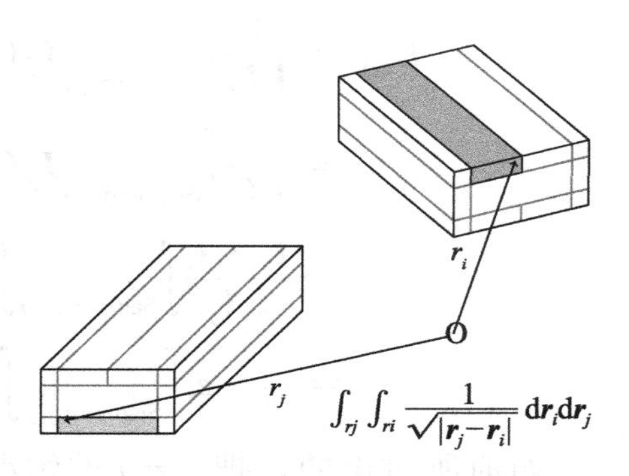

图 6.2 带子段的导体横截面，其中示意了互感积分

现在知道了每段的部分电感，由于也知道了总电流，可以在假设特定频率 ω 使用欧姆定律计算每段的电压降：

$$\Delta V_{kl}=\mathrm{j}\omega\sum_{m=1}^{N_{\text{seg}}}\sum_{n=1}^{N_{\text{sub}}}=I_{mn}L_{kl,mn}=\sum_{m=1}^{N_{\text{seg}}}\sum_{n=1}^{N_{\text{sub}}}I_{mn}Z_{kl,mn}$$

式中，$Z_{kl,mn}$表示阻抗矩阵。

这只是一个矩阵方程，可以用求逆的方法得到每个表面段的单个电流：

$$I_{mn}=\sum_{k=1}^{N_{\text{seg}}}\sum_{l=1}^{N_{\text{sub}}}\Delta V_{kl}Y_{mn,kl}=\sum_{k=1}^{N_{\text{seg}}}\Delta V_k\sum_{l=1}^{N_{\text{sub}}}Y_{mn,kl}$$

式中，$Y_{mn,kl}$是导纳矩阵。

开始在 6.3.1 节中看到电容计算的相似之处。现在可以利用导体段内的所有电流之和是恒定的情形进行简化，导体段到导体段有

$$\sum_{n=1}^{N_{\text{sub}}}I_{mn}=I=\text{常量}$$

可得

$$I=\sum_{n=1}^{N_{\text{sub}}}I_{mn}=\sum_{k=1}^{N_{\text{seg}}}\Delta V_k\sum_{n=1}^{N_{\text{sub}}}\sum_{l=1}^{N_{\text{sub}}}Y_{mn,kl}=\sum_{k=1}^{N_{\text{seg}}}\Delta V_k\boldsymbol{y}_{m,k}\tag{6.2}$$

式中，矩阵 $\boldsymbol{y}_{m,k}$是导体段 m 和 k 之间的导纳矩阵，经过简单的求逆，最终得到导体段之间的阻抗矩阵：

$$\boldsymbol{z}=\boldsymbol{y}^{-1}$$

可以通过下式求得电感：

$$L=\frac{1}{\mathrm{j}\omega}\sum_{i,j}z_{ij}$$

虚拟程序代码如下：

```
Subroutine build_Zij(Mesh)
* Build Matrix by looping over the Mesh
For i = 0,N do
        For j = 0,M do
                  Integrate_element(r[ i] ,r[ j] )
        End for
End for
End build_Aij

Subroutine InductanceSolver
Create_mesh(Mesh)
Zij = Build_Zij(Mesh)
Yij = Matrix_Inverse(Zij)
yij = Contract_subsegments(Yij)
zij = Matrix_Inverse(yij)
End InductanceSolver
```

验证　参考文献[3]也有类似的讨论，但更详尽。

评价　与电容计算相比，这有点复杂，如果需要知道详细的表面电流分布，还需要更多一些步骤。然而，在 6.3.1 节中列出的同样的注意事项也适用于此。建立一个有效的网络，或网格，是一个挑战，因为电流往往挤在边缘附近，正如在第 5 章图 5.30 和图 5.31 中所概述的。另一个观察结果是，在第 4 章中强调的电容和电感之间的对偶性并不是很容易利用的，因为电容计算使用的条件是电势 φ 的值是已知的，并且可以建立一个相当简单的矩阵方程。对于电感情况，对应的矢量势 $\boldsymbol{A}$ 没有边界条件。相反，边界条件是由总电流设定的，因此需要采取更多的步骤来求解电感。

6.4　矩量法

在前述内容中，通过感应电荷和感应电流分别计算了电容和电感。这是一个极大的简化和有用的长波近似，其中这些概念得到了很好的定义。在短波或更通用的全波区域，电荷和电流不可能分离，需要同时解决这两个问题。下面将在这里简要描述如何使用流行的矩量法来实现。

简化 本书做了以下简化：

- 电流恒定，并且在一小区段内的给定方向上。
- 没有局部电荷积聚，因此从一个区段流出的所有电流进入下一个区段。
- 由于空间的限制，再次忽略了自相互作用的问题。
- 只考虑向外的波，即$\sim \mathrm{e}^{-\mathrm{j}kr}$。

现在可以将所有电流分成小电流段，并将电流写为

$$\boldsymbol{J}(\boldsymbol{r}) = \sum_{n=1}^{N} a_n \boldsymbol{I}_n(\boldsymbol{r})$$

式中，$\boldsymbol{I}_n$的幅度为1，是局部段的方向；a_n是幅度。

求解 已经得到了电场方程，即式(4.8)中电流的表达式，其中可以用通过式(4.12)的$\boldsymbol{A}$项来表示φ：

$$\begin{aligned}
\boldsymbol{E}(\boldsymbol{r}) &= -\mu\mathrm{j}\omega \frac{1}{4\pi}\int \frac{\boldsymbol{J}(\boldsymbol{r}')}{|\boldsymbol{r}-\boldsymbol{r}'|}\mathrm{e}^{-\mathrm{j}k|\boldsymbol{r}-\boldsymbol{r}'|}\mathrm{d}\boldsymbol{r}' + \frac{1}{\mathrm{j}\omega\varepsilon}\nabla\left(\nabla\cdot \frac{1}{4\pi}\int \frac{\boldsymbol{J}(\boldsymbol{r}')}{|\boldsymbol{r}-\boldsymbol{r}'|}\mathrm{e}^{-\mathrm{j}k|\boldsymbol{r}-\boldsymbol{r}'|}\mathrm{d}\boldsymbol{r}'\right) \\
&= -\mu\mathrm{j}\omega \frac{1}{4\pi}\int \frac{\sum_{n=1}^{N} a_n\boldsymbol{I}_n(\boldsymbol{r}')}{|\boldsymbol{r}-\boldsymbol{r}'|}\mathrm{e}^{-\mathrm{j}k|\boldsymbol{r}-\boldsymbol{r}'|}\mathrm{d}\boldsymbol{r}' + \frac{1}{\mathrm{j}\omega\varepsilon}\nabla\left[\nabla\cdot \frac{1}{4\pi}\int \frac{\sum_{n=1}^{N} a_n\boldsymbol{I}_n(\boldsymbol{r}')}{|\boldsymbol{r}-\boldsymbol{r}'|}\mathrm{e}^{-\mathrm{j}k|\boldsymbol{r}-\boldsymbol{r}'|}\mathrm{d}\boldsymbol{r}'\right] \\
&= -\sum_{n=1}^{N}\mu\mathrm{j}\omega \frac{1}{4\pi}\int \frac{a_n\boldsymbol{I}_n(\boldsymbol{r}')}{|\boldsymbol{r}-\boldsymbol{r}'|}\mathrm{e}^{-\mathrm{j}k|\boldsymbol{r}-\boldsymbol{r}'|}\mathrm{d}\boldsymbol{r}' + \sum_{n=1}^{N}\frac{1}{\mathrm{j}\omega\varepsilon}\nabla\left[\nabla\cdot \frac{1}{4\pi}\int \frac{a_n\boldsymbol{I}_n(\boldsymbol{r}')}{|\boldsymbol{r}-\boldsymbol{r}'|}\mathrm{e}^{-\mathrm{j}k|\boldsymbol{r}-\boldsymbol{r}'|}\mathrm{d}\boldsymbol{r}'\right]
\end{aligned}$$

这里使用了$\boldsymbol{A}$、φ到Maxwell方程的全波三维解。

电场是电流产生的场，通常称为散射场，即$\boldsymbol{E}_\mathrm{s}$。如果有一个入射的已知场，即$\boldsymbol{E}_\mathrm{i}$，可以采用总切分量在导体表面消失的边界条件。对于入射场进入的导体部分，有$\boldsymbol{n}\times\boldsymbol{E}_\mathrm{i}=-\boldsymbol{n}\times\boldsymbol{E}_\mathrm{s}$，对于导体的其余部分，磁场的切向部分，$\boldsymbol{n}\times\boldsymbol{E}_\mathrm{s}=0$，其中$\boldsymbol{n}$是曲面的法向单位矢量。这里指定：

$$\boldsymbol{E}_\mathrm{s}(\boldsymbol{r}) = \boldsymbol{E}(\boldsymbol{r})$$

于是有：

$$\begin{aligned}
-\boldsymbol{n}\times\boldsymbol{E}_\mathrm{i}(\boldsymbol{r}) &= \boldsymbol{n}\times\boldsymbol{E}_\mathrm{s}(\boldsymbol{r}) \\
&= \boldsymbol{n}\Big[-\sum_{n=1}^{N}\mu\mathrm{j}\omega \frac{1}{4\pi}\int \frac{a_n\boldsymbol{I}_n(\boldsymbol{r}')}{|\boldsymbol{r}-\boldsymbol{r}'|}\mathrm{e}^{-\mathrm{j}k|\boldsymbol{r}-\boldsymbol{r}'|}\mathrm{d}\boldsymbol{r}' +
\end{aligned}$$

$$\sum_{n=1}^{N}\frac{1}{\mathrm{j}\omega\varepsilon}\nabla\left[\nabla\cdot\frac{1}{4\pi}\int\frac{a_n\boldsymbol{I}_n(\boldsymbol{r}')}{|\boldsymbol{r}-\boldsymbol{r}'|}\mathrm{e}^{-\mathrm{j}k|\boldsymbol{r}-\boldsymbol{r}'|}\mathrm{d}\boldsymbol{r}'\right]\Bigg]$$

可以考虑有电感或传输线的情况，其中末端具有平行于导体表面的受迫入射电场。这样之前方程中的入射场就有了一个非零分量。该方程称为 EFIE(电场积分方程)。同样，可以推导出 MFIE(磁场积分方程)，这个方程与来自 EFIE 的信息完全相同，但有时是有用的。

这是一个带 a_n 的方程，$1\leqslant n\leqslant N$ 未知系数。为了解决这个问题，可以通过测试函数/积分来相乘，即 $\int \boldsymbol{f}_m\mathrm{d}\boldsymbol{r}$，利用 δ 函数作为测试函数，可以在某些点评估边界条件；或者通过测试函数的其他选择，可以评估区域上的边界条件。一个常见的选择是使用与电流相同的测试函数，即 $\boldsymbol{I}_n(\boldsymbol{r})$，这就是加廖尔金(Galerkin)法。这样就沿着导体表面积分，其中边界条件是已知的。如果把上面的 EFIE 方程乘以 $\int \boldsymbol{I}_m\mathrm{d}\boldsymbol{r}$，可以得到

$$\begin{aligned}\int\boldsymbol{I}_m(\boldsymbol{r})\cdot\boldsymbol{n}\times\boldsymbol{E}_{\mathrm{i}}(\boldsymbol{r})\mathrm{d}\boldsymbol{r} = &+\sum_{n=1}^{N}\mu\mathrm{j}\omega\frac{1}{4\pi}\int\boldsymbol{I}_m(\boldsymbol{r})\cdot\boldsymbol{n}\times\\ &\int\frac{a_n\boldsymbol{I}_n(\boldsymbol{r}')}{|\boldsymbol{r}-\boldsymbol{r}'|}\mathrm{e}^{-\mathrm{j}k|\boldsymbol{r}-\boldsymbol{r}'|}\mathrm{d}\boldsymbol{r}'\mathrm{d}\boldsymbol{r}-\sum_{n=1}^{N}\frac{1}{\mathrm{j}\omega\varepsilon}\int\boldsymbol{I}_m(\boldsymbol{r})\cdot\boldsymbol{n}\times\\ &\nabla\left(\nabla\cdot\frac{1}{4\pi}\int\frac{a_n\boldsymbol{I}_n(\boldsymbol{r}')}{|\boldsymbol{r}-\boldsymbol{r}'|}\mathrm{e}^{-\mathrm{j}k|\boldsymbol{r}-\boldsymbol{r}'|}\mathrm{d}\boldsymbol{r}'\mathrm{d}\boldsymbol{r}\right)\end{aligned}$$

这是一个矩阵方程：

$$Z_{mn}a_n = b_m \tag{6.3}$$

式中，$b_m=\int\boldsymbol{I}_m(\boldsymbol{r})\cdot\boldsymbol{n}\times\boldsymbol{E}_{\mathrm{i}}(\boldsymbol{r})\mathrm{d}\boldsymbol{r}$ 沿导体表面集成，以及

$$\begin{aligned}Z_{mn} = &+\mu\mathrm{j}\omega\frac{1}{4\pi}\int\boldsymbol{I}_m(\boldsymbol{r})\cdot\boldsymbol{n}\times\int\frac{\boldsymbol{I}_n(\boldsymbol{r}')}{|\boldsymbol{r}-\boldsymbol{r}'|}\mathrm{e}^{-\mathrm{j}k|\boldsymbol{r}-\boldsymbol{r}'|}\mathrm{d}\boldsymbol{r}'\mathrm{d}\boldsymbol{r}-\\ &\frac{1}{\mathrm{j}\omega\varepsilon}\int\boldsymbol{I}_m(\boldsymbol{r})\cdot\boldsymbol{n}\times\nabla\left(\nabla\cdot\frac{1}{4\pi}\int\frac{\boldsymbol{I}_n(\boldsymbol{r}')}{|\boldsymbol{r}-\boldsymbol{r}'|}\mathrm{e}^{-\mathrm{j}k|\boldsymbol{r}-\boldsymbol{r}'|}\mathrm{d}\boldsymbol{r}'\right)\mathrm{d}\boldsymbol{r}\end{aligned}$$

简单地将这个矩阵方程求逆，得到由外部激励(即 $\boldsymbol{E}_{\mathrm{i}}$)产生的电流。当电流已知时，可以用它们来计算矢量势 $\boldsymbol{A}$ 和电势 φ。用这两个量我们现在可以计算出三维空间中任意点的电磁场。

这是一个简短的提纲，介绍了如何用如下形式写出易于数字实现的麦克

斯韦方程。类似的讨论可以在参考文献[2]中找到，其中有关于方法和数值化实现的更多细节。这个使用矩量法的方便之处在于，只需要创建电流可以流动的网格。没有必要网格化整个三维空间。在必要的计算方面加速是目前非常流行的一种仿真算法。与之前类似，写一个能解这个方程的代码就相当简单，难点在于在创建有效的网格时，在积分的计算中处理势散度和有效地建立矩阵元。

6.4.1 端口的使用

端口用于为结构提供输入激励。有几种方法可以做到这一点，包括Delta-Gap 源端和波端。下面将简要描述它们，但不讨论实现细节。

1. Delta-Gap 源端

Delta-Gap 源端是两个导体之间的外加电场(见图 6.3)。在矩量法中，该场用作外部场。它是最简单的常用端口。对于集成电路设计师来说，这是非常相关的，因为连接到导体的有源器件的尺寸很小。对于微波应用而言，这是不太常见的。

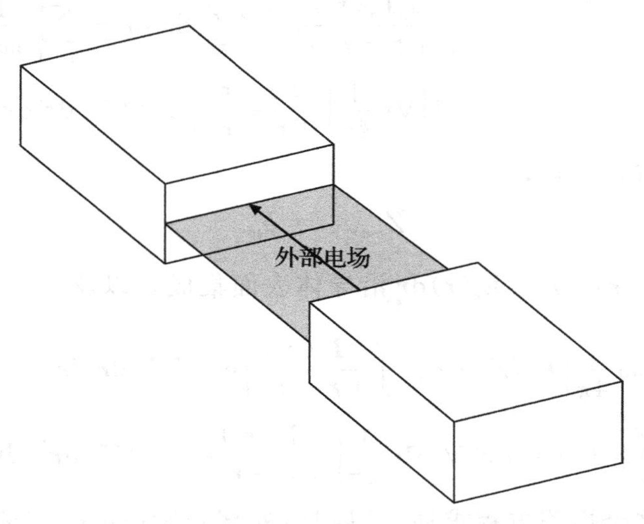

图 6.3　两个导体之间外加电场的简单二维投影。这是输入场，也是模拟设置中经常显示的场

2. 波端

波端通常定义为所考虑系统的边界。简单地说，假设已知边界上的二维对称性，就可以求解场，如第 4 章和第 5 章所述。它的目的是模拟一个同轴电缆，其中有电磁波在传播，看起来像一个电场和磁场矢量垂直于传播方向的场，因此是二维解。该解简单地被视为所考虑系统的边界条件。可以想象，将输入连接器建模为 PCB 或一些相关应用，其中波端模型为本征近似。这种端口在微波应用中非常常见。

6.4.2 矩阵求解器

在本章中，已经多次遇到矩阵方程，为了完整起见，将简要介绍如何求解此类方程。基本上，它涉及矩阵求逆和右乘(rhs)。麦克斯韦矩阵求逆是一个非常活跃的研究领域，20 年前流行的算法已经被更有效的方法所取代。如果有兴趣想找到一个更现代化的实现方式，建议进行互联网搜索。许多研究小组公开发布他们的代码，很快就可以下载并在自己的实现中使用，但是商业用途是被限制的。如果一个人有兴趣自己编写代码，有两类求解：直接矩阵运算(以高斯消元法、LU 分解为例)和迭代法。

1. 高斯消元法

使用高斯消元法，只需通过各种乘法/除法和行加法/减法对方程进行重新排序，最终得到其中一个方程中的一个未知项，然后可以通过简单的反代换来求解。然后得解，并用现在简化的方程组重复这个过程。更多细节见参考文献[2,6]。这通常是有效的，但需要为每个等式右侧重做所有的工作。

2. LU 分解

在这里，通过将矩阵写成另外两个矩阵 $\boldsymbol{L}$、$\boldsymbol{U}$ 的乘积来消除右乘的问题，如 $\boldsymbol{A}=\boldsymbol{L}\boldsymbol{U}$。$\boldsymbol{L}$ 矩阵的左下三角域包括对角线，$\boldsymbol{U}$ 矩阵的右上三角域在对角线中有零。这种构建方程的方法产生了如前另一种返回替换的方法，但它不再依赖于右乘，只要矩阵不改变，它往往是一个更好的方法。参考文献[2，6]中有更多细节。

3. 迭代法

真正影响矩阵求逆算法速度的是迭代法，它对大型系统非常有利。基本

思想是从一个猜想开始，如 $\boldsymbol{x}_0$ 为 $\boldsymbol{A}\boldsymbol{x}=\boldsymbol{b}$ 的解。思路是想办法减小残差 $\boldsymbol{y}=\boldsymbol{A}(\boldsymbol{x}-\boldsymbol{x}_0)$，通过某种方式计算 $\boldsymbol{x}_1=\boldsymbol{x}_0+\beta z_0$，式中 z_0有明确的确定方向，直到达到所需的精度（$|\boldsymbol{y}|$ 的大小）。有很多不同的方法可以做到这一点，包括共轭梯度法和双共轭梯度法（见参考文献[2,6]）。Krylov 子空间法是最适合稀疏矩阵（电路系统中经常遇到）的一类非常容易实现且高效的方法。有关这些技巧的详细讨论，请参见参考文献[7]。

验证 在这里描述的过程与参考文献[2]中更详细讨论的过程类似。

评价 通过一些常用方法求解了矩阵方程，代码实现这些表达式的细节已经超出了本书的范围。令人鼓舞的是，仿真器工作的核心可以从相当简单的参数中理解。应该清楚的是，在给定电场边界条件的情况下，得到了不同位置的电流。然后很自然地将仿真器的输出视为 Y 参数，Y 参数定义为电压激励产生的电流。作为最终输出，人们感兴趣的可能是 S 参数，因为测量设备主要是为产生这样的参数而设置的。在参考文献[5]中有一个关于如何生成给定 Y 参数的 S 参数的很好的描述。

6.5 本章小结

本章从广义上研究了如何实现电磁场求解。首先研究了适用于低频的电容和电感求解，然后根据方程概述了如何建立全波仿真器。在本章中，采用了估计分析的思维方式，关于代码实现的细节超出了本书的范围。

6.6 练习

1. 编写代码，求解二维或三维的电容。尤其要注意自相关项。如何避免潜在的奇点问题？对于积分算法和矩阵求解器等支持代码，有大量的在线资源。

1）如何构建网络（网格）？

2）电荷在哪里累积？

2. 电感也一样吗？

6.7 参考文献

[1] A. Taflove and S. C. Hagness, *Computational Electrodynamics: The Finite-Difference Time-Domain Method*, 3rd edn., Norwood, MA: Artech House, 2005.

[2] W. C. Gibson, *The Method of Moments in Electromagnetics*, 2nd edn., New York: CRC Press, 2014.

[3] W. T. Weeks, L. L. Wu, M. F. McAllister, and A. Singh, "Resistive and Inductive Skin Effect in Rectangular Conductors," *IBM Journal of Research & Development*, Vol. 23, No. 6, pp. 652–660, 1979.

[4] S. M. Rao, T. K. Sarkar, and R. F. Harrington, "The Electrostatic Field of Conducting Bodies in Multiple Dielectric Media," *Transactions on Microwave Theory and Techniques*, Vol. MTT-32, No. 11, pp. 1441–1448, 1984.

[5] David M. Pozar, *Microwave Engineering*, 4th edn., Hoboken, NJ: Wiley and Sons, 2011.

[6] W. H. Press et al., *Numerical Recipes*, 3rd edn., Cambridge, UK: Cambridge University Press, 2007.

[7] Y. Saad, *Iterative Methods for Sparse Linear Systems*, 2nd edn., Philadelphia, PA: Society for Industrial and Applied Mathematics, 2003.

|Chapter 7| 第 7 章

系统级方面

学习目标

- 在本章中将介绍如何将估计分析运用到更高一级的系统中，如：
  - 反馈系统——PLL
  - 傅里叶变换以及如何在做估计分析时有效地使用傅里叶变换——采样定理
  - 定义微分方程——电路分析
  - 拉普拉斯变换——回路、系统和电路
  - 运用非线性扰动进行简单估计——VCO 振幅
  - 大信号正弦波扰动——抖动和相位噪声的关系

假设读者已经学习了基础数学理论，在前面的基础课中介绍了这些概念的定义。因为书中的讨论内容是入门级的，所以读者本身并不需要高阶系统背景。

7.1 简介

在之前的内容中，已经看到过几种不同类型的估计技术的例子，这些例子将有助于建立对于物理系统的理解。尤其对于射频部分会很有帮助，因为射频相关内容表明它是二维近似，有时具有附加对称性。在前面，为了更轻松地估计电容和电感等影响也深入挖掘了一些特定情况，但是本章会有不同。本章将研究几个物理系统，其中基本近似将彼此不同，并且不会像之前一样进行深入的研究。本章会大致描述一下，并对一些可能会给年轻工程师造成困惑的系统进行详细的分析。所有分析都是为了坚定一个理念，即“灵活的数学分析是理解系统行为的关键”。本章还将证明分析时不需要太过繁琐和强行分析。相反，尽可能地让模型简化但是不至于过于简化是成功的关键。本章的主题是时钟抖动是如何产生的、如何降低性能的以及如何应对。

在本章中，将强调如何构建简单但又相关的模型，并演示几种不同的数学技术。有时候，有些近似或多或少比较明显或熟悉，但有时不会那么明显和熟悉。本章也从相关文献中找到了众所周知的包含这种类型建模的例子，以加强本章的论点。因此，这种理解方式既是一种有用的技术，也是一种通用的技术。

本章将讨论锁相环(PLL)和模—数转换器(ADC)。如果读者理解了这两个电路，实际上就是理解了回路和采样技术，进而就可以理解工程领域的很多基础。本书是假设读者之前对这两个系统没有了解，因此大部分的讨论都在入门级水平。在这两个系统的最后，会就系统的某些组件的具体设计示例进行讨论。首先讨论基于 PLL 而产生的时钟，并强调时钟的抖动，然后再详细讨论压控振荡器(VCO)。接下来是关于 ADC 特别是关于采样定理的讨论，将设计一个闪存型 ADC，并将讨论在电压采样和电荷采样两种情况下，抖动的影响和其他导致信噪比(SNR)下降的因素。

7.2　抖动与相位噪声

7.2.1　抖动

因为在本章中会多次接触到抖动的概念，因此这里先对抖动下个定义。简单地说，抖动是时钟或数据沿与理想状态的时间偏差。在参考文献[1]中讨论了多种不同类型的抖动。抖动通常分为随机抖动和确定性抖动。随机抖动本质上是高斯分布，且幅度没有边界，然而确定性抖动幅度是有边界的。主要的抖动构成是可以细分的。

1. 确定性抖动

1)数据相关的抖动——由占空比的变化和码间干扰(ISI)组成。

2)周期性抖动——一个有着特定周期或频率的重复信号。

3)有界的不相关抖动——串扰是主要组成部分。

2. 随机抖动

1)高斯抖动，有时称作 rms(方均根)——理想到达时间周围散布的边沿本质上是高斯分布。

2)多高斯抖动——和上面的相同但是有多种形式。

在本章中，将关注高斯抖动。

7.2.2 相位噪声与抖动

本节将通过两种不同的方式探讨相位噪声和抖动的关系。第一部分将用一个简单的模型来了解它的特性，在第二部分中将使用一个更普遍的模型。在这些内容中基于两个简单的假设，严格地说，这两个假设对于论证不是必须的，但是对于大部分情况来说是相关的。这里假设：

1)相较于整个循环相位的变化幅度是很小的。

2)与主频相比，相位的变化率是小的。

在讨论中，这些假设将被量化。

1. 简单模型

设想有一个理想的振荡器振荡角频率为 ω_s，数学上可表示为

$$V_{s,\text{ideal}} = A \sin \omega_s t$$

为了探讨这个系统的相位噪声，从具有增益 A_m 和频率 ω_m 的单一相位振荡开始研究，可得

$$V_s = A\sin(\omega_s t + A_m \sin(\omega_m t))$$

简化 以上分析假设可表示如下：

1) $A_m \ll 1$；

2) $\omega_m \ll \omega_s$ 。

求解

用简单的三角函数来展开此表达式：

$$V_s = A(\sin(\omega_s t)\cos(A_m \sin(\omega_m t) + \cos(\omega_s, t)\sin(A_m \sin(\omega_m t))$$
$$\approx A[\sin(\omega_s t) + \cos(\omega t) A_m \sin(\omega_m t)]$$

假设 1 是一个合理的近似值，因为与信号周期相比，最终的时序抖动通

常很小。通过观察最后一项，可以看到该相位噪声实际上在主频周围产生了两个边带：

$$A\cos(\omega_s t)A_m\sin(\omega_m t) = \frac{1}{2}AA_m(\cos((\omega_s+\omega_m)t)+\cos((\omega_s-\omega_m)t))$$

在频谱方面，有正频率：

$$V_s(\omega) \sim A\delta(\omega-\omega_s)+\frac{1}{2}AA_m(\delta(\omega-\omega_s+\omega_m)+\delta(\omega-\omega_s-\omega_m))$$

相位噪声定义为单边带功率除以主频功率。于是得到

$$P_m = \left[\frac{(1/2)AA_m}{A}\right]^2 = \left(\frac{1}{2}A_m\right)^2 \tag{7.1}$$

请注意，由于正在比较两种功率，因此单位通常为 dBc/Hz，但也可以说单位确实是 rad^2/Hz。

稍后会回到该观察。在此讨论中，假设相位抖动在 V_s 的零交叉点处（斜率为正）很重要，并假设 A_m 很小，大约发生在 $\sin(\omega_s t)=0$ 和 $\mathrm{d}\sin(\omega_s t)/\mathrm{d}t>0$ 的时间点（不适用于较大的相位噪声）。将此理想的交越时间注释为 $t=t_n$，其中 n 是零交越数。此时，$\cos(\omega t)=1$ 在 $\omega(t-t_n)$ 和 $\sin(\omega_s t)=\omega_s(t-t_n)$ 处为一阶，可以将 V_s 简化为

$$V_s = A\omega(t-t_n)+AA_m\sin(\omega_m t)+O(\omega(t-t_n))^2$$

实际的过零点发生于：

$$V_s = A\omega(t-t_n)+AA_m\sin(\omega_m t) = 0$$

或者

$$A\omega(t-t_n) = -AA_m\sin(\omega_m t)$$

$$(t-t_n) = -\frac{A_m}{\omega}\sin(\omega_m t) \approx -\frac{A_m}{\omega}\sin(\omega_m t_n)$$

其中，最后一步假设调制频率 $\omega_m \ll \omega$，也就是上面的假设2。这是一个合理的假设，因为在大多数情况下，大部分噪声来自接近主频的频率。过零点使用正弦项进行调整，该正弦项与交越数 n 不同。如果对所有这些零交叉点进行统计，则可以清楚地看到，这种调整或抖动只是一个方均根值：

$$j_t = \left\langle -\frac{A_m}{\omega}\sin(\omega_m t_n)\right\rangle = \sqrt{\frac{1}{T}\int_0^T\left[\frac{A_m}{\omega}\sin(\omega_m t_n)\right]^2\mathrm{d}t} = \frac{A_m}{\sqrt{2}\,\omega}$$

如果用式(7.1)中的相位噪声定义来观察这一点，也可以定义：

$$j_t = \frac{1}{\omega}\sqrt{\sum P_m} = \left\{两边带功耗\left(\frac{1}{2}A_m\right)^2\right\}$$
$$= \frac{1}{\omega}\sqrt{2\left(\frac{1}{2}A_m\right)^2} = \frac{A_m}{\sqrt{2}\,\omega}$$

这仅仅是 Parseval 定理针对此简单模型的结果，将在后面介绍更一般的情况。在这里可以推断：

$$j_t = \frac{1}{\omega}\sqrt{\int_{-\infty}^{\infty} P_m \mathrm{d}f} = \frac{1}{\omega}\sqrt{2\int_{-\infty}^{\infty} P_m \mathrm{d}f}$$

式中最后一步假设相位噪声在主频周围对称。

验证 最后一个表达式是经常引用的相位噪声－抖动关系(参见参考文献[1,13])。

2. 更一般的模型

也可以从一个更一般的角度来分析。除了在边带中没有明确的频率，还可以具有更一般的时间相关性：

$$V_s = (A + a(t))\sin(\omega_s t + \alpha(t))$$

对于振荡器而言，由于非线性的限制，$a(t)$项会产生衰减，因此可以忽略$a(t)$，在线性系统中，如果$a(t) < A$，$a(t)$不会影响零交越点。对于非线性系统，V_s也包含高阶项，这些高阶项将导致$(A + a(t))$感应出以 A 为主的相位噪声，称为 AM-PM 噪声。在这里不考虑这些系统。简介中的一般假设得出以下简化：

简化

1) $\alpha(t) \ll 1, \forall t$

2) $\dfrac{\mathrm{d}\alpha(t)}{\mathrm{d}t} \ll \omega_s, \ \forall t$

求解 这里有：

$$V_s = A\sin(\omega_s t + \alpha(t)) \approx A\sin(\omega_s t) + A\alpha(t)\cos(\omega_s t)$$

定义类似于在前面提到的 $\sin(\omega_s t) \approx \omega_s(t - t_n)$和 $\cos(\omega_s t) \approx 1$ 两个条件，当接近过零检测点时，可得

$$V_s \approx A\omega_s(t - t_n) + A\alpha(t) \tag{7.2}$$

$$\alpha(t) = \alpha(t_n) + \frac{\mathrm{d}\alpha(t_n)}{\mathrm{d}t}(t - t_n) + O((t - t_n)^2)$$

当 V_s 成为一个过零检测点时，得到

$$A\omega_s(t-t_n)+A\alpha(t)=0 \rightarrow (t-t_n)=-\frac{\alpha(t)}{\omega_s}$$

$$=-\frac{\alpha(t_n)}{\omega_s}-\frac{1}{\omega_s}\frac{d\alpha(t_n)}{dt}(t-t_n)\approx-\frac{\alpha(t_n)}{\omega_s}$$

式中最后一步是基于上面的假设 2。可以看一下这个表达式的二次方的时间平均值(用〈·〉表示)：

$$j_{rms}^2=\langle(t-t_n)^2\rangle=\frac{\langle\alpha(t_n)^2\rangle}{\omega_s^2}$$

则可得

$$\langle\alpha(t_n)^2\rangle=\frac{1}{2N}\sum_{n=-N}^{N}\alpha(t_n)^2\approx\frac{1}{2N2\pi/\omega_s}\int_{-\frac{N2\pi}{\omega_s}}^{\frac{N2\pi}{\omega_s}}\alpha(t)^2dt\rightarrow\int_{-\infty}^{\infty}\alpha'(t)^2dt$$

式中 $N\rightarrow\infty$；定义 $\alpha'(t)$ 为单位是相位/$\sqrt{时间}$的 $\alpha(t_n)$。

最后运用 Parseval 定理可得

$$\langle\alpha(t_n)^2\rangle=\int_{-\infty}^{\infty}\alpha'(t)^2dt=\int_{-\infty}^{\infty}|\hat{\alpha}(f)|^2df$$

$$=\{P(f)=|\hat{\alpha}(f)|^2\}=\int_{-\infty}^{\infty}P(f)df$$

式中，$\hat{\alpha}(f)$ 的单位为(rad/$\sqrt{Hz}$)；$P(f)$ 为单边带(SSB)噪声功率，它的单位为(rad^2/Hz)。

于是得到

$$j_{rms}=\sqrt{\langle(t-t_n)^2\rangle}=\sqrt{\frac{\int_{-\infty}^{\infty}P(f)df}{\omega_s^2}}$$

$$=\frac{1}{\omega_s}\sqrt{\int_{-\infty}^{\infty}P(f)df}=\frac{1}{\omega_s}\sqrt{2\int_{0}^{\infty}P(f)df}$$

验证　这是经常引用的关于 SSB 相位噪声功率的抖动表达[1,13]。

评价　关于推导的过程，有一件特别有趣的事情要注意。式(7.2)的最后一项是电压单位。用一个电压噪声项 $v_n(t)$ 替换该项，可得

$$V_s\approx A\omega_s(t-t_n)+v_n(t)$$

如前所述，当该式为 0 时，得到

$$A\omega_s(t-t_n)+v_n(t)=0 \rightarrow (t-t_n)=-\frac{v_n(t_n)}{A\omega_s}$$

式中，假设相对于主频而言 v_n 项变化很慢。由此得到

$$j_{rms}^2=\langle(t-t_n)^2\rangle=\frac{\langle v_n(t_n)^2\rangle}{(A\omega_s)^2}$$

由此可见，没有办法将增加的电压噪声与相位噪声区分开。可以将抖动现象视为相位噪声或者额外的电压噪声源。如上所述，这是造成单位混乱的根本原因。对于较小的相位偏差，可以将此频谱视为相位或电压。同样，在现代仿真器中，可以选择通过相位噪声积分或通过观察过零检测点处的电压噪声来计算抖动。两种方法显然应该是相通的。但是请注意，严格而言，只有在假设 2 成立的情况下，这才是正确的。对于较大的相位偏差，没有相应的大电压噪声。相反，电压噪声具有线宽的固有限制。

最后，请注意，当使用电压噪声域法时，电压噪声源会以 j_{rms} 的形式转移到抖动中：

$$j_{rms}=\sigma=\frac{\sqrt{\langle v_n(t)^2\rangle}}{A\omega_s}$$

分母 $A\omega_s=\mathrm{d}V_s/\mathrm{d}t$，可得

$$\sigma=\frac{\sqrt{\langle v_n(t)^2\rangle}}{\mathrm{d}V_s/\mathrm{d}t} \tag{7.3}$$

这是众所周知的抖动“欧姆”定律[1,13]。

7.2.3 本节小结

抖动-相位噪声关系是边带中相位噪声功率除以主频周期频率的简单计算。一个简单的正弦噪声源在解释抖动-相位噪声关系时很有用。

7.3 锁相环

锁相环(PLL)及其各种变体在半导体行业中很常用。很多书对这些系统进行了研究，比如参考文献[2-5]。尤其是非线性分析[4]。PLL 是时钟和时序产生的关键单元，许多拓扑结构可用于满足所需的各种关键规格指标。众

所周知的是如何简化这些系统来进行分析研究，在这里只介绍基本理论。首先描述架构、性能标准和通用的 PLL 子模块。然后，给出二阶 2 型 PLL 的一般传输函数，而接下来的各小节描述 PLL 回路的稳定性和噪声传递的详细计算。最后，展示一个设计实例。

7.3.1 架构

通常 PLL 分为整数 *N* PLL 和小数 *N* PLL。整数 *N* 分频 PLL 具有一个简单的整数分频器，而小数 *N* 分频 PLL 在分频器中采用了某种平均技术，使得回路有可能锁定到连续的频率范围。

最近出现了一些新的 PLL，例如一些子采样 PLL，它避免了某些已有的拓扑结构缺陷。

7.3.2 性能指标

1. 直流指标

功耗：功耗是一个关键的直流指标。在现代生活中，电池供电的器件是很普遍的，并且保持电路器件的低功耗是市场上取得成功的关键。

2. 交流指标

回路带宽：闭环带宽是稳定性考虑的关键。如果过宽，鉴相器的离散采样操作就会产生问题。根据片上压控振荡器(VCO)和参考振荡器的精度，可以选择宽的或窄的带宽。

相位裕度：关键是回路滤波器的设计和稳定性。

锁定时间：PLL 锁定的时间。

抖动：对于 ADC 来说，产生的时钟的精度非常重要，本章后续内容将对此进行讨论。

毛刺电平：参考时钟的毛刺会出现在各种不可预期的地方。

7.3.3 PLL 子模块

如图 7.1 所示，一个传统的 PLL 包括 4 个基本的模块：鉴相器、VCO、分频器和滤波器。在本节中，会对这些模块进行简要的介绍并推导一些简单的等比例缩放规则。

1. 鉴相器

鉴相器的作用是放大两个输入方波的相位差，这两个时钟为参考时钟和可能已经分频的振荡器时钟。它可以通过很多方式实现，在这里不一一赘述。相反，这里将简要地看一下鉴频鉴相器和电荷泵的实现，如图 7.2 所示。该结构是行业中非常常见的结构。

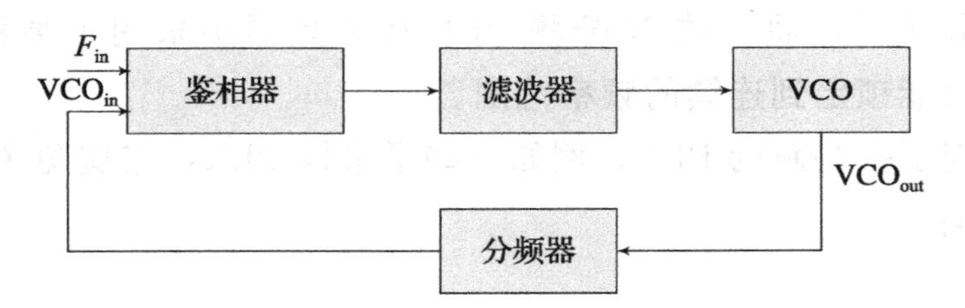

图 7.1 经典的 PLL 拓扑结构

触发器通常对上升沿或下降沿敏感触发。根据最先出现的边沿，上电流源或下电流源会流向输出，在此输出会从下一个模块提供或吸收电荷，为简单起见，下一个模块是由接地电容组成的滤波模块。当来自反相源的边沿进入鉴相器时，电流从输出端断开。这样，参考时钟和分频时钟之间的相位差会转换为电流脉冲。这个模块的增益定义为

$$K_{PD}=\frac{I^{+}-I^{-}}{2\pi-(-2\pi)}=\frac{2I_c}{4\pi}=\frac{I_c}{2\pi}$$

相位差的范围为$-2\pi\sim2\pi$。

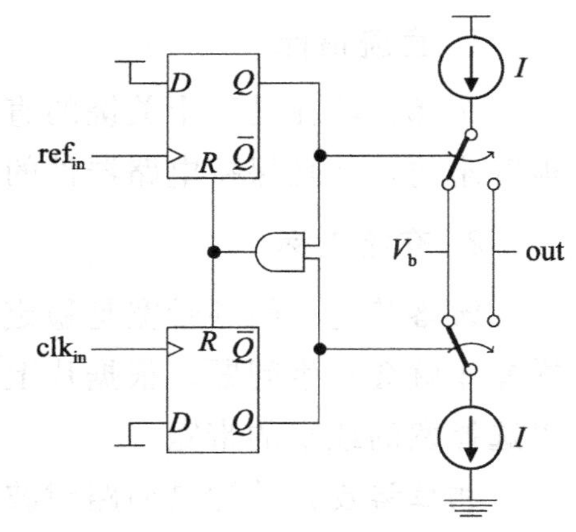

图 7.2 鉴相器功能示意图，带有电荷泵的鉴频鉴相器

将 PLL 从启动状态到锁相所需的时间称为锁定时间。可以使用估计分析对这个参数进行一个数量级的估计。

简化 首先假设鉴相器的输出接地，且 VCO 已经调整好，当输入的控制电压(与鉴相器的输出相等)为电源电压 V_{DD}(在小尺寸 CMOS 工艺中通常为 7～900 mV)时得到正确的频率输出。电荷泵的输出节点电压范围为地到 V_{DD}。从

之前的讨论中，也就是在第3章的比较器分析中，可以得到该值为

$$T_{\text{pull-in}} = \Delta t = \frac{C\Delta U}{I}$$

由于电荷泵仅在有限的时间内开启，而且基于整体动态分析，在锁定阶段边沿的顺序可能会变换，这使得分析变得有些复杂。这里忽略这些复杂性。

求解 现在只需要代入数值即可，得到

$$T_{\text{pull-in}} = \frac{C \cdot V_{\text{DD}}}{I_{\text{c}}} = \frac{C \cdot \Delta\omega_{\text{VCO}}}{K_{\text{PD}} 2\pi K_{\text{VCO}}}$$

在最后步骤中，代入的是频率的初始偏移量而不是代入电压来衡量偏移量。

验证 该结果与其他的讨论相似，所以在这里可以简化而得到一个与其他讨论非常相似的数值(见参考文献[2])。

评价 很明显，如果需要一个快速的锁定时间，小电容和大电流是有必要的。

2. VCO

VCO将在7.4节做更详尽的讨论，这里只定义基本特征。改变VCO频率的最简单方法是改变有效负载。几乎在所有情况下，这都意味着要改变电容，而在大多数现代CMOS工艺中，这对于晶体管而言是很自然的。通常有一些特殊结构的变容二极管具有电容随其偏置电压而变化这种特殊的特性。现在将VCO的增益定义为K_{VCO}，得到输出频率与输入电压的关系为

$$\omega_{\text{out}} = K_{\text{VCO}} V_{\text{in}}$$

式中，V_{in}为给定的输入电压；K_{VCO}的单位是角频率$2\pi f(\text{MHz/V})$。

在估计计算中假设K_{VCO}是恒定的，但在实际电路中，它会随电压而变化。

对于PLL分析，人们关注的是相位而不是频率，这通常是一个令人困惑的争论。考虑一个正弦波：

$$V = \sin(\omega t)$$

正弦函数的参数是一个相位，但是表达式中有一个频率变量。相位的定义为频率的积分。在这个正弦波中，有一个相位参数：

$$\theta = 2\pi\int_0^t f(t')\mathrm{d}t' = \int_0^t \omega(t')\mathrm{d}t' = \omega t$$

特别是对于时变频率而言，这个公式非常有用。现在可以简单地将 VCO 的输入电压与输出相位相关联，如下：

$$\theta_{\text{out}}(t) = \int \omega_{\text{out}}\mathrm{d}t = \int K_{\text{VCO}} V_{\text{in}}\mathrm{d}t$$

在拉普拉斯域中，相应地除以 s 因数，则有：

$$\theta_{\text{out}}(s) = \frac{K_{\text{VCO}}}{s} V_{\text{in}}(s)$$

3. 分频器

分频器获取一个输入频率，然后将其除以所需的因数 N。相应的相位变化也是简单地除以 N。增益即

$$K_{\text{DIV}} = \frac{1}{N}$$

4. 滤波器

本书将在 7.3.5 节中进一步讨论该模块。目前，仅将其描述为具有传输函数 $F(s)$的两端口系统。

7.3.4 基本 PLL 公式

现在，可以将所有这些模块定义合在一起，并得出基本的 PLL 方程，将采用到之前得出的线性化传输函数。

简化 考虑如图 7.3 所示的 PLL。它包括输入参考信号、鉴相器、滤波器、VCO 和分频电路。简化这种系统的方法是线性化所有模块，并得到每个模块的增益或传输函数。图 7.3 中显示了各个模块的传输函数。通常，这些模块会采用拉普拉斯变换形式来描述。在一个典型的应用中，人们会关注回路中的相位转移，其中所有模块都针对相位。变量 s 代表标准频率附近的调制频率。在此描述的线性化技术称为连续时间近似，其中忽略了鉴相器-电荷泵组合实际上是离散时间模块的事实。为了使这种近似有效，回路滤波器的带宽需要比参考频率低约 9/10。

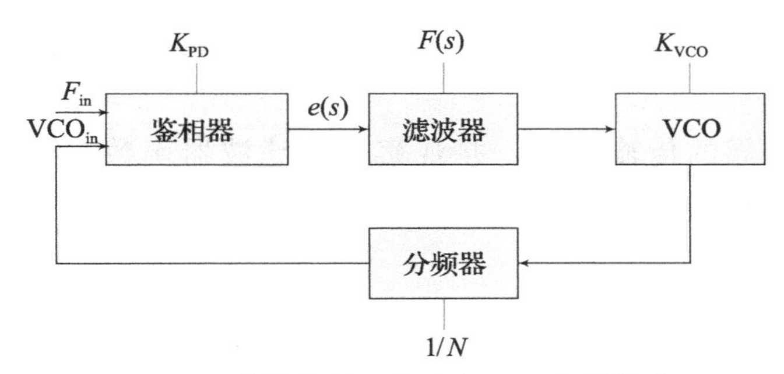

图 7.3　带模块增益的基本 PLL 拓扑结构

求解　首先看误差信号：

$$e(s)=\left(F_{\text{in}}-\frac{e(s)F(s)K_{\text{VCO}}/s}{N}\right)K_{\text{PD}}$$

继而得到

$$e(s)=\frac{F_{\text{in}}K_{\text{PD}}}{(1+F(s)K_{\text{VCO}}K_{\text{PD}}/sN)}$$

得到从输入到 VCO 输出的传输函数 $T(s)=v_{\text{o}}(s)/F_{\text{in}}$ 为

$$\begin{aligned}T(s)&=\frac{e(s)F(s)K_{\text{VCO}}}{sF_{\text{in}}}\frac{K_{\text{PD}}F(s)K_{\text{VCO}}/s}{(1+F(s)K_{\text{VCO}}K_{\text{PD}}/sN)}\\&=\frac{K_{\text{PD}}F(s)K_{\text{VCO}}}{(s+F(s)K_{\text{VCO}}K_{\text{PD}}/N)}\end{aligned}\tag{7.4}$$

验证　这是一个众所周知的计算，可以在很多有关 PLL 的教科书中找到。

评价　取决于滤波器，可以看到在式(7.4)的分母中至少有一个一阶特征方程。

7.3.5　基本稳定性讨论

反馈系统的稳定性是一个经过充分研究的课题，例如在参考文献[6,7]中。稳定性出现在许多讨论中，良好深入的理解对日常的工程工作非常有帮助。将根据二阶传输函数和 PLL 特定的应用场景来讨论稳定性。在讨论中做了一些简化的假设，这些假设在这个问题中是常见的，而且作者希望启发读者自己探索。在一些资料中，通常使用博德图和开环响应来讨论相位裕度与增益裕度。本书使用闭环响应来研究稳定性。希望本书的研究能为更常见的开环分析提供新的见解和一些变化。这里把使用开环响应分析稳定性留作读者练习。

根据之前推导的传输函数，并观察分析滤波器函数 $F(s)$ 的几个具体例子，可见它对系统稳定性意味着什么。

得到闭环增益为

$$T(s)=\frac{K_{\mathrm{PD}}F(s)K_{\mathrm{VCO}}}{(s+F(s)K_{\mathrm{VCO}}K_{\mathrm{PD}}/N)}$$

简化 对于滤波器功能，先看一个低通滤波器，由于电荷泵的输出是电流，因此最简单的低通滤波器就是

$$F(s)=\frac{1}{sC}$$

然后得到

$$T(s)=\frac{v_{\mathrm{o}}(s)}{F_{\mathrm{in}}}=\frac{K_{\mathrm{PD}}K_{\mathrm{VCO}}/C}{(s^2+K_{\mathrm{VCO}}K_{\mathrm{PD}}/(CN))}$$

求解 这是一个两极点系统，可以通过简单变换重写可得极点：

$$\frac{K_{\mathrm{PD}}K_{\mathrm{VCO}}/C}{(s^2+K_{\mathrm{VCO}}K_{\mathrm{PD}}/(CN))}=\frac{1}{j}\left(\frac{\sqrt{K_{\mathrm{VCO}}K_{\mathrm{PD}}N/C}}{s-j\sqrt{K_{\mathrm{VCO}}K_{\mathrm{PD}}/(CN)}}-\frac{\sqrt{K_{\mathrm{VCO}}K_{\mathrm{PD}}N/C}}{s+j\sqrt{K_{\mathrm{VCO}}K_{\mathrm{PD}}/(CN)}}\right)$$

从附录 B 中可以找到时间解：

$$\sqrt{\frac{K_{\mathrm{VCO}}K_{\mathrm{PD}}N}{C}}\left(\mathrm{e}^{j\sqrt{K_{\mathrm{VCO}}K_{\mathrm{PD}}/(CN)}t}-\mathrm{e}^{-j\sqrt{K_{\mathrm{VCO}}K_{\mathrm{PD}}/(CN)}t}\right)$$

显然，虽然它没有随时间增加的振幅，但回路会振荡。在大多数稳定性的定义中，这种情况被称为微稳定，在实践中这种情况是不可接受的。振荡频率称为固有频率：

$$\omega_{\mathrm{n}}=\sqrt{\frac{K_{\mathrm{VCO}}K_{\mathrm{PD}}}{(CN)}}$$

根据这个定义可得

$$T(s)=\frac{\omega_{\mathrm{n}}^2N}{(s^2+\omega_{\mathrm{n}}^2)}$$

该稳定情况是不好的，需要改善它，但是先来看一下它的带宽。通过将 s 替换成 $\mathrm{j}\omega$ 得到 $T(\mathrm{j}\omega)$：

$$|T(j\omega)| = \left|\frac{\omega_n^2 N}{(-\omega^2+\omega_n^2)}\right|$$

可以看出，在固有频率处有一个奇点。通过进一步分析(分母改变符号)，可得 3dB 带宽：

$$\frac{\omega_n^2 N}{(\omega_{3dB}^2-\omega_n^2)} = \frac{N}{\sqrt{2}}$$

$$\omega_{3dB} = \omega_n\sqrt{(1+\sqrt{2})}$$

在这种情况下，带宽会略高于固有频率。补充说明一点，在市场上可以买到的真正的 PLL 中，经常会有一些固有频率附近的尖峰。人们很快就会知道，这种响应是相当容易校正的。

验证　这些都是可以找到的标准计算，例如在参考文献[2，3]中。

评价　带宽的表达式取决于滤波器系数。

从稳定性的角度来看，将简单的电容作为积分器的简化是完全不能被接受的。为了改善这种情况，需要在左平面的极点上加上一个实部。这一点将在后面进行讨论。

7.3.6　提高稳定性

现在的问题是这里的回路滤波器太简单了，只有一个简单的积分器、一个电容。下面尝试一个更复杂的滤波器。

简化

$$F(s) = \frac{1+as}{sC}$$

式中，$a>0$。

对于低频，保持积分器的作用，但是对于高频，增加了一个零点，从而得到一个恒定的输出。

求解　将其代入原传输函数中，得到

$$T(s) = \frac{K_{PD}F(s)K_{VCO}}{(s+F(s)K_{VCO}K_{PD}/N)} = \frac{\omega_n^2(1+as)N}{(s^2+(1+as)\omega_n^2)}$$

解方程得根：

$$s^2+(1+as)\omega_n^2 = 0$$

$$\left(s+a\frac{\omega_{\mathrm{n}}^{2}}{2}\right)^{2}-\left(a\frac{\omega_{\mathrm{n}}^{2}}{2}\right)^{2}+\omega_{\mathrm{n}}^{2}=0$$

$$s=-a\frac{\omega_{\mathrm{n}}^{2}}{2}\pm\mathrm{j}\sqrt{\omega_{\mathrm{n}}^{2}-\left(a\frac{\omega_{\mathrm{n}}^{2}}{2}\right)^{2}}$$

因为 $a>0$，可见成功引入了一个左半平面的零点。此外，也可以通过选择

$$2\frac{1}{\omega_{n}}=a$$

来消除振荡。

该特殊的情况被称为临界阻尼系统。把上式代入传输函数，解得时间表达式：

$$T(s)=\frac{\omega_{\mathrm{n}}^{2}N(1+as)}{(s+a\omega_{\mathrm{n}}^{2}/2)^{2}}=\frac{2\omega_{\mathrm{n}}N(\omega_{\mathrm{n}}/2+s)}{(s+\omega_{\mathrm{n}})^{2}}$$

进行拉普拉斯逆变换得到脉冲响应：

$$T(t)=At\mathrm{e}^{-\omega_{\mathrm{n}}t}+B\mathrm{e}^{-\omega_{\mathrm{n}}t}$$

这里有一个小的尖峰和后续指数的滚降。

该滤波器只是与电容与电阻的串联。其输入是电流，输出是电压。可得

$$\frac{1}{sC}+R=\frac{1}{sC}(1+sRC)$$

和

$$RC=a=2\frac{1}{\omega_{\mathrm{n}}}$$

或

$$R=\frac{1}{C}\frac{2}{\omega_{\mathrm{n}}} \tag{7.5}$$

最后，回路带宽可以估计为

$$|T(\mathrm{j}\omega)|=\left|\frac{2\omega_{\mathrm{n}}N(\omega_{\mathrm{n}}/2+\mathrm{j}\omega)}{(\mathrm{j}\omega+\omega_{\mathrm{n}})^{2}}\right|=\frac{|T(0)|}{\sqrt{2}}=N$$

$$\frac{|T(\mathrm{j}\omega)|^{2}}{N^{2}}=4\omega_{\mathrm{n}}^{2}\frac{(\omega_{\mathrm{n}}^{2}/4+\omega^{2})}{(\omega_{\mathrm{n}}^{2}-\omega^{2})^{2}+4\omega^{2}\omega_{\mathrm{n}}^{2}}=\frac{(\omega_{\mathrm{n}}^{4}+4\omega_{\mathrm{n}}^{2}\omega^{2})}{(\omega_{\mathrm{n}}^{2}+\omega^{2})^{2}}=\frac{\omega_{\mathrm{n}}^{4}+4\omega_{\mathrm{n}}^{2}\omega^{2}}{\omega_{\mathrm{n}}^{4}+2\omega_{\mathrm{n}}^{2}\omega^{2}+\omega^{4}}=\frac{1}{2}$$

$$\omega_{\mathrm{n}}^{4}+6\omega_{\mathrm{n}}^{2}\omega^{2}-\omega^{4}=0$$

$$\omega^{2}+3\omega_{\mathrm{n}}^{2}+\sqrt{10\omega_{\mathrm{n}}^{4}}=\omega_{\mathrm{n}}^{2}(3+\sqrt{10})$$

$$\omega=\omega_{\mathrm{n}}\sqrt{(3+\sqrt{10})}$$

验证　这也是一个经典的结果，如参考文献[2-5]。

评价　这里对 PLL 模型做了一些简单的假设，使其更加复杂，从而得到了一个临界阻尼的简单解。最终也就是该简单解。

小结

在这个例子中，充分地使用了估计分析，并表明可以根据该方法得出一些公认的众所周知的结果。

> **关键知识点**
>
> 可以通过在滤波器传输函数中插入零点来提高 PLL 的稳定性。

7.3.7　PLL 噪声传输分析

在推导出 PLL 的基本参数后，现在可以研究噪声的传递。在计算抖动时，相位噪声尤其重要，本书在 7.2.2 节中讨论了这一点。在本节中，将详细讨论噪声计算，其余部分留给读者作为练习。

1. 滤波器后注入噪声

回路滤波器后注入的噪声可以通过简单地加入一个噪声信号来估计，如图 7.4 所示。

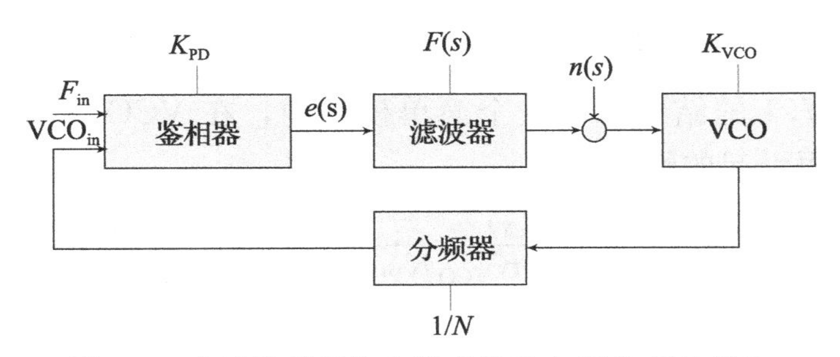

图 7.4　在滤波器后注入噪声的基本 PLL 拓扑结构

简化　通过考虑正常偏置点周围的不同模块来简化分析，这样就可以参考如前所述的分析。

求解　所有在滤波器后注入的噪声将会按如下传递：

$$(e(s)F(s)+n(s))\frac{K_{VCO}}{sN}K_{PD}=-e(s)$$

或

$$e(s)=\frac{-n(s)K_{\mathrm{VCO}}K_{\mathrm{PD}}/sN}{1+F(s)K_{\mathrm{VCO}}K_{\mathrm{PD}}/sN}$$

可得 VCO 的输出：

$$\begin{aligned}
n_{\mathrm{F}}^{\mathrm{o}}(s)&=\frac{(e(s)F(s)+n(s))K_{\mathrm{VCO}}}{s}\\
&=\frac{\left[\frac{-n(s)K_{\mathrm{VCO}}K_{\mathrm{PD}}/sN}{1+F(s)K_{\mathrm{VCO}}K_{\mathrm{PD}}/sN}F(s)+n(s)\right]K_{\mathrm{VCO}}}{s}\\
&=\frac{n(s)K_{\mathrm{VCO}}}{s}\left[-\frac{K_{\mathrm{VCO}}K_{\mathrm{PD}}}{sN+F(s)K_{\mathrm{VCO}}K_{\mathrm{PD}}}F(s)+1\right]\\
&=\frac{n(s)K_{\mathrm{VCO}}}{s}\left[-\frac{K_{\mathrm{VCO}}K_{\mathrm{PD}}}{sN+F(s)K_{\mathrm{VCO}}K_{\mathrm{PD}}}F(s)+\frac{sN+F(s)K_{\mathrm{VCO}}K_{\mathrm{PD}}}{sN+F(s)K_{\mathrm{VCO}}K_{\mathrm{PD}}}\right]\\
&=\frac{n(s)K_{\mathrm{VCO}}}{s}\frac{sN}{sN+F(s)K_{\mathrm{VCO}}K_{\mathrm{PD}}}=n(s)K_{\mathrm{VCO}}\frac{N}{sN+F(s)K_{\mathrm{VCO}}K_{\mathrm{PD}}}
\end{aligned}$$

验证　这是教科书中的标准计算方法，例如参考文献[3]。

评价　这代表什么呢？假设有 $F(s)=(1+as)/(Cs)$，取各种极限，观察结果。对于高频(s 很大)，分母中的第二项趋近于常数。这意味着回路对高频噪声的响应只是一个低通滤波器。对于低频，分母中的第二项将占主导地位，噪声源 $n(s)$将再次被抑制。简言之，之于噪声源，回路就是一个带通滤波器。

2. 考虑所有的噪声源后 VCO 输出噪声

结合练习 7.1 的结果，在这个简单模型中，在 VCO 输入处得到了由所有由于噪声源而引起的噪声：

$$n_{\mathrm{VCO,output}}(s)=\frac{K_{\mathrm{VCO}}}{s}\frac{n(s)}{\left[\frac{1+F(s)K_{\mathrm{VCO}}K_{\mathrm{PD}}}{sN}\right]}+\frac{K_{\mathrm{VCO}}}{s}\frac{n_{\mathrm{PD}}(s)F(s)}{\left[1+\frac{F(s)K_{\mathrm{VCO}}K_{\mathrm{PD}}}{sN}\right]}+\frac{n_{\mathrm{VCO}}(s)}{\left[1+\frac{F(s)K_{\mathrm{VCO}}K_{\mathrm{PD}}}{sN}\right]}+\frac{(n_{\mathrm{ref}}(s)-n_{\mathrm{div}}(s))\frac{K_{\mathrm{VCO}}}{s}K_{\mathrm{PD}}F(s)}{\left[1+\frac{F(s)K_{\mathrm{VCO}}K_{\mathrm{PD}}}{sN}\right]}$$

可以根据式(7.4)的 PLL 回路传输函数来表达这些噪声源：

$$n_{\mathrm{VCO,output}}(s)=\frac{T(s)}{K_{\mathrm{PD}}F(s)}n(s)+\frac{T(s)}{K_{\mathrm{d}}}n_{\mathrm{PD}}(s)+\frac{n_{\mathrm{VCO}}(s)}{N}(N-T(s))+$$

$$(n_{\mathrm{ref}}(s)-n_{\mathrm{div}}(s))NT(s)$$

这些噪声源不相关，产生的噪声功率可写为

$$\begin{aligned}|n_{\mathrm{VCO,output}}(s)|^2=&\frac{1}{K_{\mathrm{PD}}^2}\frac{|T(s)|^2}{|F(s)|^2}|n(s)|^2+\frac{1}{K_{\mathrm{d}}^2}|T(s)|^2|n_{\mathrm{PD}}(s)|^2+\\&|n_{\mathrm{VCO}}(s)|^2\left|\left(1-\frac{T(s)}{N}\right)\right|^2+\\&|T(s)|^2|n_{\mathrm{ref}}(s)|^2N^2+|T(s)|^2|n_{\mathrm{div}}(s)|^2N^2\end{aligned}$$

清晰可见 VCO 传输的高通函数，而大部分剩余模块的本质是低通。

关键知识点

PLL 传输本质上是高通，例如 VCO 的噪声，而标准分频器和鉴相器本质上是低通。根据滤波器的实现，滤波器的噪声响应通常是带通的。

例 7.1 模块设计

之前讨论了确定 PLL 性能的基本方程。在这里，将使用它们来定义回路中各个子模块的模块规格。这是一个以估计分析结果为出发点的系统设计实例。这里推导出的基本参数可以作为更详细的模块规格的起点置于系统仿真器中。在这里，为了简单起见，我们将只讨论简单模型所提供的参数。

3. PLL 规格定义

PLL 的规格见表 7.1。

表 7.1 PLL 的规格表

规格	数值	说明
输出频率	25 GHz	
输入频率	2.5 GHz	
输出相位噪声	−130 dBc/Hz	@1 MHz 偏离主频
带宽	30 MHz	

4. PLL 模块定义

从表 7.1 的规格中可以明显看出，需要的分频比为 10。看看如下传输函数：

$$\frac{v_{\mathrm{o}}(s)}{F_{\mathrm{in}}}=\frac{e(s)F(s)K_{\mathrm{VCO}}}{sF_{\mathrm{in}}}=\frac{K_{\mathrm{PD}}F(s)K_{\mathrm{VCO}}/s}{(1+F(s)K_{\mathrm{VCO}}K_{\mathrm{PD}}/(sN))}$$

可知 $N=10$。仍然需要定义 K_{VCO}、C 和 K_{PD}。对于电荷泵，选择电流 $I=1\ \mathrm{mA}$ 和滤波器电容 $C=1\ \mathrm{pF}$。在小尺寸 CMOS 工艺中，在 2.5 GHz 频率下输出 1 mA 电流是毫无困难的。由于 VCO 对变容器噪声的敏感性，通常使用更高的电荷泵增益比高 VCO 增益更好。现在可以观察固有频率并定义 VCO 增益：

$$\omega_{\mathrm{n}}=\sqrt{\frac{K_{\mathrm{VCO}}K_{\mathrm{PD}}}{CN}}\leqslant 180\ \mathrm{MHz}$$

带入数值得到

$$K_{\mathrm{VCO}}\leqslant\frac{3\cdot 10^{16}\cdot 10}{10^{-3}}2\pi\cdot 10^{-12}=2\pi\cdot 3\cdot 10^{8}(\mathrm{Hz/V})$$

这是一个相当合理的数值，覆盖了约 2.5%的 VCO 频率，并可以对各种中心频移做一些调整。在本章的后面部分，将使用这里推导出的 K_{VCO} 作为 VCO 设计的关键参数标准。在回路滤波器中有一个串联电阻，现在需要得到这个电阻，可以通过选择临界阻尼系统来实现。由式(7.5)得

$$R=\frac{2}{C\omega_{\mathrm{n}}}=10(\mathrm{k}\Omega)$$

利用这些参数，得到了表 7.2 中的关键参数。

表 7.2 所列噪声源的闭环相位噪声响应如图 7.5 所示。

表 7.2 PLL 参数和噪声谱

参数	值	单位
N	10	
K_{PD}	$1/2\pi$	mA/rad
K_{VCO}	600	MHz/V
n_{ref}	0	V
$n(s)$	0	V
n_{PD}	$1.2\cdot 10^{-12}$	$\mathrm{A}/\sqrt{\mathrm{Hz}}$
$n_{VCO}(s)$	$1/f$	$\mathrm{V}/\sqrt{\mathrm{Hz}}$
n_{div}	$9\cdot 10^{-10}$	$\mathrm{V}/\sqrt{\mathrm{Hz}}$
C	1	pF
R	10	kΩ

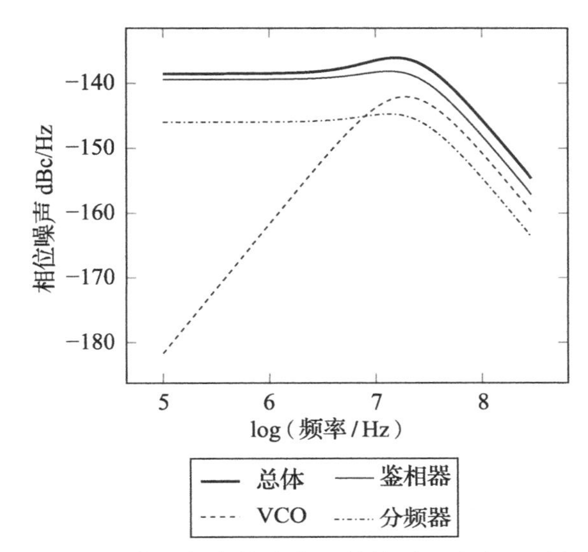

图 7.5　噪声源与 PLL 中的频率偏移的函数关系。注意，不包含 $1/f$ 噪声源

7.4　压控振荡器

本节将介绍压控振荡器（VCO），在前面讨论 PLL 之后，可以看到输入端的电压噪声将转换为输出端的相位噪声。几乎所有高性能集成高速 VCO 的核心都是 *LC* 谐振器，它决定了振荡频率，并常常形成反馈机制的一部分，用于获得持续的振荡。在本节，将讨论如何求解稳态频率、振幅、相位噪声，最后使用估计分析设计了一个实例。所有讨论都是基于参考文献[6,8-12]。

7.4.1　VCO 的稳定频率

当提到 VCO 时，振荡频率自然是一个要了解的重要参数指标。这里将基于估计分析计算频率。

简化　高性能 VCO 的分析要从对阻尼 *LC* 谐振器的分析开始，图 7.6 所示的是并联谐振器。

由于有两个无功分量，所以这是一个二阶系统，如果损耗低或添加了正反馈，则该二阶系统会表现出振荡行为。所有的参数值在给定的频率下是固定的，它们均随频率变化，其中有效并联电阻变化最大。

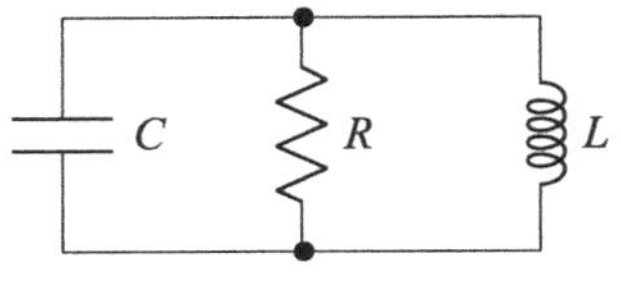

图 7.6　VCO 的简单模型

求解 找出系统对外部激励的响应是有用的。将用两种方法来求解这个问题，并证明它们是等价的。首先，先讨论一个时域解，然后再在拉普拉斯域中求解同样的问题。首先来看如图 7.6 所示电路并用 KCL 来进行分析：

$$i_{\mathrm{C}}+i_{\mathrm{R}}+i_{\mathrm{L}}=0$$

$$\frac{\mathrm{d}i_{\mathrm{R}}}{\mathrm{d}t}RC+i_{\mathrm{R}}+i_{\mathrm{L}}=0 \tag{7.6}$$

由电感对电流变化的响应得到

$$L=\frac{\mathrm{d}i_{\mathrm{L}}}{\mathrm{d}t}=u(t)=i_{\mathrm{R}}R$$

将上式代入式(7.6)得

$$\frac{\mathrm{d}u}{\mathrm{d}t}C+\frac{u(t)}{R}+\int_{0}^{t}\frac{u(t')}{L}\mathrm{d}t'=0$$

现在定义：

$$\tilde{u}(t)=\int_{0}^{t}u(t')\mathrm{d}t'$$

重写式子得

$$\frac{\mathrm{d}^{2}\tilde{u}(t)}{\mathrm{d}t^{2}}C+\frac{\mathrm{d}\tilde{u}(t)}{\mathrm{d}t}\frac{1}{R}+\frac{\tilde{u}(t)}{L}=0 \tag{7.7}$$

要求解这类方程，当然可以在参考文献中查到它的解，但很快就会看到这种方程在拉普拉斯域中求解会比较容易。

该方程的一般解为

$$u(t)=A\mathrm{e}^{-\frac{t}{2RC}}\mathrm{e}^{+j\sqrt{\frac{1}{LC}-\frac{1}{4R^{2}C^{2}}}t}+B\mathrm{e}^{-\frac{t}{2RC}}\mathrm{e}^{-j\sqrt{\frac{1}{LC}-\frac{1}{4R^{2}C^{2}}}t}$$

式中，A、B 为积分常数，可以由初始条件确定。

代入 d/dt→s，式(7.7)的拉普拉斯变换形式为

$$s^{2}uC+s\frac{1}{R}u+\frac{u}{L}=0$$

$$s^{2}C+s\frac{1}{R}+\frac{1}{L}=0$$

$$\left(s+\frac{1}{2CR}\right)^{2}=\frac{1}{4C^{2}R^{2}}-\frac{1}{CL}$$

$$s=-\frac{1}{2RC}\pm j\sqrt{-\frac{1}{4C^{2}R^{2}}+\frac{1}{CL}}$$

从这些解中可以看到，系统响应是一个正弦波，就像之前得到的结论那样，呈指数衰减。为了保持振荡，需要周期性地把能量输入该(负载)电路。这通常是由某种有源放大器完成的，它通常被模块化为与负载并联的负电阻。

验证　这种计算是常见的，可以在参考文献[8]中找到。

7.4.2　稳态振幅分析

振荡的幅度是由一个周期内的能量损失等于有源电路所提供的能量决定的。能量损失是由于负载电路具有有限的品质因数，如前面所述，它有一个并联等效分流电阻。所提供的能量是由有源电路的交叉耦合负阻的平均值决定的。这里将讨论如何使用估计分析来估计振幅。

简化　简化结构如图 7.7 所示。这个问题现在可以通过谐波来解决，这里只讨论一阶谐波。为了得到一个有限的振幅，有源电路需要是非线性的，以减小高摆动时的跨导。如果不这样做，注入负载里的能量就会不断增加。假设有源电路电流变化如下：

$$i(v)=-g_{\mathrm{m}}v+g''_{\mathrm{m}}v^3 \tag{7.8}$$

式中，g_{m}、$g''_{\mathrm{m}}>0$ 负一阶项是抵消负载中实部阻抗损失的必要条件，而正三阶项是限制振荡的必要条件。上面的能量参数意味着人们需要得到振幅，在该振幅下，有源电路的时间平均导纳的绝对值等于负载电路的时间平均导纳。要解的方程是

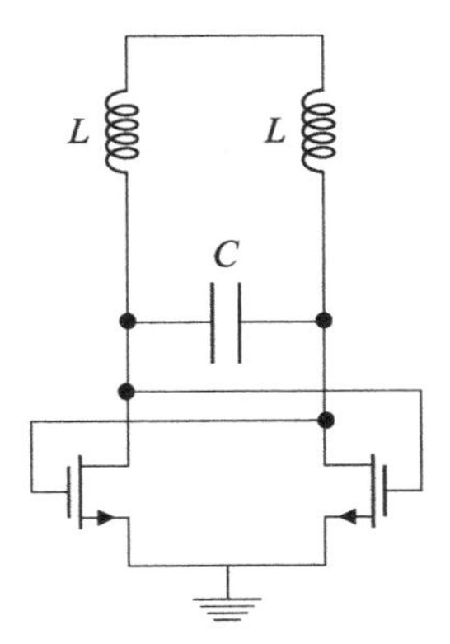

图 7.7　带负载和有源(非线性)电路的 VCO 简化模型

$$|\langle Y_{\mathrm{active}}\rangle|=\langle Y_{\tan k}\rangle$$

式中，⟨⟩表示一个时期的平均时间。

求解　首先，需要找到有效导纳的时间平均值：

$$\begin{aligned} y &= y|_{v=0}+\left.\frac{\mathrm{d}y}{\mathrm{d}v}\right|_{v=0}v+\frac{1}{2}\frac{\mathrm{d}^2y}{2\mathrm{d}v^2}v^2 \\ &= \left.\frac{\mathrm{d}i}{\mathrm{d}v}\right|_{v=0}v+\left.\frac{\mathrm{d}i}{\mathrm{d}v^2}\right|_{v=0}v+\left.\frac{1}{2}\frac{\mathrm{d}^3I}{\mathrm{d}v^3}\right|_{v=0}v^2=-g_{\mathrm{m}}+\frac{3}{2}g''_{\mathrm{m}}v^2 \end{aligned}$$

其中，用到了式(7.8)中的 $i(v)$。由：

$$v(t) = A\cos(\omega t)$$

得到平均时间导纳：

$$\langle Y_{\text{active}} \rangle = \frac{1}{T}\int_0^T y(t)\,\mathrm{d}t = \frac{1}{T}\int_0^T \left(-g_{\mathrm{m}} + \frac{3}{2}g''_{\mathrm{m}}v^2\right)\mathrm{d}t$$
$$= \frac{1}{T}\int_0^T \left(-g_{\mathrm{m}} + \frac{3}{2}g''_{\mathrm{m}}A^2\cos^2(\omega t)\right)\mathrm{d}t$$

又由：

$$\cos^2(\omega t) = \frac{1+\cos(2\omega t)}{2}$$

上式写成

$$\langle Y_{\text{active}} \rangle = -g_{\mathrm{m}} + \frac{3}{4}A^2 g''_{\mathrm{m}}$$

由于 $\int_0^t \cos 2\omega t\,\mathrm{d}t = 0$。

现在求出 VCO 的实部总导纳可得

$$-g_{\mathrm{m}} + g''_{\mathrm{m}}A^2\,\frac{3}{4} + \frac{1}{R} = 0$$

或

$$A = \sqrt{\left(g_{\mathrm{m}} - \frac{1}{R}\right)\frac{4}{g''_{\mathrm{m}}3}} \tag{7.9}$$

验证　这种计算和类似的讨论可以在参考文献[8,13]中找到。

评价　从式(7.9)可以看出，负载电路的跨导需要大于 $1/R$，否则就不会产生振荡。此外，三阶项 $g''_{\mathrm{m}}>0$，需要很小，才能使振幅 A 很大，这正是人们所期望的。

7.4.3　VCO 的相位噪声

多年来，许多论文对 VCO 的相位噪声进行了研究。Leeson 的模型在历史上一直很受欢迎。通常认为它是正确的，但是它涉及某些拟合参数，大约 20 年前参考文献[12]提供了一个基于物理模型的示例，该模型采用了与本书在此讨论的相似的估计分析。该理论是线性时变(LTV)。亦即随时间变化，因为相位噪声的影响取决于在振荡期间何时注入噪声(见图 7.8)。

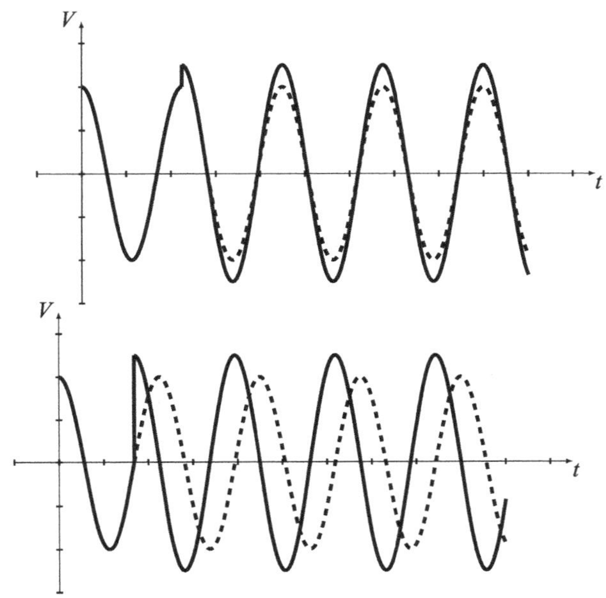

图 7.8　不同相位噪声注入。©[1998]剑桥大学出版社。剑桥大学出版社授权再印

作者定义了所谓的脉冲灵敏度函数 $\Gamma(x), 0 \leqslant x \leqslant 2\pi$，其中 x 在振荡周期内变化。它简单地将相位响应与电流脉冲扰动联系起来。在波形的峰值处为零，在过零点处为最大值。在简单的 VCO 模型中，可以很容易地计算它，然后可以用它来找出相位噪声作为偏置频率的函数。对于单边带噪声，可得

$$P_{\mathrm{sb}} = \left[\frac{i_{\mathrm{n}}^{2}\Gamma_{\mathrm{rms}}^{2}}{q_{\max}^{2}(2\omega)^{2}}\right] \tag{7.10}$$

式中，Γ_{rms}是脉冲灵敏度函数的方均根值；i_{n} 是注入负载的电流噪声，单位为 A^2/Hz；ω 是角偏移频率。

可见，如果当前噪声是白噪声，$1/\omega^2$ 等频率偏移会有所不同；相反，如果它变为 $1/f$，相位噪声将变为 $1/f^3$ 的斜率。除脉冲灵敏度函数，所有这些参数都很容易理解。为了说明这一点，将在这个简化负载模型中进行计算。从基本微分方程，即式(7.7)开始：

$$\frac{\mathrm{d}^2\tilde{u}(t)}{\mathrm{d}t^2}C + \frac{\mathrm{d}\tilde{u}(t)}{\mathrm{d}t}\frac{1}{R} + \frac{\tilde{u}(t)}{L} = q_{\mathrm{n}}\delta(t-\tau)$$

右边的 δ 函数是在时间 $t=\tau$ 的条件下由脉冲电流注入产生的。

简化 因为交叉耦合的跨导提供了一个相反的电阻来抵消损耗，则利用有效电阻无穷大可得

$$\frac{\mathrm{d}^2\tilde{u}(t)}{\mathrm{d}t^2}C+\frac{\tilde{u}(t)}{L}=i_{\mathrm{n}}\delta(t-\tau)$$

注意：量纲上 $[q_{\mathrm{n}}]=\mathrm{As}$ 或安培一秒。换句话说，它是电荷量。

求解 解这类方程最简单的方法是在拉普拉斯域求解，可得

$$s^2\widetilde{U}(s)+\frac{\widetilde{U}(s)}{LC}=\frac{q_{\mathrm{n}}}{C}\mathrm{e}^{-s\tau}$$

易解得

$$\widetilde{U}(s)=\frac{q_{\mathrm{n}}\mathrm{e}^{-s\tau}/C}{s^2+1/LC}=-\frac{q_{\mathrm{n}}}{C}\frac{\sqrt{LC}}{2\mathrm{j}}\left[\frac{\mathrm{e}^{-s\tau}}{s+\mathrm{j}\sqrt{LC}}-\frac{\mathrm{e}^{-s\tau}}{s-\mathrm{j}/\sqrt{LC}}\right]$$

将它转换回时域，可得

$$\tilde{u}(t)=\mathrm{j}\frac{q_{\mathrm{n}}}{2}\sqrt{\frac{L}{C}}(\mathrm{e}^{-\mathrm{j}\omega(t-\tau)}-\mathrm{e}^{\mathrm{j}\omega(t-\tau)}),t>\tau$$

对于电压，可得

$$u(t)=\mathrm{j}\frac{q_{\mathrm{n}}}{2}\sqrt{\frac{L}{C}}(-\mathrm{j}\omega\mathrm{e}^{-\mathrm{j}\omega(t-\tau)}-\mathrm{j}\omega\mathrm{e}^{\mathrm{j}\omega(t-\tau)})=\frac{q_{\mathrm{n}}}{2}\frac{1}{C}(\mathrm{e}^{-\mathrm{j}\omega(t-\tau)}+\mathrm{e}^{\mathrm{j}\omega(t-\tau)})$$

$$=\frac{q_{\mathrm{n}}}{C}\cos(\omega(t-\tau))$$

式中，$t>\tau$。

这是在 $t>\tau$ 时添加到负载的小干扰。假设现在主振荡是

$$v_{\mathrm{osc}}=A\sin(\omega t)$$

如果现在加上由于在时间 $t=\tau$ 时注入电流引起的干扰，可得

$$v_{\mathrm{osc}}=A\left[\sin(\omega t)+\frac{q_{\mathrm{n}}}{AC}\cos(\omega(t-\tau))\right]$$

现在，扰动项可以用正在寻找的脉冲灵敏度函数来表示，这可以用几个例子来说明。

验证 观察特定值 τ。如果 $\tau=0$，在 $t=0$ 时有一个简单的正弦波与零点交叉：

$$v_{\mathrm{osc}}=A\left[\sin(\omega t)+\frac{q_{\mathrm{n}}}{AC}\cos(\omega t)\right]\approx A\sin\left[\omega t+\frac{q_{\mathrm{n}}}{CA}\right]$$

这是由一个简单的三角函数展开得到的。所有注入的能量都变成了相位噪声。如果 $\tau=\pi/(2\omega)$，可得

$$v_{osc} = A\left[\sin(\omega t) + \frac{q_n}{AC}\cos\left(\omega t - \frac{\pi}{2}\right)\right] = A\sin(\omega t)\left[1 + \frac{q_n}{AC}\right]$$

注入噪声为纯振幅噪声。这是人们所能预料的。记住 q_n(A s)的强制单位。

可见微扰项非常接近式(7.10)，可得

$$\Gamma(x) = \cos(x)$$

式中，$0 \leqslant x \leqslant 2\pi$。

评价 综上所述，得到扰动及其在作为相位函数电荷脉冲 q_n 的作用下对相位噪声的影响：

$$v_{perturb}(x) = \frac{q_n}{AC}\Gamma(x) = \frac{q_n}{q_{max}}\Gamma(x)$$

其中

$$\Gamma(x) = \cos(x)$$

式中，q_{max}是参考文献[12]中讨论的一个归一化常数。

对于方均根值：

$$\Gamma_{rms} = \frac{1}{\sqrt{2}} \tag{7.11}$$

对于 LC 振荡器，这个表达式可以很好地估计噪声的大小。

关键知识点

VCO 的抖动传输本质上是线性时变(LTV)的。换句话说，噪声对抖动的影响取决于噪声注入的时间。

例 7.2 **VCO 设计**

现在正处于讨论 VCO 设计的阶段，会使用前几章设计的模块来构建 VCO。

1. VCO 的规格定义

VCO 的规格定义见表 7.3。

表 7.3 VCO 的规格定义表

规格定义	数值	说明
输出频率	25 GHz	
增益	300 MHz/V	角频率为 1800 MHz/V
输出相位噪声	−140 dBc/Hz	@30 MHz 偏离主频
供电电压	0.9 V	

2. VCO 设计

正如前面所讨论的，VCO 主要由谐振元件、某种回路或可调谐振电路以及有源元件组成，有源元件补充了回路或谐振元件中的损耗。在这里使用估计分析的结果：

- 从估计分析开始设计工作；
- 基于估计分析结果在仿真器中优化参数。

这是一个电路示例，说明如何使用估计分析来加快设计工作。对基本性能的充分理解对于高质量的最终产品至关重要。不能依赖仿真器，正如将在此处讨论的那样，它仅适用于微调性能。

这里将重点介绍 *LC* VCO。有两个主要的设计任务。首先需要设计 *LC* 负载，将从第 5 章中找到一个特定品质因素 *Q* 值电感，然后将它与同一章中的一个电容进行并联，以定义这个谐振器在振荡频率为 25 GHz 下的整体 *Q* 值。当已知有效分流损耗电阻后，就要设计一个具有特定跨导 g_m 的交叉耦合对来克服损耗。一般来说，如果具有足够快的处理速度，最麻烦的问题就是无源储能电路。还需要将 VCO 的输出与后续电路负载隔离开来。因此，将在输出中使用在第 2 章中定义的共漏级(CD)。已有的拓扑结构如图 7.9 所示。

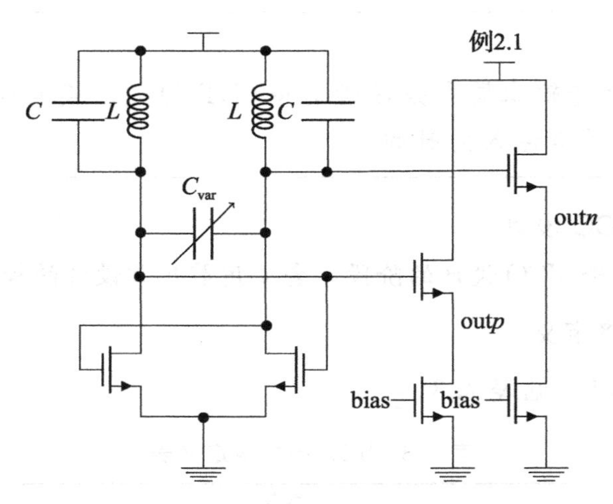

图 7.9 基本的 VCO 拓扑结构

3. 储能电路设计

为了产生谐振，需要一个与电容并联的电感。在第 4 章和第 5 章中已经知道，电感是通过电流模式在回路中流动来设置的。因此，最重要的是要包括整个电流回路，包括流过有源电路的电流，如图 7.10 所示。

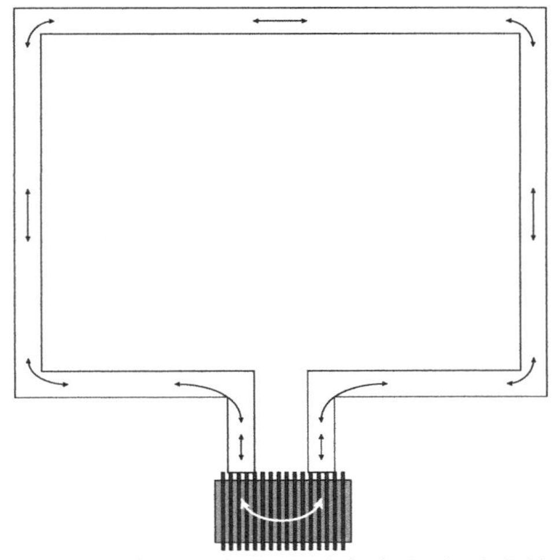

图 7.10　VCO 电感，包含了显示交流电流回路的有源电路

不只是包括线圈本身，人们也知道，共振频率与电感元件的长度有关，所以将尝试设计一个单端电感值为 $L=100\ \text{pH}$ 的电感。

给定单端电容为

$$C=\frac{1}{L\omega^2}=\frac{1}{100\cdot 10^{-12}(2\pi\cdot 25\cdot 10^9)^2}=0.4\cdot 10^{-12}(\text{F})$$

要求电容相当大是有帮助的，因为这样可以将储能的负载包含在谐振内。那么这样的电感是什么样的？在例 5.5 中创建了这样一个储能电路，但是储能电路中的电感只是线圈本身。需要计算线圈到有源电路的关系，以获得正确的电感。电感线圈的长度为 $L_{\text{int}}=40\ \mu\text{m}$，其中这些电感引脚之间的距离为 $d=10\ \mu\text{m}$。从式(4.52)中可以发现，由于支路引起的附加差分电感为

$$L_{\text{add}}=4\cdot 10^{-7}\cdot 40\cdot 10^{-6}\left(\frac{1}{4}+\ln\frac{10}{2}\right)\approx 29(\text{pH})$$

其中估计过高大约 30%。因此电感大约减小了 10%。要求电容减小 10%，或 $C=0.36\ \text{pF}$。

为了调整频率，储能电路设计中需要包括一个可改变电容大小的变容二极管，因此谐振频率将随它的偏置电压而变化。从规格定义可以知道，需要

300 MHz/V 的增益，这会导致 300 M/25 G 的频率提高 1.2%，也导致电容变化 2.4%。电容需要每 1 V 变化 8.5 fF。基于该技术，可以发现变容二极管的尺寸大约为 $m=2$。

4. 有源设计

现在知道了储能电路的规格定义，可以进行有源设计了。根据经验，最坏的情况是 $1/g_{\mathrm{m}}<R/2$ 。这是为了确保有足够的裕度使 VCO 振荡并获得合理的裕度。从例 5.5 中可以知道差分储能电阻 R_{diff}，同样也得到了单端电阻 R，从而可以计算所需的跨导：

$$g_{\mathrm{m}}>2\,\frac{1}{R}\approx 6(\mathrm{m\Omega})$$

在这种 VCO 设计中，由于超过电压的承受能力，不能使用薄氧晶体管。相反，使用了虚拟仿真技术中的 1.5 V 单元晶体管。然后，在列表中的晶体管中，从附录 A 中选取了 10 叉指结构的器件。这个晶体管的跨导 $g_{\mathrm{m}}\approx 6\ \mathrm{m\Omega}$，应该足以使电路振荡。

频率：有了这些参数，可以用练习 2.5 中的计算结果来估计有源级电容。由于 $C_{\mathrm{load,act}}=C_{\mathrm{g}}+4C_{\mathrm{d}}=21$ fF 储能电容应该减少到 $C_{\mathrm{tank}}=339$ fF 加上变容二极管，其额定电容为每单位 10 fF，需要在负载共漏(CD)级加上两个。另外根据例 2.1，负载 CD 级的输入电容为 9 fF，因此所需的最终储能电容为估计尺寸 $C_{\mathrm{tank}}=310$ fF。

振幅：根据式(7.9)，振幅将接近：

$$A=\sqrt{\left(g_{\mathrm{m}}-\frac{1}{R}\right)\frac{4}{g''_{\mathrm{m}}\cdot 3}}=\sqrt{\left(5.8\cdot 10^{-3}-\frac{1}{330}\right)\frac{4}{5\cdot 10^{-3}\cdot 3}}=0.86(\mathrm{V})$$

请注意，由跟随器输出端的“旋转”电容所产生的负电阻(见例 2.1)与差分耦合对所提供的负电阻相比可以忽略不计。

相位噪声：式(7.10)和式(7.11)表示相位噪声预期为

$$\mathcal{L}\quad(\Delta\omega)=10\log\left[\frac{\Gamma_{\mathrm{rms}}^{2}}{q_{\mathrm{max}}^{2}}\cdot\frac{\overline{i_{\mathrm{n}}^{2}}/\Delta f}{4(\Delta\omega)^{2}}\right]$$

其中

$$\Gamma_{\mathrm{rms}}=\frac{1}{\sqrt{2}}$$

$$q_{\max} = C_{\text{tank}} A$$

$$\frac{\overline{i_{\text{n}}^{2}}}{\Delta f} = 4kTg_{\text{m}}\gamma$$

假设负载电阻本身的噪声与晶体管噪声相比是小的，这很容易验证。这是一个单端表达式。差分对相位噪声的影响降低了 3 dB。

最后，在表 7.4 中给出了 VCO 各组件的估计参数/尺寸。

表 7.4 VCO 的初始参数

元器件	参数	数值
电感	电感值	110 pH
电容	电容值	310 fF
变容器	个数	2
M_1、M_2，中等厚度	W/L/NF	1 μm/100 nm/10

仿真

在仿真器中仿真了这些尺寸后，可见估计的所需的电容值小了，稍有更新的表格见表 7.5。

表 7.5 仿真优化后 VCO 的最终尺寸

元器件	参数	数值
电感	电感值	110 pH
电容	电容值	315.6 fF
变容器	个数	2
M_1、M_2，中等厚度	W/L/NF	1 μm/100 nm/10

电容的主要误差是因为假设电路一直为满负载 $C_{\text{load,act}}$。实际上，所有晶体管的负载电容在整个周期内是变化的。

调整了尺寸后，通过图 7.11 和图 7.12 的简单仿真来确认结果。

从图 7.11 中可以明显看出，对于较高的偏移频率相关性非常好。对于较低的频率，晶体管的 $1/f$ 噪声开始发挥作用。仔细观察会发现，有两个相对的效应相互抵消。晶体管噪声被高估了，但是由于没有包括系统中的其他噪声源(例如，变容二极管和储能电阻)，所以噪声得到了补偿。单端幅度约为 710 mV，而这里的估计值为 860 mV，因此，这里的估计差了 2 dB。

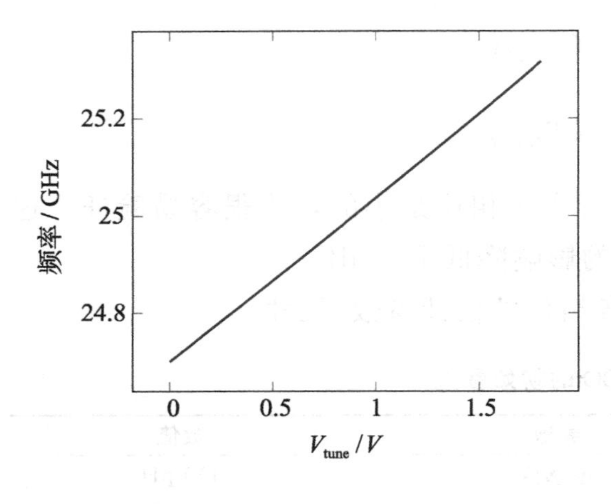

图 7.11 振荡频率与控制电压

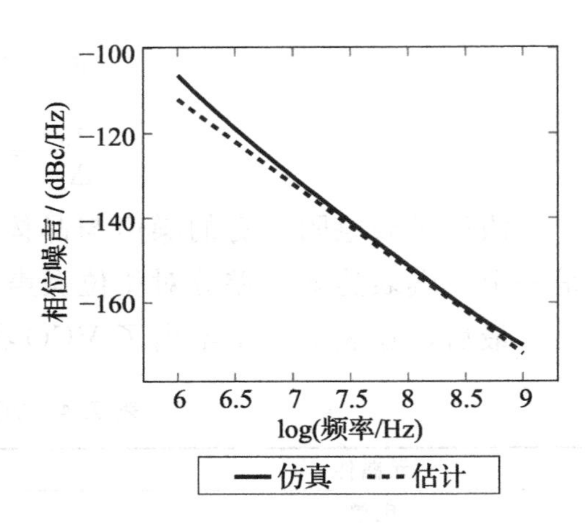

图 7.12 VCO 节点的相位噪声

下一步：设计的下一步将是遍历所有工艺角、电压和温度工艺角，以确保符合所有的规则。之后，应做一个完整的版图，包括寄生参数。在物理设计完成后，电容的尺寸可能需要一些调整。

小结：从这个设计示例中可以得出的主要结论是，在仿真之前要做功课。适当的估计分析为模拟仿真阶段提供了一个很好的起点，在大多数情况下，只需要微调尺寸。

但是，要注意 VCO 设计是一个复杂的主题，有许多可用的拓扑结构，在这里所关注的性能标准只是非常基础的。有关 VCO 设计的详细分析，请参阅参考文献[14]。适度提示读者分析的局限性之后，在这里已经证明，现在的讨论是更深层次理解的基础。

7.5 模数转换器

模数转换器(ADC)是当今电路的核心标准模块之一(见参考文献[15-19])。ADC 几乎是各种形式的大规模集成电路的一部分。原因很明显：人们生活在模拟世界中，但是电路主要擅长处理数字信息，因此需要在它们之间建立接口。多年以来，人们已经发明了许多不同类型的体系结构，在此会简要介绍它们。在所有这些系统中，一个共同的主题是采样，在该过程中，直接采集信号，然后将它转换为数字信号，然后重复该过程。

本节首先讨论 ADC 的简单模型。从没有精确采样器的最基本模型开始，然后继续介绍采样 ADC 的简单模型，最后讨论体系结构、性能标准和设计示例。

在关于 ADC 的一般性讨论之后，有一节内容是关于采样的。采样的效果会给系统带来意想不到的结果，这里将讨论如何简化采样过程的分析，使其更清晰。将从可能是最常见的电压采样开始，然后继续使用电荷采样(一种使用较少的技术)。采样可以看作上下转换器，将会在练习中快速浏览一下这种效果。

7.5.1　基本 ADC 模型

考虑一个 ADC 简单模型，并使用在本书中讨论的估计分析来处理它。首先建立一个简单模型，并从中学习有关 ADC 性能的知识。特别地，将使用此简单模型来计算量化噪声。

简化　为了避免不必要的细节，假设有一个数据转换器，在 $-2^{N-1}+1 \rightarrow 2^{N-1}$ 范围内输出带符号整数，输出范围为 2^N。进一步假设：

1)ADC 的输入信号为正弦信号：

$$f_{\text{in}} = A\sin\omega t$$

其中

$$A = 2^{N-1}$$

2)$N \gg 1$，因此输入信号在转换时近似为线性。

简单模型的输出信号简化为

$$f_{\text{out}} = \text{int}(f_{\text{in}} + 0.5)$$

其中 0.5 来自以下假设：输出是最接近输入信号的整数电平。如图 7.13 所示，可见输出一个阶跃函数响应。

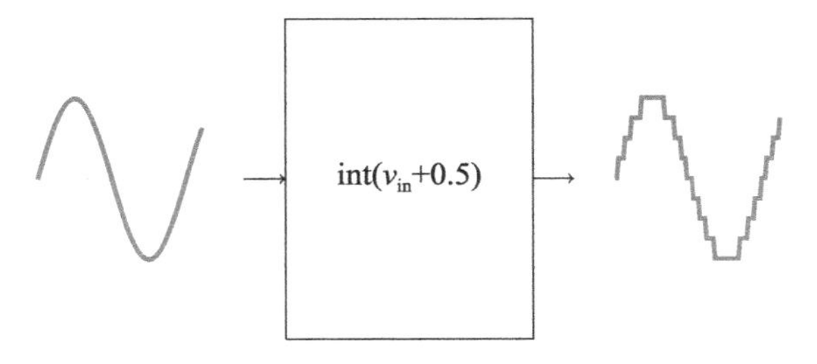

图 7.13　基本的 ADC 功能

显然，其中有基频信号，但也有其他的信号存在。噪声为

$$f_{\text{noise}} = f_{\text{out}} - f_{\text{in}} = \text{int}(f_{\text{in}} + 0.5) - f_{\text{in}}$$

图形化显示如图 7.14 所示。

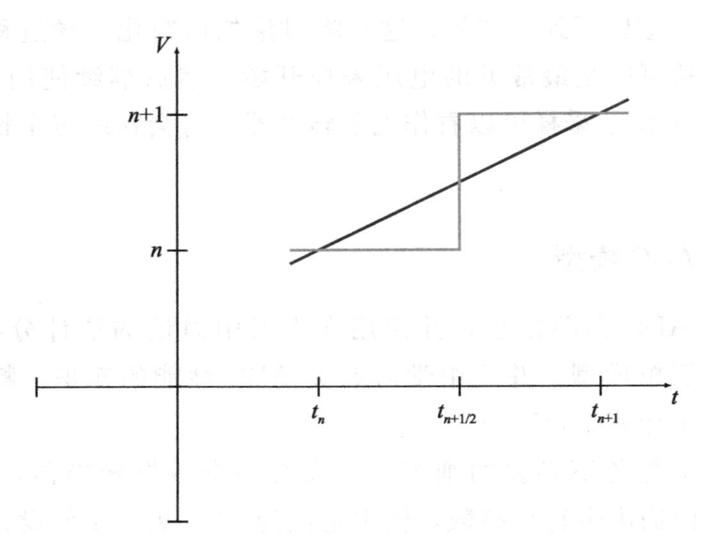

图 7.14　ADC 模型输出特写与转换点处输入。黑色曲线是输入信号，灰色曲线是输出信号

噪声只是转换时间的锯齿函数，该函数从 0 开始。在中点 $t=t_{n+1/2}$ 时，函数值变为 -0.5，并在该点发生转换，同时将噪声加 1，$t=t_{n+1}$ 时，噪声降为 0。它的数学式表达为

$$f_{\text{noise}} \approx \sum_n \left[-\frac{(t-t_n)}{(t_{n+1}-t_n)} + 1 \cdot \theta(t-t_{n+1/2}) \right]$$

其中使用了 Heaviside 函数 θ。

求解　计算一下其中一个窗口的功率：

$$P_{\text{noise},n} = \int_{t_n}^{t_{n+1}} {f_{\text{noise}}}^2 \mathrm{d}t = 2\int_{t_n}^{t_{n+1/2}} \left[\frac{(t-t_n)}{(t_{n+1}-t_n)}\right]^2 \mathrm{d}t = \{t' = t - t_n\}$$

$$= 2\int_0^{\Delta t_n/2} \left(\frac{t'}{\Delta t_n}\right)^2 \mathrm{d}t' = 2\left[\frac{t'^3}{3(\Delta t_n)^2}\right]_0^{\Delta t_n/2} = \frac{1}{12}\Delta t_n$$

一段时间内，在 $\Delta t = T$ 处可得总噪声：

$$P_{\text{noise}} = \frac{1}{12} T$$

在相同时间段内正弦函数的功率简化为

$$P_{\text{signal}}=\frac{A^2}{2}T$$

则得到 SNR 为

$$\text{SNR}=\frac{TA^2/2}{T/12}=6A^2=6\times 2^{2N-2}$$

更熟悉的形式是 dB 形式：

$$\begin{aligned}\text{SNR}_{\text{dB}}&=10\log(6\times 2^{2N-2})=10\log 6+10\log(2^{2N-2})\\&=10\log 6+10(2N-2)\log(2)\approx 7.781+3.01(2N-2)\\&=6.02N+1.76\end{aligned}$$

验证　对于 N 位 ADC，ADC 的量化噪声使得 SNR 变为

$$\text{SNR}_{\text{dB}}=6.02N+1.76$$

这是一个为人熟知的公式，可以在几乎所有关于 ADC 的参考书中找到。

可以再次看到，通过构建一个非常简单的 ADC 模型，可以了解它们的一些基本性质。

评价　当讨论 ADC 的噪声时，它通常被量化噪声所主导。ADC 完全由热噪声主导是没有意义的，因为仅通过降低分辨率就可以得到相似的性能，这可以显著减少设计时间(和功耗!)。

关键知识点

对于 N 位 ADC，ADC 量化噪声使得 SNR 为

$$\text{SNR}_{\text{dB}}=6.02N+1.76$$

7.5.2　带采样的 ADC 模型

刚刚介绍的基本模型有一些明显的局限性，其中最严重的是采样率取决于信号本身。这意味着很难预先找到它的频率成分，并且后续处理将需要对输出或某些此类方案进行重新采样。从刚才介绍的非常简化的模型中还可以清楚地看出，在实际的 ADC 中，电路将信号转换成数字信号所需时间是有限的。如果这个有限的时间是信号周期的一部分，则电路会很快变得混乱，并且信号丢失/失真效应和其他恶化情况可能会发生。解决这两个问题的经

典方法是在时间上采用统一的采样器，在该采样器中将输入信号保持一定的时间，使电路有机会不受干扰地转换信号。采样几乎总是以固定的频率进行的，并且有多种方法通过电路来实现。本章将从系统角度研究两种常见方法：电压采样和电荷采样。采样对信号的影响已经得到了很多的研究，但是这里会详细描述该影响的详细计算过程。

奈奎斯特定律

此处应提及的一种定律是奈奎斯特定律，该定律的内容如下：在给定采样频率 f_s的情况下，信号必须在 $f_s/2$ 的带宽内。奇怪的是，该频段原则上可以位于频谱中的任何位置。如果在 $f_s/2$ 以内，则称为第一奈奎斯特频带。如果介于 $f_s/2$ 和 f_s之间，则它在第二奈奎斯特频带内，以此类推。本书将在后续章节中推导出产生这种效应及其成因的精确表达式。

> **关键知识点**
>
> 由于折叠效应，ADC 需要将它的输入信号频带限制在 $f_s/2$ 带宽内，其中 f_s为采样频率。

在本章余下的内容中，将假设信号是按一个恒定采样周期 T_s 进行采样的。

为了对均匀采样窗口进行建模，通常要对 7.5.1 节中的前两个假设进行额外的假设。

3)这个信号是“活跃的”，意味着两个连续的样本有不同的输出字。

必须有这种假设才能使噪声功率的概念与信号本身解耦。设想一个直流信号恰好位于平均触发点，则输出不会有噪声。如果它恰好位于边界处，它将具有最大的噪声，即 0.5LSB(最低有效位)。噪声明显地依赖于信号。在一个真实的系统中，这是不现实的，因为在实践中遇到的真实世界信号是相当活跃的。这 3 个标准被称为 Bennet 标准(参见参考文献[15])。

在每个采样点进行简化假设，即假设量化误差均匀分布在图 7.15 所示的 +0.5LSB 范围内(参见参考文献[15])。

得到噪声功率：

$$P_{\text{noise}}=\int_{-1/2}^{1/2}P(E)E^2\,\mathrm{d}E=\left\{P(E)=\frac{1}{1/2-(-1/2)}=1\right\}$$

$$= \int_{-1/2}^{1/2} E^2 \mathrm{d}E = \left[\frac{E^3}{3}\right]_{-1/2}^{1/2} = \frac{1}{12}\mathrm{LSB}$$

这实际上和之前做过的计算是一样的，只是结构有所不同。

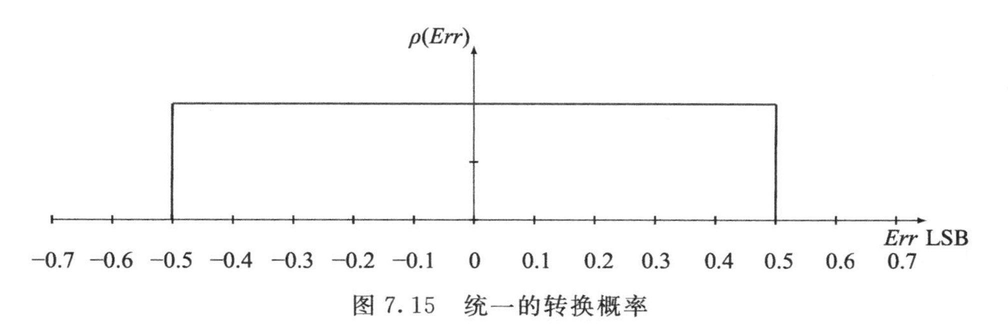

图 7.15 统一的转换概率

改善 SNR——通过简单模型求平均值

试想采用初始系统并以两倍的速度采样，然后取两个连续输出的平均值。总体采样率没有变化，但是有一些有趣的点产生了。下面用一个简单的模型来研究一下。

简化 观察两个连续的信号，即 S_i 和 $S_{i+1/2}$。每一个都可以建模为

$$S_i = V_i + n_i$$

式中，V_i 为采样信号；n_i 为采样噪声。

通过假设噪声项在连续样本中不相关来简化它们的噪声功率，此外平均看来，所有样本的噪声功率都相同。

求解 两个信号相加后得到

$$S_{i,\mathrm{tot}} = S_i + S_{i+1/2} = V_i + n_i + V_{i+1/2} + n_{i+1/2} = V_i + V_{i+1/2} + \sqrt{2}\,n_i$$

求平均后可得

$$\langle V_i \rangle = \frac{1}{2}(V_i + V_{i+1/2})$$

则噪声为

$$\langle n_i \rangle = \frac{1}{2}\sqrt{2}\,n_i = \frac{1}{\sqrt{2}}n_i$$

噪声功率是初始功率的一半，或者以对数形式表示为 3 dB，而信号功率相同。因此 SNR 提高了 3 dB!

验证 这一结果可以在许多 ADC 参考书中找到，参阅参考文献[15-19]。

评价 通常，如果可以控制速度，这是提高 SNR 的非常有效的方法。采样率每增加一倍，然后求平均，SNR 都会提高半位：

$$\mathrm{SNR}_K = \mathrm{SNR}_1 K$$

或用 dB 表示：

$$\mathrm{SNR}_{\mathrm{dB},K} = \mathrm{SNR}_{\mathrm{dB},1} + 3(K-1)$$

式中，K 是过采样因数。

> **关键知识点**
>
> 采用过采样然后求平均的方法，可以改善 ADC 的 SNR。

7.5.3 架构

ADC 架构有很多。现代相关文献中包含了太多的种类，不能在这里一一列举，见参考文献[15-19]。这里只提出一些常见的类型，在接下来的几节中，会详细讨论其中的一两款。

快闪型转换器：这只是一个简单的并行驱动 2^N-1 比较器的输入级。它是最快的架构，但是它存在严重的面积限制，每增加一位都会导致面积翻倍！用这种结构实现高于 6 位是不常见的，而且它所需要的功耗可能很大。

流水线型转换器：流水线型转换器分两步进行转换，其中每一步具有较少的位，因此组合后分辨率更高。

Sigma-delta 转换器：将噪声上变频到信号频带之外是改善噪声性能的一种非常有效的方法。在进行低通滤波后，噪声的改善会非常明显。它的缺点是需要过采样，因此不能在真正的高频应用中使用。

时间-数字转换器：该方法利用脉冲宽度计数将模拟信号转换为数字信号。它采用了时间放大器(参见参考文献[16])这样的高级电路技术。

逐次逼近寄存器(SAR)：这个结构在每个采样时钟进行一位比较。这不是一个非常快的架构，但它有非常低的功耗，因为它几乎完全是数字的。

时间交叉采样转换器：这种结构是采样＋多路复用器＋后面的慢 ADC 的组合。对于现代高速数据转换器，它是最常用的架构。后面的慢 ADC 通常是一个SAR结构。

在本章中，将研究快闪型ADC的电路实现，并更详细地研究时间交叉采样系统的特性。

7.5.4 性能标准

表征数据转换器的方法有很多(见参考文献[15-19])。具体的应用决定应采用哪个。在这里，仅提及一些常见的标准，在本章的其余内容中使用SNR作为性能标准。

1. 直流规格参数

分辨率：ADC的输出位数。它不一定与转换器的精度有关。

积分非线性(INL)：当输入是直流电压时，输出与过零刻度和满刻度所确定的直线之间的偏差。

微分非线性(DNL)：描述两个相邻数据输出与LSB步长之间的差异。

误差：在现代集成电路中，元件间的匹配并非理想。失配效应会引起输入信号的偏移。输入为零将导致输出非零等效值。

功耗：当电路用于电池供电设备时，功耗通常是一个非常关键的参数。

2. 交流规格参数

交流或动态规格参数通常是最受关注的，因为它们是最难满足的。这是常态，但同样的不足在直流参数中同样具有。

信噪比(SNR)：简单而言就是信号功率与其他所有功率的比值，不包括谐波失真。

总谐波失真(THD)：就是所有谐波功率的总和除以基频的功率，通常以百分比(%)表示。以dB为单位表示THD。

信噪失真比(SNDR)：就是信号功率与所有其他功率(包括谐波失真)的功率之比。

有效位数(ENOB)：ENOB的定义有些混乱。IEEE有一个正式的定义，但是大多数最新文献使用一个更简单的定义：

$$\mathrm{ENOB}=\frac{2\log \mathrm{SNDR}-1.76}{6.02}$$

无杂散动态范围：就是基频和频谱中最高杂散之间的分贝差。

误码率(BER)：转换错误数与已完成的转换数之比：请参阅第3章。

在描述ADC性能的大多数现代论文中，都使用输出信号的离散傅里叶变换：

$$h(k)=\sum_{n=0}^{N-1}H(t_n)\mathrm{e}^{-\mathrm{j}2\pi\frac{k}{T}t_n}$$

式中，$t_n=\frac{n}{N}T$；$k\in\left[-\frac{N}{2},\ \frac{N}{2}-1\right]$，$N$为偶数。

可以使用这个公式来研究诸如SNR、SNDR、THD等在理想频率处出现的问题。例如$1/f$噪声和包括误码率在内的错误，要么需要过多的采样时间，要么需要用其他方法进行检查。使用这些类型的转换可以很好地揭示系统的性能。需要注意：是否有噪声以及异常的输出信号功率，这些可以表征不正常的电路行为。如果捕获时间不够长，则抖动的有害影响可能会隐藏在基频中。除了前面提到的一些罕见的缺点，信号的傅里叶变换很好地揭示了整个电路的特性。

为了达到本书的目的，将使用SNR、SNDR和THD作为关键参数来说明在数据转换器设计中使用估计分析的情况。

7.5.5　交错型ADC

许多现代高速ADC使用时间交错拓扑结构来实现高采样率，示例如图7.16所示。

其想法是将输入的采样数据多路复用到几个速度较慢的ADC，以同步方式输出其数据。为了达到设计的目标采样率，输出按时间顺序排列。可以预见，慢速ADC的各种缺点会影响输出结果，本节将研究此类ADC的简化版本。

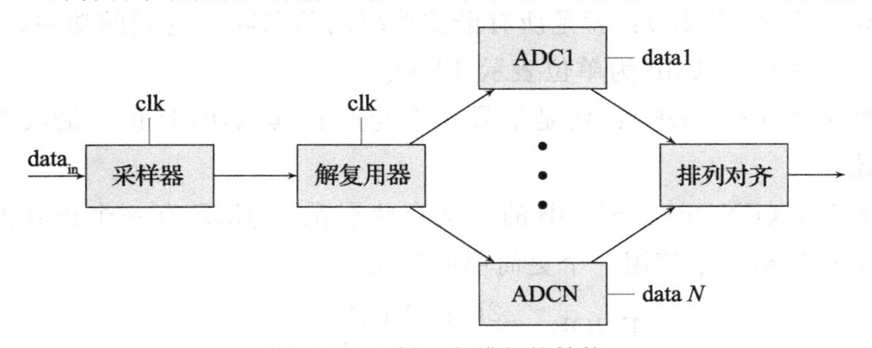

图7.16　时间-交错拓扑结构

简化　简化的方法是只有两个时间交错的数据路径。首先研究两个数字转换器之间的偏移差异的影响，然后讨论增益失配。这里还假设不用考虑热噪声。

$$V_o = \begin{cases} A\sin\omega nT, 2nT \leqslant t \leqslant (2n+1)T \\ C + A\sin\omega nT, (2n+1)T \leqslant t < 2(n+1)T \end{cases}$$

如果对此式用图表示，则如图 7.17 所示。

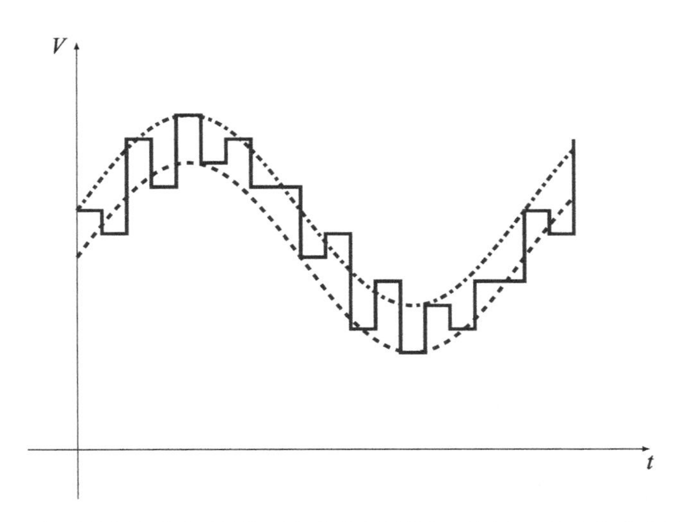

图 7.17　偏移效应示意图。两个短划线表示两个 ADC 段的偏移量

求解　傅里叶变换后可得

$$\begin{aligned} V_o(f) &= \int_{-\infty}^{\infty} V_o(t)\mathrm{e}^{-\mathrm{j}\omega t}\mathrm{d}t \\ &= \sum_{n,\mathrm{odd}}\int_{-\infty}^{\infty}(C + A\sin\omega nT)\mathrm{e}^{-\mathrm{j}\omega t}\mathrm{d}t + \sum_{n,\mathrm{even}}\int_{-\infty}^{\infty}A\sin\omega nT\mathrm{e}^{-\mathrm{j}\omega t}\mathrm{d}t \\ &= \sum_{n}\int_{-\infty}^{\infty}A\sin\omega nT\mathrm{e}^{-\mathrm{j}\omega t}\mathrm{d}t + \sum_{n,\mathrm{odd}}\int_{-\infty}^{\infty}C\mathrm{e}^{-\mathrm{j}\omega t}\mathrm{d}t \end{aligned}$$

除了以周期 T 采样的正弦波，还有一个以 $2T$ 周期采样的直流信号，它将在 $m/2T$ 的频率(采样频率的一半)出现。这只是一个通道中偏移量的上变换版本。

增益失配的影响可以进行类似地分析，如图 7.18 所示。

可得

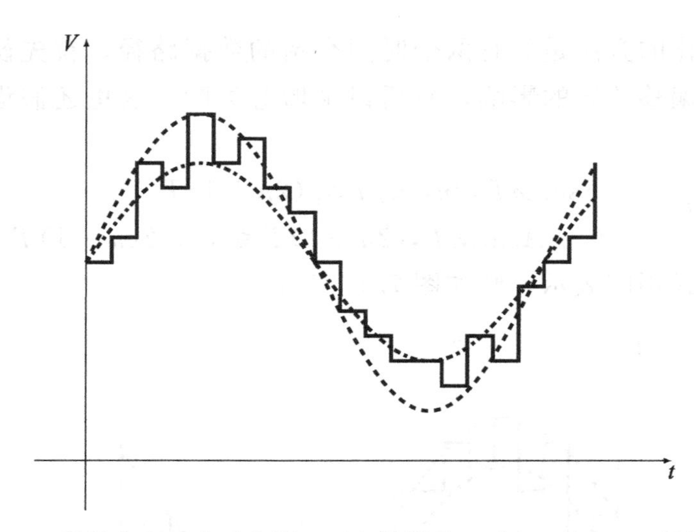

图 7.18 增益失配效应示意图。两条短划线显示每一个 ADC 段的增益

$$
\begin{aligned}
V_{\mathrm{o}}(f) &= \int_{-\infty}^{\infty} V_{\mathrm{o}}(t)\mathrm{e}^{-\mathrm{j}\omega t}\mathrm{d}t \\
&= \sum_{n,\mathrm{odd}}\int_{-\infty}^{\infty} A'\sin\omega_{\mathrm{s}} nT\mathrm{e}^{-\mathrm{j}\omega t}\mathrm{d}t + \sum_{n,\mathrm{even}}\int_{-\infty}^{\infty} A\sin\omega_{\mathrm{s}} nT\mathrm{e}^{-\mathrm{j}\omega t}\mathrm{d}t \\
&\quad + \sum_{n}\int_{-\infty}^{\infty} A\sin\omega_{\mathrm{s}} nT\mathrm{e}^{-\mathrm{j}\omega t}\mathrm{d}t + \sum_{n,\mathrm{odd}}\int_{-\infty}^{\infty} (A'-A)\sin\omega_{\mathrm{s}} nT\mathrm{e}^{-\mathrm{j}\omega t}\mathrm{d}t
\end{aligned}
$$

有一个采样周期为 T 的正弦信号和采样频率为其一半的正弦信号，其振幅为增益失配。则第二项会产生一个频率为 $m/2T \pm f_{\mathrm{s}}$ 的基频。

验证 上述结果是标准的结果，可以在参考文献[19]中找到。

评价 通常，对于 n 交错系统，任何偏移都将在 F_{s}/n 附近显示为杂散，而任何增益失配都会出现在 $F_{\mathrm{s}}/n \pm f$ 处。

小结

这里研究了简单的 ADC 模型，并利用估计分析得到了相关的参数。虽然这些结果大部分是众所周知的，但还是希望读者被所使用的方法所激励，并将获得启发来研究 ADC 及其特性。通过简单地思考所关注的系统，并尝试通过简单的模型获得它们的精髓，就可以自己学到很多东西。

例 7.3 快闪型 ADC 设计

之前已经用一些示例讨论了一些 ADC 的关键模块，接下来将它们组合成 Flash ADC。这种结构可以说是最简单的，同样也是传统拓扑结构中最快的，可以作为一个很好的例子来说明如何使用估计分析方法设计电路。它不一定是功耗最低的拓扑结构，对于功率至关重要的此类应用，很多 ADC 相关文献提供了许多高效架构的示例。由于篇幅所限，这里只考虑一些常规规格。完整的 ADC 设计需要规格定义的限制，例如失调和功耗以及其他因素，将会留在别处讨论。但是，可以采用估计分析技术轻松地包含其他影响。

1. ADC 规格定义

ADC 的规格定义见表 7.6。

表 7.6　ADC 规格定义表

规格定义	数值	说明
采样频率	12.5 GHz	
SNR	37 dB	
SNDR	35 dB	输入时 1 dB 的误差
分辨率	6 bit	
采样开关接通电阻	10 Ω	使用时

2. ADC 设计

接下来，会使用在本书中对几个电路进行的估计分析的结果(尤其是第 2 章和第 3 章中的)：

- 从估计分析中得到设计工作的初始参数；
- 在优化参数的仿真器中采用这些参数。

这是另一个利用估计分析来加速设计工作的电路实例。对基本参数的透彻理解对于一个高质量的产品设计而言，是必不可少的。

仿真器不会给人们任何直接的结果；正如本书将在此处讨论的那样，它仅用于微调性能。

使用的拓扑结构如图 7.19 所示。第一个模块是抗混叠滤波器，可以简单地确保通过 ADC 的信号被限制在适当的奈奎斯特频带内，此处将不再讨论该模块。这样，假设输入信号受到适当的频带限制。

使用第 2 章的输入级和跟随器、第 3 章的缓冲器和比较器。对于采样开关，先不使用任何开关，然后使用一个理想的串联电阻作为开关，并比较这两种情况下的带宽。

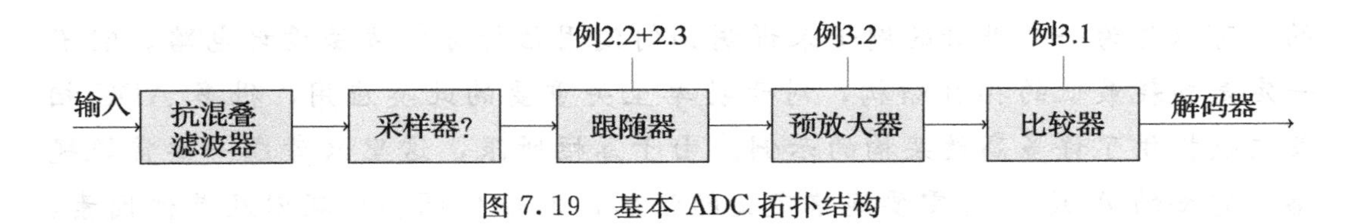

图 7.19 基本 ADC 拓扑结构

在设计比较器时没有涉及的一个重要问题是反冲(kickback)现象。图 3.3 中的尾端复位开关将导致差分对的源电压迅速移动到地面节点电压 V_{ss}。电压的这种快速变化将使电流通过输入晶体管的栅源电容，进而通过输入源的驱动阻抗。

$$I_{\text{kick}} = C\frac{\mathrm{d}V}{\mathrm{d}t} \rightarrow \Delta V_{\text{in}} = I_{\text{kick}} Z_{\text{in}}$$

这将产生一个干扰敏感输入信号的电压，并可能导致严重的问题。一个简单的变化参数为

$$\Delta V_{\text{in}} \approx 10 \cdot 10^{-15}\,\frac{0.4}{10 \cdot 10^{-12}}100 \approx 0.4 \cdot 10^{-1}(\text{V})$$

电路差分操作在一定程度上是有帮助的，但如果需要很高的精度，这很可能是不够的。

解决这一问题的首选方法是使用前置放大器将比较器反冲信号与输入信号隔离开来。它也将有助于抵消两个信号，但它有时会造成不可接受的额外的延时。当然也可以使用不同的具有更高功耗的比较器，其中电路始终处于偏置状态。这里将使用例 3.2 中的前置放大器。拓扑结构如图 7.20 所示。

在设计电路模块时已经考虑了这个系统规格定义，在把所有模块组合在一起并进行仿真之后，得到以下不同频率的结果(对于这些仿真，与早期的电路相比，没有任何改变。一切均以适当的驱动源/负载阻抗进行设计/估计，因此无需进行任何调整!)。两个单独输入频率由此产生的频谱如图 7.21 所示。最终结果见表 7.7。

3. 带宽估计

图 7.20 中将带宽定义为串联电阻底部输出端的响应。带宽由系统的两个特性决定，首先是 CD 级输出驱动器，然后是这里的设计不使用采样开关。这两种情况将限制带宽，比较器的孔径窗口确实很短，与在第 3 章“比较器分析”部分的讨论只相差几 ps，因此不会影响带宽。CD 级由一系列低值电阻组

成，这些电阻驱动前置放大器的电容性输入级。有 63 个这样的 RC 时间常数，由于滤波器彼此加载，因此累积效果比 63RC 更显著。相反，可以使用估计分析来理解带宽。

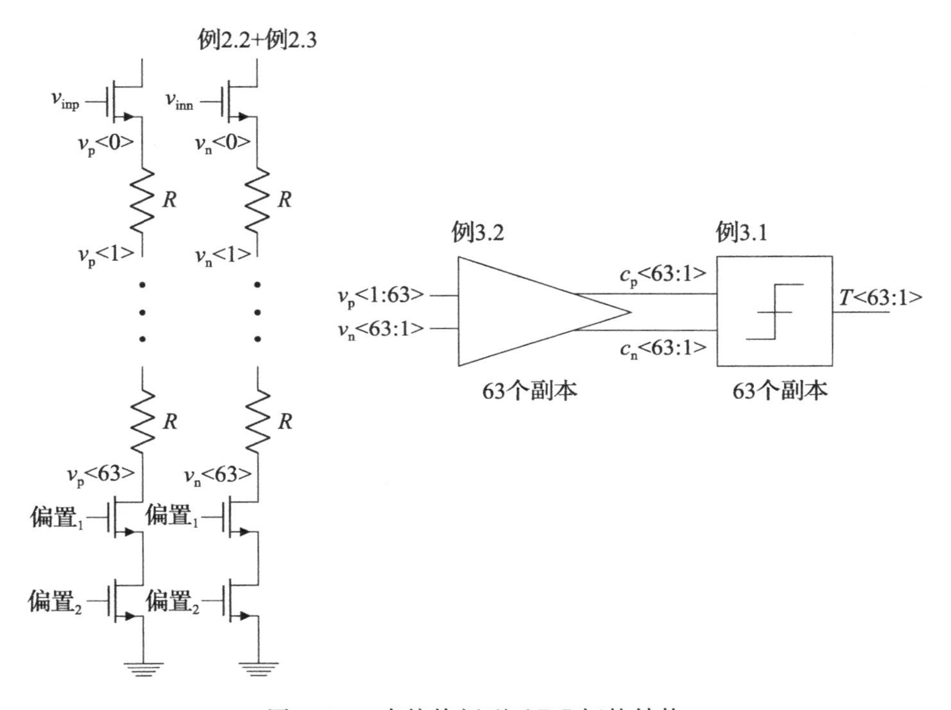

图 7.20　直接快闪型 ADC 拓扑结构

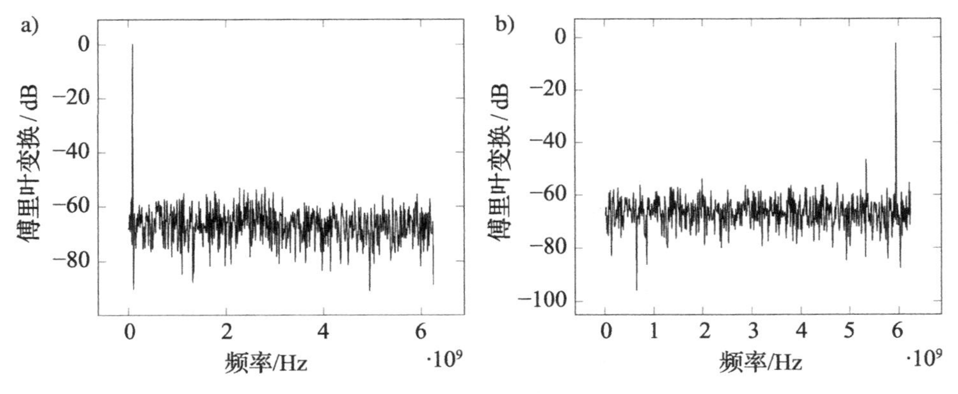

图 7.21　快闪型 ADC 输出频谱@100MHz 和 6GHz

表 7.7 快闪型 ADC 的最终仿真结果

参数	仿真	估计	差值
SNR	37.4 dB	37.9 dB(量化噪声)	0.5 dB
SNDR	36.8 dB	37.9 dB	1.1 dB@6 GHz
带宽	7.1 GHz	4 GHz(过低估计)	3 GHz

简化 用一个单极点系统来近似该系统，该系统的电阻等于所有电阻的总和，电容等于所有电容的总和，其中使用例 2.2 中的固定电容 $C=12$ fF。该电阻由设计实例，即例 2.2 加上跟随器输出电阻 $1/g_{\mathrm{m}}=12\ \Omega$ 给出，并且提供了带宽的下限。

求解 估计的带宽简化为

$$f_{\mathrm{BW,lower}}=\frac{1}{2\pi RC}=\frac{1}{2\pi(64\times0.625+12)64\times12\times10^{-15}}=4.0(\mathrm{GHz})$$

验证 RC 网络自身仿真结果为

$$f_{\mathrm{BW,sim}}=7.9(\mathrm{GHz})$$

带有源电路的完整仿真中，由于有效电容较大，因此带宽略低，最终可得

$$f_{\mathrm{BW\text{-}full,sim}}=7.1\ \mathrm{GHz}$$

一些有价值的信息如图 7.22 所示。首先，图 7.22a 显示了增益响应，正如在这里描述的，3 dB 点的位置大约在 7 GHz 处。在输入级晶体管的栅极处，带理想采样开关(10Ω 串联电阻)的类似仿真如图 7.22b 所示。其中带宽

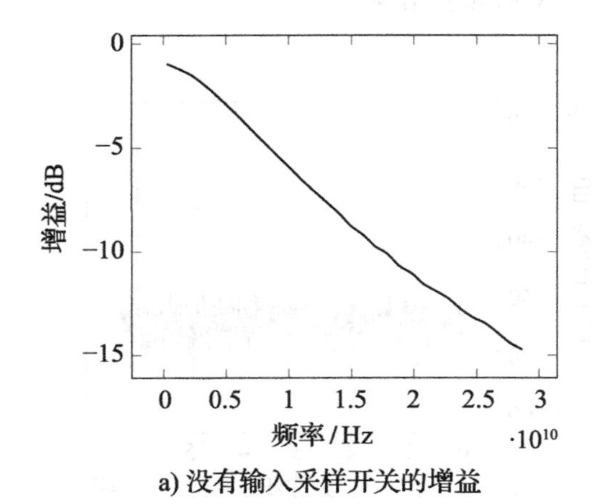

a) 没有输入采样开关的增益

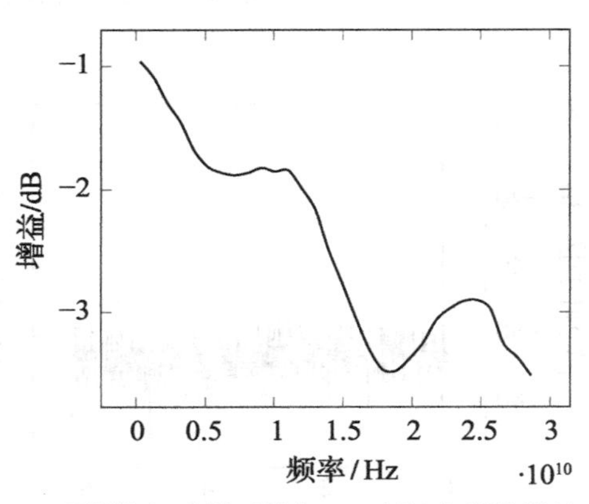

b) 理想输入采样开关与10Ω电阻串联的增益响应

图 7.22 增益传输函数与输入频率；奈奎斯特以上的频率被测量为折叠下变频频率。输入信号在满量程时减少 1 dB

获得了显著改善。理由是输入被保持了大约一半的采样周期，电阻性阶梯有足够时间稳定下来。本书不会在这里详细讨论真正的采样开关的实现，但是希望读者能受到启发，自己去探索。

4. **失真估计**

失真主要是由输入 CD 级引起的。由第 2 章中可以得知，负载足够大，CD 级的失真会很小。在这里的示例中，由于电流下降产生了一个大的阻抗，大约为 1 kΩ，从第 2 章 2.2 节和例 2.2 计算的第二和第三谐波项来看，第三谐波项应该是

$$H_3 \sim \frac{-2(g'_{\mathrm{m}})^2 + g''_{\mathrm{m}} g_{\mathrm{m},0}}{(g_{\mathrm{m},0})^5 (Z_{\mathrm{L}})^3} V_{\mathrm{in}}^3 \sim 10^{-5}$$

换句话说，它可以忽略不计。通过仿真低于 100 MHz 的低频也可以证实这一点。对于较高的频率，可以从图中看到一些失真项，但它们很小，在这种情况下不会使 SNDR 降低很多。

5. **噪声估计**

最好在前置放大器的输入端估计噪声。从例 3.1 来看，可以知道比较器的输入噪声为

$$v_{\mathrm{n,rms}}^{\mathrm{comp}} \sim \sqrt{\frac{I_{\mathrm{b}}}{V_{\mathrm{t}} C_{\mathrm{o}}} \frac{4kT\gamma}{g_{\mathrm{m},1}}} = \sqrt{\frac{3 \times 10^{-3}}{0.35 \times 25 \times 10^{-15}} \frac{4 \times 1.38 \times 10^{-23} \times 300 \times 2}{0.024}} \approx 0.7(\mathrm{mV})$$

前置放大器的输出噪声大致为

$$v_{\mathrm{n,rms}}^{\mathrm{pre}} \sim \sqrt{(4kTg_{\mathrm{m,p}}\gamma R^2 + 4kTR) \frac{1}{2\pi RC_{\mathrm{comp,in}}}} \approx 0.9(\mathrm{mV})$$

这两个噪声源是不相关的，并且已知前置放大器增益约为 2，得到前置放大器输入端的总噪声为

$$v_{\mathrm{n,rms}} = \frac{\sqrt{(v_{\mathrm{n,rms}}^{\mathrm{pre}})^2 + (v_{\mathrm{n,rms}}^{\mathrm{comp}})^2}}{2} = 0.6(\mathrm{mV})$$

将此电压与 800 mVppd 的全量程进行比较得：

$$v_{\mathrm{s,rms}} = \frac{0.8}{2\sqrt{2}} = 0.28(\mathrm{V})$$

最终信号-热噪声比预计为

$$\mathrm{SNR}=\frac{0.28}{0.6\times 10^{-3}}\approx 53(\mathrm{dB})$$

热噪声不应成为性能的限制因素。从仿真结果还可以看出，非量化噪声的贡献约为 0.5 dB。

6. 抖动影响

可以考虑 7.3 节中设计 PLL 系统时的抖动。从图 7.5 可以看出，抖动约为 10 fs，但其中不包括低频偏移时的 $1/f$ 贡献。包括这些信号源，相关文献报道的最佳抖动性能约为 50 fs。假设可以匹配该数字，并观察抖动对 ADC 的影响。在第一个奈奎斯特频率边界，可以得到

$$\mathrm{SNR_{jitter}}=\frac{1}{\sigma\omega}=\frac{1}{5\times 10^{-14}\times 36\times 10^{9}}=0.5\times 10^{3}\rightarrow \mathrm{SNR_{dB}}=54(\mathrm{dB})$$

SNR 远小于量化噪声。然而，在第三和第四奈奎斯特频带，如果不控制信号损失，可能会有问题。

7. 小结

本节简要介绍了快闪型 ADC 的设计，读者应注意，完整的 ADC 设计涉及更多细节。还必须考虑功率、误差校正、版图寄生、错误检测等许多其他指标。尽管如此，该练习仍然可以作为一个简单的估计分析的例子。其他重要问题也可以用同样的方式解决。值得注意的是，在模拟中没有改变各个模块的大小。所有的节点都已经设置好了正确的负载和源阻抗，先前估计的尺寸和验证的尺寸是正确的。所以电路正常工作了！当然，这是一个简单的例子，但是试想一下更大程度的收获。

7.5.6 电压采样定理

为以后的数字化而对信号进行采样是现代集成电路中最常见的操作之一。如何采样及上变换折叠等工作往往对于新手工程师来说是一个挑战。下面将使用建模策略来阐明这一现象。

为了采样信号，使用了精确的时钟源。时钟源的质量通常用抖动来描述，将在本节开始时简要讨论抖动如何降低电压采样的 SNR。接下来，将讨论使用理想开关进行电压采样的问题，其中定义了诸如脉冲采样、跟踪和保

持等概念。这将帮助人们找到一些基本的数学工具，可以用在噪声采样研究中。每节的开头会说明使用的简化方法，并应用于随后的几种不同情况。这里的目的是说明如何使用一些常见示例创建简单而相关的模型，并在此过程中详细介绍数学方法。

1. **抖动**

在“相位噪声与抖动”一节中讨论了电压模式下由于抖动引起的 SNR 降低，在本节中，可以知道等效电压噪声遵循众所周知的抖动“欧姆”定律[见式(7.3)]，如图 7.23 所示。

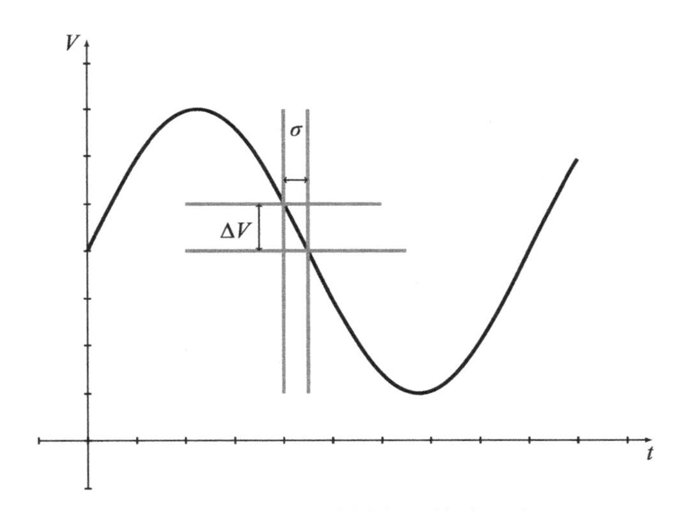

图 7.23　电压采样中的抖动影响

在一些复杂的推导之后，得到电压采样引起的抖动的 SNR 为

$$\mathrm{SNR}=\frac{A}{\sqrt{\langle v_{\mathrm{n}}(t)^{2}\rangle}}=\frac{A}{v_{\mathrm{n,rms}}}=\frac{1}{\sigma\omega} \tag{7.12}$$

2. **傅里叶变换**

在采样理论中，将用到傅里叶变换，在开始讨论之前有几点需要注意。首先，来看一个固定采样周期 T 的采样情况，这意味着应该把傅里叶变换定义为

$$H(f)=\frac{1}{T}\int_{-\infty}^{\infty}h(t)\mathrm{e}^{-\mathrm{j}\omega t}\mathrm{d}t \tag{7.13}$$

式中，$\omega=2\pi f$。

其次，这里将同时使用正、负频率。对于实值函数 $h(t)$，容易证明以下性质：

$$H(f) = H^*(-f) \tag{7.14}$$

式中，* 表示复共轭。在实际计算中，通常会研究正频率，并简单地记住负频率是正复共轭。用这种方法计算要容易得多。

第三，不要使用正弦函数之类的函数，而应使用欧拉公式来表示正弦函数：

$$\mathrm{e}^{\mathrm{j}\omega t} = \cos\omega t + \mathrm{j}\sin\omega t$$

由此可得

$$\sin\omega t = \frac{\mathrm{e}^{\mathrm{j}\omega t} - \mathrm{e}^{-\mathrm{j}\omega t}}{2\mathrm{j}}$$

$$\cos\omega t = \frac{\mathrm{e}^{\mathrm{j}\omega t} + \mathrm{e}^{-\mathrm{j}\omega t}}{2} \tag{7.15}$$

在进行傅里叶变换时，用 $\mathrm{e}^{\mathrm{j}\omega t}$ 会更简单，这在式(7.13)中的定义可以看出。

一开始使用“负”频率可能会造成一些困惑，因此通过一个简单的示例来说明其工作方式。假设有一个函数：

$$f(t) = A\sin\omega_\mathrm{s} t = A\sin\frac{2\pi}{T_\mathrm{s}}t$$

需要计算它的功率。从基本定义中可以得知平均功率为

$$P = \frac{1}{T_\mathrm{s}}\int_0^{T_\mathrm{s}} f^2(t)\mathrm{d}t = \frac{A^2}{T_\mathrm{s}}\int_0^{T_\mathrm{s}}\sin^2(\omega_\mathrm{s},t)\mathrm{d}t$$

$$= \frac{A^2}{T_\mathrm{s}}\left[\frac{t}{2} - \frac{\sin 2\omega_\mathrm{s} t}{4\omega_\mathrm{s}}\right]_0^{T_\mathrm{s}} = \frac{A^2}{T_\mathrm{s}}\frac{T_\mathrm{s}}{2} = \frac{A^2}{2}$$

这是众所周知的。现在进行傅里叶变换并观察频谱：

$$F(f) = \int_{-\infty}^{\infty} f(t)\mathrm{e}^{-\mathrm{j}\omega t}\mathrm{d}t = \int_{-\infty}^{\infty} A\sin(\omega_\mathrm{s} t)\mathrm{e}^{-\mathrm{j}\omega t}\mathrm{d}t$$

$$= A\int_{-\infty}^{\infty}\left(\frac{\mathrm{e}^{\mathrm{j}\omega_\mathrm{s} t} - \mathrm{e}^{-\mathrm{j}\omega_\mathrm{s} t}}{2\mathrm{j}}\right)\mathrm{e}^{-\mathrm{j}\omega t}\mathrm{d}t$$

$$= \frac{A}{2\mathrm{j}}\int_{-\infty}^{\infty}\left(\mathrm{e}^{\mathrm{j}(\omega_\mathrm{s}-\omega)t} - \mathrm{e}^{-\mathrm{j}(\omega_\mathrm{s}+\omega)t}\right)\mathrm{d}t$$

$$= \frac{A}{2\mathrm{j}}\left(\delta(\omega_\mathrm{s} - \omega) - \delta(\omega_\mathrm{s} + \omega)\right) \tag{7.16}$$

其中，使用了狄拉克函数的连续时间定义：

$$\delta(\omega) = \int_{-\infty}^{\infty}\mathrm{e}^{-\mathrm{j}\omega t}\mathrm{d}t$$

可见，在 $\omega = \pm\omega_\mathrm{s}$ 处有两个频率。加上它们的功率，应该得到上面相同

的表达式 P：

$$P_{\text{spectrum}}=\frac{A^2}{4}+\frac{A^2}{4}=\frac{A^2}{2}=P$$

总之：

1)当使用负频率时，负频率一侧的频率是其正频率对应的复共轭。可以简单地对正频率功率积分，然后将结果乘以 2。

2)另外，如果知道正频率的功率密度(例如电阻噪声)，则可以通过将功率密度除以 2 并沿 $\omega=0$ 轴镜像来扩展到负频率。

基于这些基本规则，下面开始研究。

3. 理想采样开关

本节需要知道一些有用的傅里叶变换，以及一些定理。从一些大多数读者都熟悉的内容开始，脉冲采样，然后继续研究追踪、保持、采样、保持采样。

简化　在整节中将使用的简单电路图如图 7.24 所示。

1)将采样开关建模为带有零欧姆电阻的串联理想开关，$R_s=0$。回路由一个(采样)电容和一个驱动电压源组成。

2)为了简单起见，在本节中还将假定导通时间是开关周期的一半。

求解　通过这些简化，将计算两种不同情况下的傅里叶变换：脉冲采样和跟踪保持采样。

脉冲采样

假设只在某个等间隔的时间点采样输入正弦波，如图 7.25 所示。

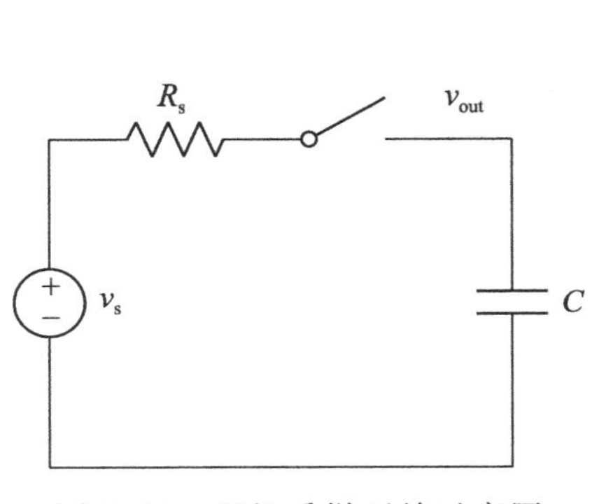

图 7.24　理想采样开关示意图

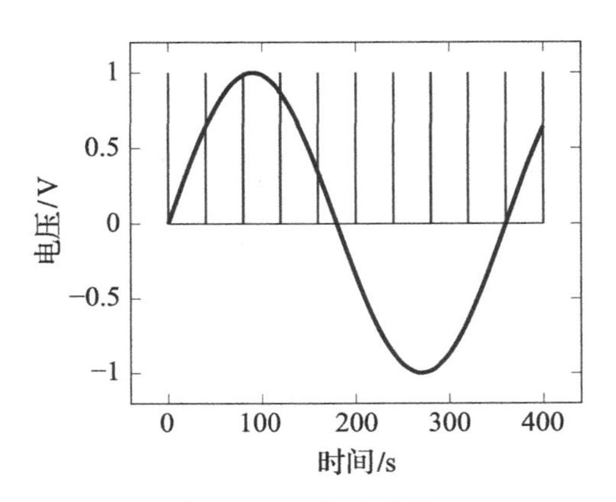

图 7.25　脉冲采样

数学上，这可以表示为将输入与一系列 δ 函数相乘：

$$f_{\text{impulse}}(t)=A\sin\omega_{s}t\sum_{k}\delta(t-kT)=\sum_{k}A\sin\omega_{s}t\delta(t-kT)$$

式中，T 是采样周期。

依目前的情况来看，它的信息量并不大。这里需要做傅里叶变换来得到更多信息，为了做到这一点，首先需要做 δ 函数的和的傅里叶变换，所以可以使用卷积定理(见附录 B)得到

$$F_{\delta}(f)=\int_{-\infty}^{\infty}\sum_{k}\delta(t-kT)\mathrm{e}^{-\mathrm{j}\omega t}\mathrm{d}t=\sum_{k}\mathrm{e}^{-\mathrm{j}\omega kT}$$

这里的关键观察结果是这些项将为零，除非：

$$\omega kT=n2\pi\quad\forall k$$

这样做的结果是代替了总和：

$$\sum_{k=-\infty}^{\infty}\mathrm{e}^{-\mathrm{j}\omega kT}\rightarrow\sum_{n=-\infty}^{\infty}\delta\left(\omega-\frac{n2\pi}{T}\right)$$

然后得到

$$F_{\delta}(f)=\sum_{n=-\infty}^{\infty}\delta\left(\omega-\frac{n2\pi}{T}\right)$$

现在准备使用卷积定理，可得

$$F(f_{\text{impulse}}(t))=F\left(A\sin\omega_{s}t\sum_{k}\delta(t-kT)\right)=\int_{-\infty}^{\infty}F(f-f')F_{\delta}(f')\mathrm{d}f'$$

$$\int_{-\infty}^{\infty}\frac{A}{2i}(\delta(\omega_{s}-\omega+\omega')-\delta(\omega_{s}+\omega-\omega'))\sum_{n=-\infty}^{\infty}\delta\left(\omega'-\frac{n2\pi}{T}\right)\mathrm{d}f'$$

$$=\sum_{n=-\infty}^{\infty}\frac{A}{2i}\left(\delta\left(\omega-\left(\frac{n2\pi}{T}+\omega_{s}\right)\right)-\delta\left(\omega-\left(\frac{n2\pi}{T}-\omega_{s}\right)\right)\right)$$

这些 δ 函数会反复出现，所以为了尽量减少混乱，将使用以下简短的形式：

$$\delta_{\omega,\mathrm{n}}^{-\omega_{s}}=\delta\left(\omega-\left(\frac{2\pi n}{T}-\omega_{s}\right)\right)$$

$$\delta_{\omega,\mathrm{n}}^{\omega_{s}}=\delta\left(\omega-\left(\frac{2\pi n}{T}+\omega_{s}\right)\right)$$

于是可得

$$F_{\text{impulse}}(\omega)=\frac{A}{i2}\sum_{-\infty}^{\infty}\delta_{\omega,\mathrm{n}}^{\omega_{s}}-\delta_{\omega,\mathrm{n}}^{-\omega_{s}}$$

在采样频率的所有谐波附近，有一个大小为 $A/2$ 的脉冲序列，如图 7.26 所示。在本节中，会一次又一次地看到同样的计算；参考文献[15]开展了类似的讨论。

跟踪与保持采样

跟踪与保持是一种采样技术，其中输入信号在输出端可见，具有一定的周期性。在其余时间信号保持在采样值：示例如图 7.27 所示。这里首先讨论跟踪相位的傅里叶变换。保持阶段在技术上比较简单，把它作为练习留给读者。跟踪和保持阶段的总和最终给出跟踪和保持结果。作为验证，也将提供采样和保持结果。

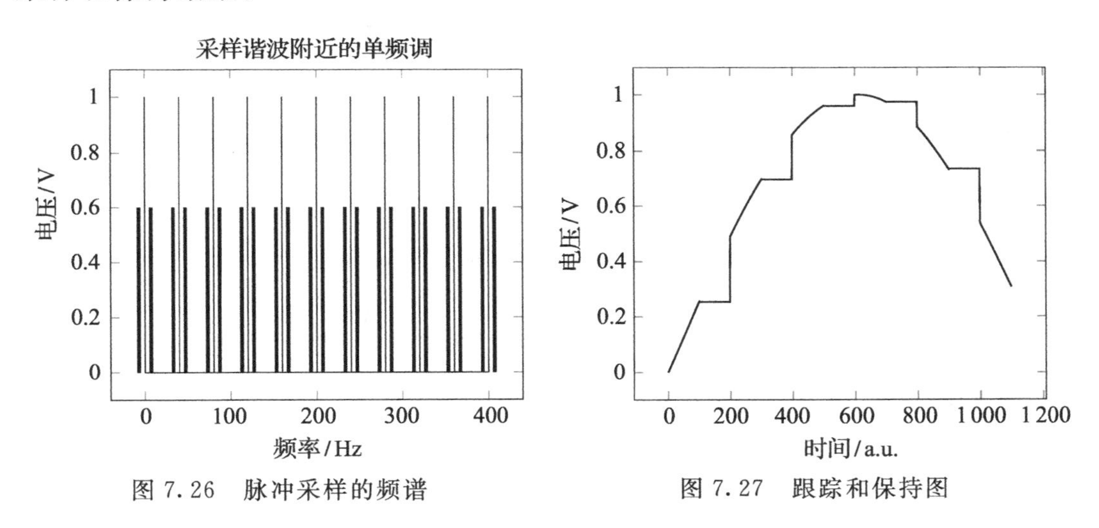

图 7.26　脉冲采样的频谱　　图 7.27　跟踪和保持图

跟踪相位的傅里叶变换

跟踪相位在数学上可以视为信号与振幅 $V=1$ 的方波的乘积。这样的方波具有傅里叶变换：

$$F_{\text{square}}(\omega)=\sum_{k=-\infty}^{\infty}F_k\delta\left(\omega-\frac{2\pi k}{T}\right)$$

$$F_k=\mathrm{e}^{-\mathrm{j}\pi k/2}\,\frac{1}{2}\,\frac{\sin\pi k/2}{\pi k/2}$$

跟踪相位的傅里叶变换

$$f_{\text{track}}(t)=f_{\text{sig}}(t)f_{\text{square}}(t)$$

可得

$$
\begin{aligned}
F_{\text{track}}(\omega) &= \int_{-\infty}^{\infty} F(f-f')F_{\text{square}}(f')\mathrm{d}f' \\
&= \int_{-\infty}^{\infty} \frac{A}{2\mathrm{j}}(\delta(\omega_{\mathrm{s}}-\omega+\omega') \\
&\quad -\delta(\omega_{\mathrm{s}}+\omega-\omega'))\sum_{n=-\infty}^{\infty} F_{\mathrm{n}}\delta\left(\omega'-\frac{n2\pi}{T}\right)\mathrm{d}f' \\
&= \sum_{n=-\infty}^{\infty} \mathrm{e}^{-\mathrm{j}\pi n/2}\,\frac{1}{2}\,\frac{\sin\pi n/2}{\pi n/2}\,\frac{A}{2\mathrm{j}}(\delta_{\omega,\mathrm{n}}^{+\omega_{\mathrm{s}}}-\delta_{\omega,\mathrm{n}}^{-\omega_{\mathrm{s}}})
\end{aligned}
$$

由此可见，偶数整数都消去($n=0$ 除外)。最终得到

$$
F_{\text{track}}(\omega) = \mathrm{j}\,\frac{A}{4}\delta(\omega_{\mathrm{s}}-\omega)-\mathrm{j}\,\frac{A}{4}\delta(\omega_{\mathrm{s}}+\omega)+\frac{A}{2}\sum_{n=\text{odd}}\frac{1}{\pi n}(\delta_{\omega,\mathrm{n}}^{+\omega_{\mathrm{s}}}-\delta_{\omega,\mathrm{n}}^{-\omega_{\mathrm{s}}})
$$

跟踪与保持信号的傅里叶变换

把保持阶段留给读者作为练习，当把所有这些放在一个公式中时，可得

$$
\begin{aligned}
F_{T/H}(\omega) &= F_{\text{track}}(\omega)+F_{\text{hold}}(\omega) \\
&= \frac{A}{2}\mathrm{j}\mathrm{e}^{-\mathrm{j}\omega T/4}\,\frac{\sin T\omega/4}{T\omega/4}\sum_{m=-\infty}^{\infty}(\delta_{\omega,\mathrm{m}}^{\omega_{\mathrm{s}}}-\delta_{\omega,\mathrm{m}}^{-\omega_{\mathrm{s}}}) \\
&\quad +\mathrm{j}\,\frac{A}{4}\delta(\omega_{\mathrm{s}}-\omega)-\mathrm{j}\,\frac{A}{4}\delta(\omega_{\mathrm{s}}+\omega)+\frac{A}{2}\sum_{n=\text{odd}}\frac{1}{\pi n}(\delta_{\omega,\mathrm{n}}^{+\omega_{\mathrm{s}}}-\delta_{\omega,\mathrm{m}}^{+\omega_{\mathrm{s}}})
\end{aligned}
$$

结果如图 7.28 所示。

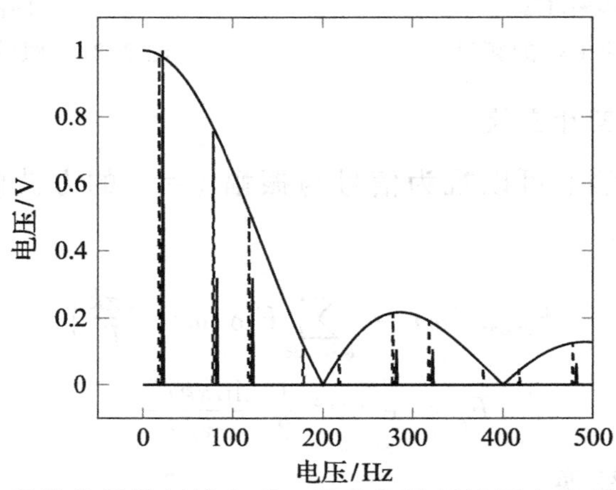

图 7.28 跟踪和保持信号的频域表示。跟踪阶段用浓黑色表示，保持阶段用虚线表示。跟踪和保持响应之间彼此有轻微的偏移，以更清楚地显示响应。整个正弦函数用细黑色示出

采样和保持采样

采样和保持采样类似于跟踪和保持采样，但是信号在输出端是不可见的。相反，它在采样后保持不变，并根据情况它在一段时间后回零或者一直保持到下一个采样。在本节中，将计算信号保持到下一个采样的情况。将更通用的案例留给读者作为练习。

采样和保持信号的傅里叶变换

采样保持信号，在该信号保持恒定直到下一个采样为止，其保持时间等于采样周期。可以简单地将练习 5 中的 $F_{\text{hold}}(\omega)$ 进行 $T \rightarrow 2T$ 的替换，最终得到

$$F_{\text{S/H}}(\omega) = \frac{A}{2}\text{j}\text{e}^{-\text{j}\omega T/2}\ \frac{\sin\omega T/2}{\omega T/2}\sum_{m=-\infty}^{\infty}(\delta_{\omega,\text{m}}^{+\omega_s} - \delta_{\omega,\text{m}}^{-\omega_s})$$

频谱图如图 7.29 所示。

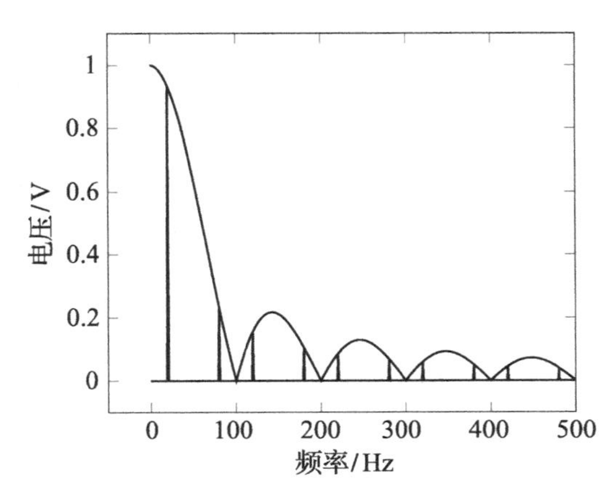

图 7.29　采样和保持信号的频域表示。整个正弦函数以细黑线绘制

验证　这里已经研究了一些采样和采样信号的基础知识。通过一些基本的傅里叶级数分析，已经看到了如何证明各种现象。给出的结果可以在参考文献[15]中找到。

评价　采样效应可以通过傅里叶级数简单地估计。

4. 噪声采样

这里已经从一个简单的角度研究了基本的采样效果，即单一基频服从

理想采样。如果对一个有噪声的电路采样会发生什么？下面将考虑一个改进的采样模型，其中一个噪声电阻与一个电容并联，如图 7.24 所示，开关永久闭合。

与电容并联的损耗电阻

下面考虑以下情况：一个电阻与一个电容并联接地。图 7.24 中的电压源是 $v_s=0$，所以电阻的末端接地，将研究采样输出时，由于电阻的损耗，系统传输的电容噪声。这也许是能做到的最简单的事情。首先，在不采样的情况下研究这个系统。可以考虑与电阻器串联时的噪声电压。在电容上可得

$$i(t)=\frac{v_n(t)-v(t)}{R}=C\frac{\mathrm{d}v}{\mathrm{d}t}$$

由于噪声更易被人接受的表示是频谱，因此这里将在频率空间关注以上内容：

$$\frac{\tilde{v}_n-\tilde{v}}{R}=C\mathrm{j}\omega\tilde{v}\rightarrow\tilde{v}=\frac{\tilde{v}_n}{\mathrm{j}RC\omega}\frac{1}{\left(1+\frac{1}{\mathrm{j}RC\omega}\right)}=\frac{\tilde{v}_n}{(\mathrm{j}RC\omega+1)}$$

电阻噪声为白噪声，现在可以对噪声功率在整个频域内进行积分，可得

$$\begin{aligned}\int_{-\infty}^{\infty}\left|\frac{\tilde{v}_n}{(\mathrm{j}RC\omega+1)}\right|^2\mathrm{d}f&=|\tilde{v}_n|^2\int_{-\infty}^{\infty}\frac{1}{((RC\omega)^2+1)}\mathrm{d}f\\&=\frac{|\tilde{v}_n|^2}{2\pi RC}\int_{-\infty}^{\infty}\frac{1}{(x^2+1)}\mathrm{d}x=\frac{|\tilde{v}_n|^2}{2\pi RC}[\tan^{-1}x]_{-\infty}^{\infty}\\&=\frac{|\tilde{v}_n|^2}{2RC}=\frac{2kTR}{2RC}=\frac{kT}{C}\end{aligned}$$

其中

$$|\tilde{v}_n|^2=2kTR$$

$|\tilde{v}_n|^2$ 定义于负频率，所以功率是普通教科书所述的一半。这一切都可接受。如果对这个系统采样会发生什么？

假设在 t 时刻电容上有一个电压 $v(t)$，输入为

$$v_{\mathrm{in}}(t)=\frac{A_s}{2\mathrm{j}}(\mathrm{e}^{\mathrm{j}\omega_s t}-\mathrm{e}^{-\mathrm{j}\omega_s t})$$

电容上的电压由微分方程得到，该微分方程为

$$Q = CU \rightarrow \frac{\mathrm{d}Q}{\mathrm{d}t} = I = C\,\frac{\mathrm{d}U}{\mathrm{d}t}$$

可得

$$I(t) = \frac{v_{\text{in}}(t) - v(t)}{R} = C\,\frac{\mathrm{d}v(t)}{\mathrm{d}t}$$

简单整理可得

$$\frac{\mathrm{d}v(t)}{\mathrm{d}t} = \frac{v_{\text{in}}(t) - v(t)}{RC} = \frac{A_{\mathrm{s}}/2\mathrm{j}(\mathrm{e}^{\mathrm{j}\omega_{\mathrm{s}}t} - \mathrm{e}^{-\mathrm{j}\omega_{\mathrm{s}}t}) - v(t)}{RC} \tag{7.17}$$

这是一阶微分方程，其解为

$$\begin{aligned} v(t) &= B\mathrm{e}^{-\frac{t}{RC}} - \frac{A_{\mathrm{s}}/2\mathrm{e}^{-\mathrm{j}\omega_{\mathrm{s}}t}}{RC\omega_{\mathrm{s}} + \mathrm{j}} + \frac{A_{\mathrm{s}}/2\mathrm{e}^{\mathrm{j}\omega_{\mathrm{s}}t}}{-RC\omega_{\mathrm{s}} + \mathrm{j}} \\ &= B\mathrm{e}^{-\frac{t}{RC}} + D_{-}\,\mathrm{e}^{-\mathrm{j}\omega_{\mathrm{s}}t} + D_{+}\,\mathrm{e}^{\mathrm{j}\omega_{\mathrm{s}}t} \end{aligned} \tag{7.18}$$

$$D_{-} = -\frac{A_{\mathrm{s}}/2}{RC\omega_{\mathrm{s}} + \mathrm{j}} \quad D_{+} = \frac{A_{\mathrm{s}}/2}{-RC\omega_{\mathrm{s}} + \mathrm{j}}$$

对 $v(t)$进行傅里叶变换，然后发现当 $B = 0$ 时(假设初始瞬态可以忽略)：

$$\begin{aligned} F_{\mathrm{v}}(f) &= \int_{-\infty}^{\infty} v(t)\mathrm{e}^{-\mathrm{j}\omega t}\,\mathrm{d}t = \int_{-\infty}^{\infty} (D_{-}\,\mathrm{e}^{-\mathrm{j}\omega_{\mathrm{s}}t} + D_{+}\,\mathrm{e}^{\mathrm{j}\omega_{\mathrm{s}}t})\mathrm{e}^{-\mathrm{j}\omega t}\,\mathrm{d}t \\ &= \int_{-\infty}^{\infty} (D_{-}\,\mathrm{e}^{-\mathrm{j}(\omega_{\mathrm{s}}+\omega)t} + D_{+}\,\mathrm{e}^{\mathrm{j}(\omega_{\mathrm{s}}-\omega)t})\mathrm{d}t \\ &= D_{-}\,\delta(\omega_{\mathrm{s}} + \omega) + D_{+}\,\delta(\omega_{\mathrm{s}} - \omega) \end{aligned}$$

理想脉冲采样

采用理想脉冲采样器对此进行采样，然后再次使用卷积定理：

$$F(v(t)v_{\mathrm{s}}(t)) = F(f) = F_{\mathrm{v}}(f) * F_{\delta}(f) = \int F_{\mathrm{v}}(f - f')F_{\delta}(f')\mathrm{d}f'$$

$$\int \frac{A}{2}\left[-\frac{\delta(\omega - \omega' - \omega_{\mathrm{s}})}{RC(\omega - \omega') - \mathrm{j}} - \frac{\delta(\omega - \omega' + \omega_{\mathrm{s}})}{RC(\omega - \omega') + \mathrm{j}}\right] \sum \delta\left(\omega' - k\,\frac{2\pi}{T_{\mathrm{s}}}\right)\mathrm{d}f'$$

$$= \sum_{k=-\infty}^{\infty} \frac{A}{2}\left[\frac{\delta_{\omega,\mathrm{k}}^{+\omega_{\mathrm{s}}}}{RC(\omega - k2\pi/T_{\mathrm{s}}) - \mathrm{j}} - \frac{\delta_{\omega,\mathrm{k}}^{-\omega_{\mathrm{s}}}}{RC(\omega - k2\pi/T_{\mathrm{s}}) + \mathrm{j}}\right]$$

该简化仅意味着具有特定正弦波激励源的频谱将在每个采样频率谐波附近移动。现在试想一下，在所有频谱上对 ω_{s}积分，换句话说，有一个白噪声

源，其噪声密度 $A=2kTR$，可得

$$V(\omega)=kTR\sum_{k=-\infty}^{\infty}\frac{1}{(\omega+k2\pi/T_{\mathrm{s}})RC-\mathrm{j}}-\frac{1}{(\omega+k2\pi/T_{\mathrm{s}})RC+\mathrm{j}}$$

$$V(\omega)=kTR\sum_{k=-\infty}^{\infty}\frac{2\mathrm{j}}{(\omega+k2\pi/T_{\mathrm{s}})^{2}R^{2}C^{2}+1}$$

如图 7.30 所示，通过观察 $\omega<\pi/\mathrm{T}$(第一个奈奎斯特区)，可见采样时钟的高次谐波产生的噪声影响扩展到第一个奈奎斯特区。可以看到，即使将 ω 限制在第一个奈奎斯特区域内，来自所有谐波的贡献也会扩展到第一个奈奎斯特区域，从而使第一个奈奎斯特区域中的总积分功率等于在所有频率上积分的总噪声而无需采样。实际上，任何奈奎斯特区都是这样的结果。在理想的脉冲采样情况下，所有奈奎斯特区都包含所有噪声功率。对于采样保持的情况会有所不同，这是接下来将要探讨的内容。

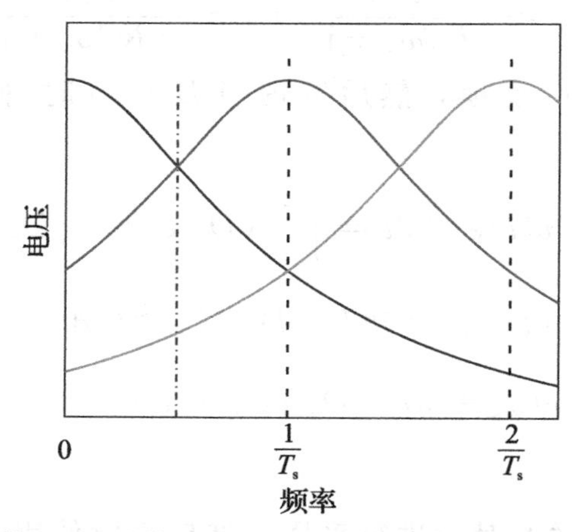

图 7.30　$|V(\omega)|$ 的前三项。在第一个奈奎斯特区域内，将 $m=+1$，2 项的噪声添加到噪声中，使得总噪声增加。虚线表示采样频率的谐波，而长短虚线表示第一奈奎斯特区

有限脉宽采样

用方波对信号进行采样，其中在 $T_{\mathrm{s}}/2$ 时开关处于接通状态，其余时间输出为零：

$$F(v(t)v_{\mathrm{s}}(t))=F(f)=v(f)*F_{\mathrm{square}}(f)=\int v(f-f')F_{\mathrm{square}}(f')\mathrm{d}f'$$

$$\int \frac{A}{2}\left[-\frac{\delta(\omega-\omega'-\omega_{s})}{RC(\omega-\omega')-j}-\frac{\delta(\omega-\omega'+\omega_{s})}{RC(\omega-\omega')+j}\right]\sum_{k=-\infty}^{\infty}F_{k}\delta\left(\omega'-\frac{2\pi k}{T}\right)df'$$

$$=\sum_{k=-\infty}^{\infty}\frac{A}{2}e^{-i\pi k/2}\ \frac{1}{2}\ \frac{\sin\pi k/2}{\pi k/2}\left[\frac{\delta_{\omega,k}^{+\omega}}{RC(\omega-k2\pi/T_{s})-j}-\frac{\delta_{\omega,k}^{-\omega}}{RC(\omega-k2\pi/T_{s})+j}\right]$$

再次对噪声源进行积分，得到如下频谱：

$$V(\omega)=kTR\sum_{k=-\infty}^{\infty}e^{-i\pi k/2}\ \frac{1}{2}\ \frac{\sin\pi k/2}{\pi k/2}\ \frac{2j}{(\omega+k2\pi/T_{s})^{2}R^{2}C^{2}+1}$$

这个表达式与之前的表达式非常相似，除了直流，没有任何偶次采样谐波。

验证 这是一个广为讨论的效果，请参见参考文献[20]。

评价 通过理想的脉冲采样，所有奈奎斯特区都包含未采样系统中的所有噪声功率。有限的采样宽度会产生陷波滤波器效应，进而排除采样频率的某些谐波周围的一些噪声。

> **关键知识点**
>
> 通过理想的脉冲采样，所有奈奎斯特区都包含未采样系统中的所有噪声功率。有限的采样宽度会产生陷波滤波器效应，进而排除采样频率的某些谐波周围的一些噪声。

5. 电荷采样理论

电荷采样是一种不常用的信号采样技术。在几十年前就首次被提出，虽然这种技术应用不是很广泛，但是它有一些值得讨论的优点。一开始会按照参考文献[21]的思路，并将该讨论扩展到更一般的情况。由于这种技术的使用频率较低，因此将在数学推导上花费更多的时间。这里将使用估计分析，并先进行一些简化，然后进行熟悉的“求解、验证和评估”讨论。

简化 考虑一个理想电荷采样模型，从参考文献[21]和图 7.31 的讨论开始。

进一步简化讨论，假设 S_1 总是开着，S_2 是一个理想的开关并可以在瞬间复位电容，周期为 T_s。当观察正弦波时，可以得到从时间 t_n 到时间 $t_{n+1}=t_n+T_s$ 的电流积分，如图 7.32 所示。

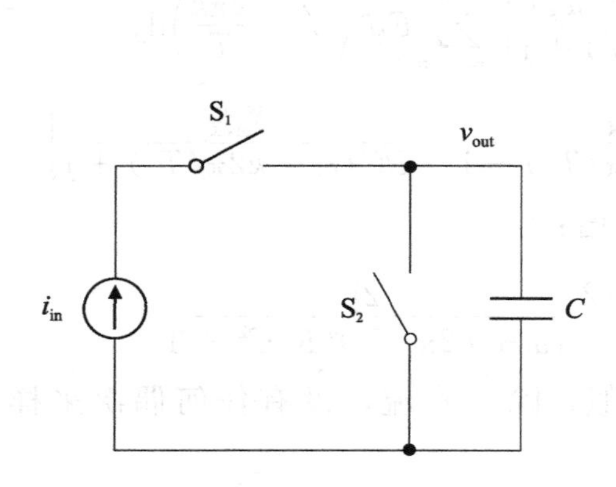

图 7.31 理想的电流开关。IEEE 电路与系统杂志版权许可

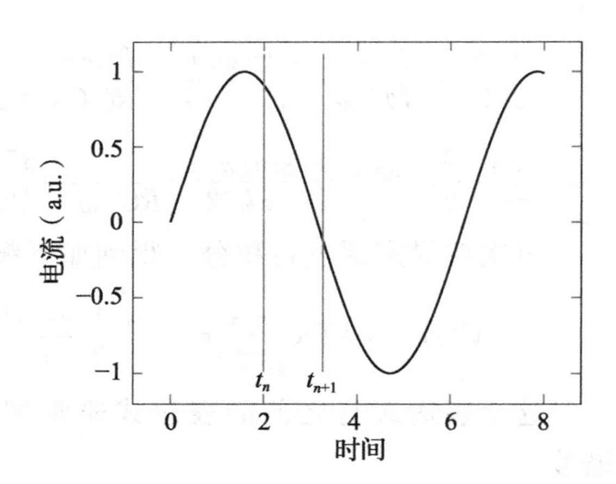

图 7.32 时域中理想电荷采样

求解 用

$$i_{\text{in}}(t) = I_0 \sin\omega t \tag{7.19}$$

可以得到采样电荷：

$$C_n = \frac{A}{T_s}\int_{t_n}^{t_{n+1}} \sin\omega t\,\mathrm{d}t = \frac{-A}{T_s\omega}[\cos\omega t]_{t_n}^{t_{n+1}} = \frac{A}{T_s\omega}(\cos\omega t_n - \cos\omega t_{n+1})$$

其中，定义 $A=I_0 \cdot T_s$，作为电荷幅度。由

$$t_n = nT_s$$

可得

$$\begin{aligned} C_n &= \frac{A}{T_s\omega}(\cos\omega nT_s - \cos\omega(n+1)T_s) \\ &= \frac{A}{T_s\omega}\left[-2\cdot\sin\left(\frac{1}{2}(\omega nT_s+\omega(n+1)T_s)\right)\sin\left(\frac{1}{2}(\omega nT_s-\omega(n+1)T_s)\right)\right] \\ &= \frac{A}{T_s\omega}\left[2\cdot\sin\left(\omega nT_s+\frac{1}{2}\omega T_s\right)\sin\left(\frac{1}{2}(\omega T_s)\right)\right] \\ &\approx A\sin\omega nT_s \end{aligned} \tag{7.20}$$

式中，$\omega T_s \ll 1$。

由此可见，对于低频能够恢复采样信号。而对于较高的频率，有一个由最后一个正弦因数确定的滚降。与直流相比，在奈奎斯特频率处，$\omega T_s=\pi$ 时，该滚将幅度为 $A\cdot 2/\omega T_s = A2/\pi$，即 3.9 dB 损耗。

图中加入抖动后，可得

$$t_n = nT_s + \sigma_n$$

其中

$$\sigma_n = \sum a_m \sin(\omega_m t + \theta_m)$$

可得

$$C_n = \frac{A}{T_s\omega}(\cos\omega(nT_s + \sigma_n) - \cos\omega((n+1)T_s + \sigma_{n+1}))$$

$$= \frac{A}{T_s\omega}[\cos(\omega nT_s)\cos(\omega\sigma_n) - \sin(\omega nT_s)\sin(\omega\sigma_n)$$

$$- (\cos(\omega(n+1)T_s)\cos(\omega\sigma_{n+1}) - \sin(\omega(n+1)T_s)\sin(\omega\sigma_{n+1}))]$$

假设 $\omega\sigma_n \ll 1$ ，得到

$$C_n \approx \frac{A}{T_s\omega}[\cos(\omega nT_s) - \omega\sigma_n \sin(\omega nT_s) - (\cos(\omega(n+1)T_s)$$

$$- \omega\sigma_{n+1}\sin(\omega(n+1)T_s))]$$

$$= \frac{A}{T_s\omega}[\cos(\omega nT_s) - \cos(\omega(n+1)T_s) - \omega\sigma_n \sin(\omega nT_s)$$

$$+ \omega\sigma_{n+1}\sin(\omega(n+1)T_s)]$$

对于低频 $\omega T_s \ll 1$，有一个有意思的现象：

$$C_n \approx A\sin\omega nT_s + A\sin\left(\omega nT_s + \frac{\omega T_s}{2}\right)\frac{(\sigma_{n+1} - \sigma_n)}{T_s}$$

$$+ A\omega\cos\left(\omega nT_s + \frac{\omega T_s}{2}\right)\frac{(\sigma_{n+1} + \sigma_n)}{2} \tag{7.21}$$

其中，第一项是原始信号，而最后两项是抖动的影响。请注意，如果抖动分量相关，则第二项 $\sigma_{n+1} = \sigma_n$ 消失，并且具有电压采样的通用抖动关系，其中，孔径抖动分量与频率(或信号的导数)成比。可以将相关抖动看作采样点的低频漂移：参考图 7.33。对于反相关的抖动 $\sigma_{n+1} = -\sigma_n$，第三项消失了，剩下的抖动项可以称为振幅抖动，因为它们在信号振幅达到峰值时而相应到达峰值，如图 7.34 所示。对于不相关抖动，第二项和第三项都会起作用，而对于较小的频率，第二项是主要的项。即使在直流条件下，也会产生抖动效应。

另一种思考方法是用差分信号。任何电荷采样都可以用采样间隔的起始或结束时间或共模时间(平均)和差分时间来表征。换句话说，可以将采样描述为相关信号加反相关信号。这两个信号显然会随采样时间而变化。

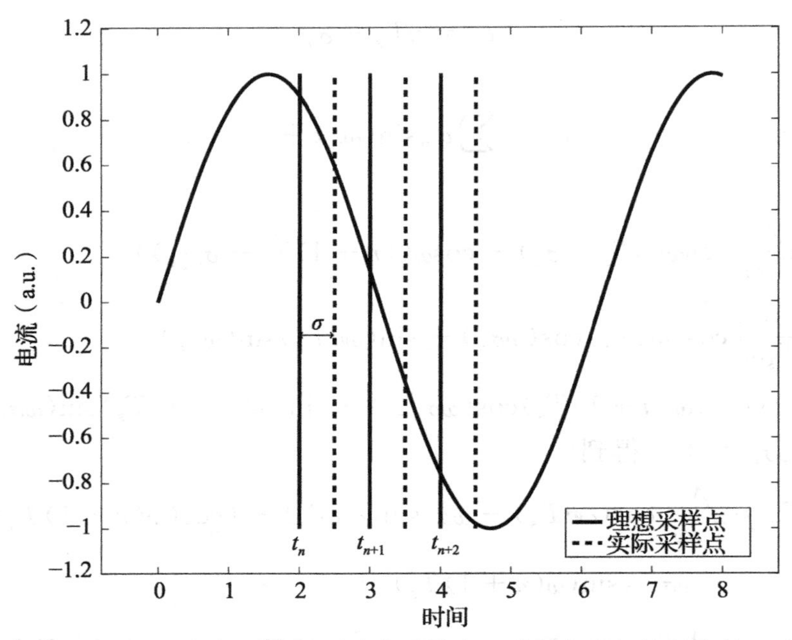

图 7.33　电荷采样点的低频漂移。相关的采样点。采样点之间的距离是正确的，但是平均电荷采样时间相差标准差。这种情况通常发生在低频漂移中

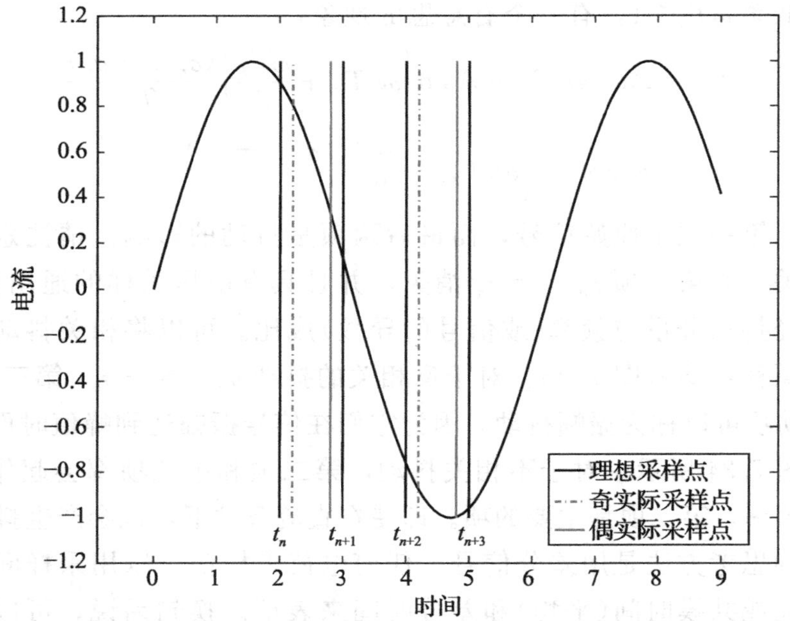

图 7.34　反相关采样点。平均电荷采样时间正确，但是采样点之间的距离没有偏差，从而导致限幅增益偏差。奇、偶采样脉冲的边缘相对移动

对于一般频率，也可以计算响应：

$$C_n = \frac{A}{T_s\omega}[\cos(\omega nT_s) - \cos(\omega(n+1)T_s) - \omega\sigma_n\sin(\omega nT_s)$$

$$+ \omega\sigma_{n+1}\sin(\omega(n+1)T_s)]$$

$$= \frac{A}{T_s\omega}\left[2 * \sin\left(\omega nT_s + \frac{1}{2}\omega T_s\right)\sin\left(\frac{1}{2}(\omega T_s)\right)\right] + J_n \tag{7.22}$$

其中

$$J_n = \frac{A}{T_s}[-\sigma_n\sin(\omega nT_s) + \sigma_{n+1}\sin(\omega(n+1)T_s)] \tag{7.23}$$

验证　计算和参考文献[21]相似。

评价　本书已经确定了几种不同的操作模式，现在将依次讨论它们。从相关抖动开始，然后再进行反相关抖动讨论。

相关抖动

当抖动相关时，可得

$$J_{n,\mathrm{corr}} = \frac{A}{T_s}\sigma_n(-\sin(\omega nT_s) + \sin(\omega(n+1)T_s))$$

$$= \frac{A}{T_s}\sigma_n 2\sin\left(\frac{1}{2}\omega T_s\right)\cos\left(\omega nT_s + \frac{1}{2}\omega T_s\right) \tag{7.24}$$

上式与主频非常相似，只不过相位偏移了 90°。换句话说，它看起来像相位抖动。为了得到 SNR，需要将它转换为功率和平均信号以及功率时间 T 的比：

$$N_{\mathrm{corr}} = \langle J_{n,\mathrm{corr}}^2 \rangle = \frac{1}{N}\sum_{n=1}^{N}\left(\frac{A}{T_s}\sigma_n 2\sin\left(\frac{1}{2}\omega T_s\right)\cos\left(\omega nT_s + \frac{1}{2}\omega T_s\right)\right)^2$$

如果现在定义一个有效的抖动函数：

$$\sigma^2 = \frac{1}{N}\sum_n \sigma_n^2\cos^2\left(\omega nT_s + \frac{1}{2}\omega T_s\right) \tag{7.25}$$

式中，$N\to\infty$。

$$\sigma^2 = \left(\frac{A}{T_s}\sigma 2\sin\left(\frac{1}{2}\omega T_s\right)\right)^2 \tag{7.26}$$

这里将看到它与信号频率具有相同的衰减。

对于信号，类似地对它进行定义：

$$S = \langle C_n^2 \rangle = \frac{1}{N}\sum_{n=1}^{N}\left(\frac{A}{T_s\omega}\left[2\sin\left(\omega nT_s + \frac{1}{2}\omega T_s\right)\sin\left(\frac{1}{2}\omega T_s\right)\right]\right)^2$$

$$= \left(\frac{A}{T_{\mathrm{s}}\omega}2\sin\left(\frac{1}{2}\omega T_{\mathrm{s}}\right)\right)^2 \tag{7.27}$$

从而得到

$$\frac{S}{N_{\mathrm{corr}}} = \frac{\left(\frac{A}{T_{\mathrm{s}}\omega}2\sin\left(\frac{1}{2}\omega T_{\mathrm{s}}\right)\right)^2}{\left(\frac{A}{T_{\mathrm{s}}}\sigma 2\sin\left(\frac{1}{2}\omega T_{\mathrm{s}}\right)\right)^2} = \left(\frac{1}{\sigma\omega}\right)^2 \tag{7.28}$$

这与纯电压采样所获得的表达式相同。参见前面的讨论和式(7.12)。理解这种情况的另一种方法是关注采样实例偏差 σ_n，并且如果抖动缓慢变化，则下一个采样将偏离相似的量。

关键知识点

相关电荷采样抖动会使 SNR 降低，与电压采样相同。

反相关抖动

下面看一下相反的情况，即抖动是反相关的：$\sigma_n \approx -\sigma_{n+1}$，奇和偶采样脉冲彼此相反：

$$J_{n,\text{anti-corr}} = -\frac{A}{T_{\mathrm{s}}}(\sin(\omega n T_{\mathrm{s}}) + \sin(\omega(n+1)T_{\mathrm{s}}))$$

$$J_{n+1,\text{anti-corr}} = -\frac{A}{T_{\mathrm{s}}}\sigma_{n+1}(\sin(\omega(n+1)T_{\mathrm{s}}) + \sin(\omega(n+2)T_{\mathrm{s}}))$$

$$= \frac{A}{T_{\mathrm{s}}}\sigma_n(\sin(\omega(n+1)T_{\mathrm{s}}) + \sin(\omega(n+2)T_{\mathrm{s}}))$$

一般来说，这里得到的是一个具有交替符号的采样序列：

$$J_{n,\text{anti-corr}} = -\frac{A}{T_{\mathrm{s}}}\sigma_n(\sin(\omega n T_{\mathrm{s}}) + \sin(\omega(n+1)T_{\mathrm{s}}))$$

$$= -\frac{A}{T_{\mathrm{s}}}\sigma_n 2(-1)^n\cos\left(\frac{1}{2}\omega T_{\mathrm{s}}\right)\sin\left(\omega n T_{\mathrm{s}} + \frac{1}{2}\omega T_{\mathrm{s}}\right) \tag{7.29}$$

为了简单起见，假设 $\sigma_n = -\sigma_{n+1} = \sigma$，然后可以知道该序列是通过将信号乘以周期为 $2T_{\mathrm{s}}$ 的方波生成的。结果是 $1/(2 * T_{\mathrm{s}}) - \omega/(2\pi)$ 的频率。换句话说，主频没有扩大它的范围。这种情况仅是奇/偶采样之间时序不匹配的一种，这将产生一个看起来像增益误差交错的频率，抖动噪声会在该频率周围移动。先前表达式中的余弦项表明，在奈奎斯特范围附近，该项被抑制了。

现在可以进行相同的计算，从而得出相关的噪声功率 N_{corr}，可得

$$N_{\text{anti-corr}}=\left(\frac{A}{T_{\text{s}}}\sigma 2\cos\left(\frac{1}{2}\omega T_{\text{s}}\right)\right)^2 \tag{7.30}$$

和

$$\frac{S}{N_{\text{anti-corr}}}=\frac{\left(\frac{A}{T_{\text{s}}\omega}2\sin\left(\frac{1}{2}\omega T_{\text{s}}\right)\right)^2}{\left(\frac{A}{T_{\text{s}}}\sigma 2\cos\left(\frac{1}{2}\omega T_{\text{s}}\right)\right)^2}=\left(\frac{1}{\sigma\omega}\frac{\sin\left(\frac{1}{2}\omega T_{\text{s}}\right)}{\cos\left(\frac{1}{2}\omega T_{\text{s}}\right)}\right)^2 \tag{7.31}$$

对于低频，得到预期的直流值，即 $(T_{\text{s}}/2\sigma)^2$，而对于高频，可得 $\sim 1/(\omega-\omega_{\text{s}})^2$，这是一个了不起的改善！噪声的改善为

$$\frac{N_{\text{anti-corr}}}{N_{\text{corr}}}=\frac{\left(\frac{A}{T_{\text{s}}}\sigma 2\cos\left(\frac{1}{2}\omega T_{\text{s}}\right)\right)^2}{\left(\frac{A}{T_{\text{s}}}\sigma 2\sin\left(\frac{1}{2}\omega T_{\text{s}}\right)\right)^2}=\frac{\cos^2\left(\frac{1}{2}\omega T_{\text{s}}\right)}{\sin^2\left(\frac{1}{2}\omega T_{\text{s}}\right)}=\cot^2\left(\frac{1}{2}\omega T_{\text{s}}\right) \tag{7.32}$$

可见在奈奎斯特/2 频率点，该比值小于 1。

> **关键知识点**
>
> 频率为奈奎斯特/2 以上时，反相关的抖动可以显著改善 SNR。

不相关的抖动

对于相关噪声，相较于电压采样，没有任何益处！对于反相关，尽管总噪声功率仅在主频接近奈奎斯特时才会降低，但适当的频率会带来无限的好处——仍显著改善 SNR。对于不相关抖动，抖动的一半为相关的，另一半是反相关的。总抖动功率为

$$\begin{aligned}N_{\text{anti-corr}}+N_{\text{corr}}&=\left(\frac{A}{T_{\text{s}}}\frac{\sigma}{\sqrt{2}}2\cos\left(\frac{1}{2}\omega T_{\text{s}}\right)\right)^2+\left(\frac{A}{T_{\text{s}}}\frac{\sigma}{\sqrt{2}}2\sin\left(\frac{1}{2}\omega T_{\text{s}}\right)\right)^2\\&=\left[\left(\frac{A}{T_{\text{s}}}\frac{\sigma}{\sqrt{2}}2\cos\left(\frac{1}{2}\omega T_{\text{s}}\right)\right)^2+\left(\frac{A}{T_{\text{s}}}\frac{\sigma}{\sqrt{2}}2\sin\left(\frac{1}{2}\omega T_{\text{s}}\right)\right)^2\right]\\&=\left(\frac{A}{T_{\text{s}}}\frac{\sigma}{\sqrt{2}}2\right)^2=2\left(\frac{A}{T_{\text{s}}}\sigma\right)^2\end{aligned} \tag{7.33}$$

随着基频频率的变化，相关和反相关贡献的总和是相同的，但它们的相对功率发生了变化。低频时以反相关抖动为主，高频时以相关抖动为主。这个噪声

功率也可以直接从 J_n 的表达式求出。注意到两个边缘对噪声功率的贡献相同：

$$N_{\text{uncorr}} = \langle J_{n,\text{uncorr}}^2 \rangle = 2 \cdot \frac{1}{N}\sum_{n=1}^{N}\left(\frac{A}{T_s}\sigma_n \sin(\omega n T_s)\right)^2 = 2 \cdot \left(\frac{A}{T_s}\sigma\right)^2 \tag{7.34}$$

与式(7.25)类似，这里定义了一个有效 σ，可得

$$\begin{aligned}\frac{S}{N_{\text{uncorr}}} &= \frac{\left(\frac{A}{T_s\omega}2\sin\left(\frac{1}{2}\omega T_s\right)\right)^2}{\left(\frac{A}{T_s}\sigma\sqrt{2}\right)^2} = \frac{1}{2}\left(\frac{2}{\sigma\omega}\right)^2 \sin^2\left(\frac{1}{2}\omega T_s\right) \\ &= \frac{1}{2}\left[\frac{2T_s}{\sigma T_s \omega}\right]^2 \sin^2\left(\frac{1}{2}\omega T_s\right) \\ &= \frac{1}{2}\left[\frac{T_s}{\sigma}\right]^2 \frac{\sin^2(x)}{x^2}\end{aligned} \tag{7.35}$$

式中，$x=\frac{1}{2}\omega T_s$；$0\leqslant x\leqslant\frac{\pi}{2}$。

与相关噪声相比，不相关边缘噪声的改进为

$$\frac{N_{\text{uncorr}}}{N_{\text{corr}}} = \frac{\left(\frac{A}{T_s}\sigma\sqrt{2}\right)^2}{\left(\frac{A}{T_s}\sigma 2\sin\left(\frac{1}{2}\omega T_s\right)\right)^2} = \frac{1}{2\sin^2\left(\frac{1}{2}\omega T_s\right)} \tag{7.36}$$

这表明，当 $(1/2)\omega T_s > \pi/4 \rightarrow f > 1/4T_s$ 时，奈奎斯特频带改善提高了 3 dB。由于直流情况下仍存在抖动，因此与相关噪声相比，低频会有所损耗。

关键知识点

与奈奎斯特相关抖动相比，不相关抖动可以提供高达 3 dB 的 SNR 改善。然而，直流条件下仍然存在抖动效应。这与电压采样相反。

验证　这两个相关模型是在 MATLAB 脚本的帮助下进行仿真的，它们的比较如图 7.35～图 7.37 所示。这里使用一个简单的正弦抖动信号，使积分边缘随时间上下移动，类似于“相位噪声与抖动”一节中的模型。

评价　值得注意的是，在高频下反相关噪声会使反相关的 SNR 更高。对于低频，由于噪声功率的衰减，它仍然比相关噪声抖动更好。该结论在提

出之初就引起了一些争议，但是其中做了一个假设。如果再次看典型 PLL 的相位噪声响应，则在7.1节中，可以发现大多数相位噪声都集中在载波周围。这导致了载波相位随时间缓慢移动。在电荷采样的情况下，这意味着几乎所有抖动都是相关的，并且由于抖动引起的 SNR 退化与电压采样大致相同。抖动的任何不相关部分都将导致抖动降低，即使对于直流信号也是如此。如果可以接受直流降噪，仍然需要一个 PLL 结构，它可以分散噪声，使它变成白噪声或不相关，或者可以创建一个拓扑结构，实现反相关抖动传输——这些都不是显而易见的，但它是值得考虑的。

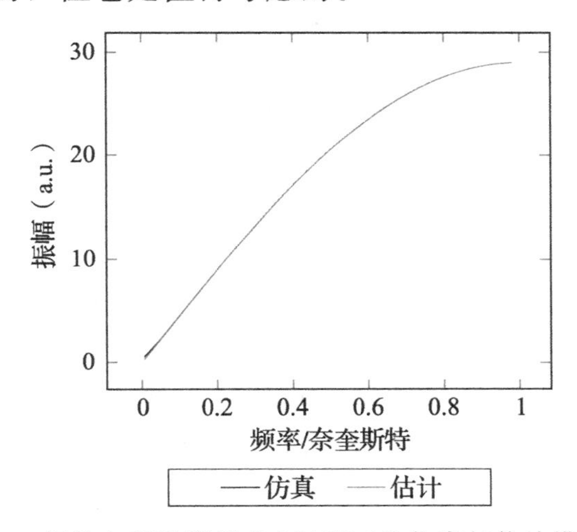

图7.35　相关电荷采样抖动 MATLAB 仿真与估计模型比较

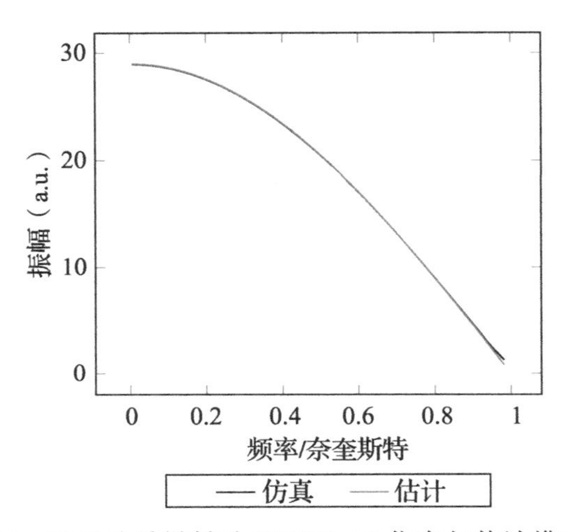

图7.36　反相关采样抖动 MATLAB 仿真与估计模型比较

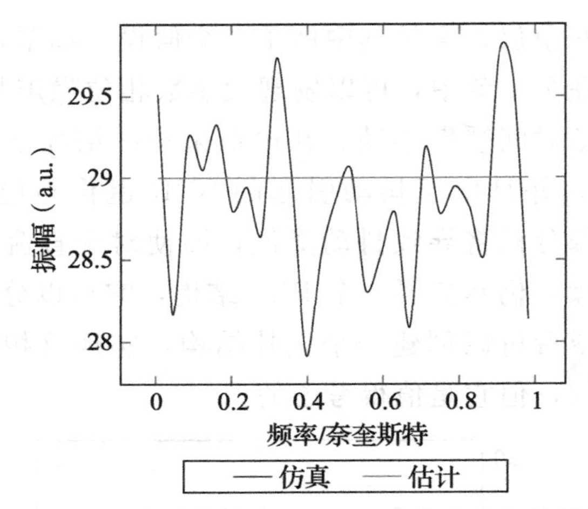

图 7.37 不相关电荷采样抖动 MATLAB 仿真并与估计模型比较

7.6 本章小结

本章从 PLL 的角度探讨了时钟的产生及其在采样和 ADC 方面的意义。在电压采样和电荷采样的抖动情况下研究了这一点，并发现了一些有价值的关系，所有这些都使用了简单的建模和估计，然后根据相关文献或模拟仿真进行验证。此外，还讨论了一些设计示例，其中估计分析非常重要，并且强调了这样的基础工作如何能够更好地理解系统，从而大大缩短设计时间。

7.7 练习

1. 从 VCO、分频器、输入参考信号和鉴相器模块中推导噪声传输。

2. 7.3 节中 PLL 系统的开环响应 $O(s)$定义为

$$O(s)=\frac{F(s)K_{\mathrm{VCO}}K_{\mathrm{PD}}}{sN}$$

使用此表达式估计相位裕度。在 ω 处定义 $O(\mathrm{j}\omega)+180^{\circ}$的相位，其中，考虑这种情况有：

a. $F(s)=\dfrac{1}{sC}$

b. $F(s)=\dfrac{1+as}{sC}$

3. 给定一个参考时钟，在它的主频附近散布有大量的相位噪声。将如何设计一个 PLL 来清除这些噪声？
4. 有一个相位噪声性能非常差的 VCO。如何规格定义参考时钟噪声和 PLL 带宽来解决这个问题？
5. 有一个 n 位的快闪型 ADC。要求使用它的组件来构建一个 $n+1$ 位的快闪型 ADC。预计功耗会增加多少？面积呢？
6. 计算保持相位的傅里叶变换，验证：

$$F_{\text{hold}}(\omega)=\frac{A}{2}\mathrm{j}\mathrm{e}^{-\mathrm{j}\omega T/4}\,\frac{\sin(T\omega)/4}{T\omega/4}\sum_{m=-\infty}^{\infty}(\sigma_{\omega,\mathrm{m}}^{\omega_s}-\delta_{\omega,\mathrm{m}}^{-\omega_s})$$

7. 采样转换与采样时钟占空比关系是怎样的？在电压采样理论中计算了保持宽度与采样周期相同的情况。推导更一般的情况，即信号在采样周期的某个部分保持不变。其余时间的开关输出是零。
8. 现代仿真器具有对非线性现象进行建模的能力，即小信号由于某种非线性效应而上升或下降。这通常被称为周期性交流仿真。可以使用电压采样内容中建立的模型（“电压采样理论”）来分析这种影响，方法是使用非理想开关，但将噪声电阻替换为具有单个频率 ω_s 的信号源，并使用跟踪和保持模型。首先，通过仅查看采样频率的一次谐波来简化，并研究信号源频率如何围绕该谐波变换。

7.8 参考文献

[1] M.P. Li, *Jitter, Noise and Signal Integrity at High Speed*, Upper Saddle River, NJ: Prentice Hall, 2007.

[2] R. E. Best, *Phase-Locked Loops*, 6th edn., New York: McGraw-Hill, 2007.

[3] G. Bianchi, *Phase-Locked Loop Synthesizer Simulation*, New York: McGraw-Hill, 2005.

[4] B. Sklar, *Digital Communications*, 2nd edn., Englewood Cliffs, NJ: Prentice Hall, 2017.

[5] J. R. Baker, *CMOS Circuit Design, Layout and Simulation*, 3rd edn., Hoboken, NJ: Wiley-IEEE Press, 2010.

[6] T. Lee, *The Design of CMOS Radio-Frequency Integrated Circuits*, 2nd edn., Cambridge, UK: Cambridge University Press, 2003.

[7] R. Gray, J. Hurst, Lewis, and R. Meyer, *Analysis and Design of Analog Integrated Circuits*, 5th edn., Hoboken, NJ: Wiley, 2009.

[8] W. M. Rogers and C. Plett, *Radio-Frequency Integrated Circuits Design*, New York: Artech House, 2002.

[9] S. Voinigescu, *High-Frequency Integrated Circuits*, Cambridge, UK: Cambridge University Press, 2012.

[10] H. Darabi, *Radio Frequency Integrated Circuits and Systems*, Cambridge, UK: Cambridge University Press, 2015.

[11] B. Razavi, *RF Microelectronics*, 2nd edn., Englewood Cliffs, NJ: Prentice Hall, 2011.

[12] A. Hajimiri and T. Lee, "A General Theory of Phase Noise in Electrical Oscillators," *IEEE JSSC*, Vol. 33, No. 2, p. 179, 1998.

[13] www.maximintegrated.com/en/app-notes/index.mvp/3359.

[14] A. Suarez, *Analysis and Design of Autonomous Microwave Circuits*, Hoboken, NJ: Wiley-IEEE Press, 2009.

[15] J. R. Baker, *CMOS: Mixed-Signal Circuit Design*, 2nd edn., Hoboken, NJ: Wiley-IEEE Press, 2008.

[16] G. Manganaro, *Advanced Data Converters*, Cambridge, UK: Cambridge University Press, 2012.

[17] P. G. A. Jespers, *Integrated Converters*, Oxford, UK: Oxford University Press, 2001.

[18] R. van de Plassche, *CMOS Integrated Analog-to-Digital and Digital-to-Analog Converters*, 2nd edn., Dordrecht, the Netherlands: Kluwer Academic Publishers, 2003.

[19] F. Maloberti, *Data Converters*, Dordrecht, the Netherlands: Springer, 2008.

[20] C. A. Gobet, "Spectral Distribution of a Sampled 1st-Order Lowpass Filtered White Noise," *Electronics Letters*, Vol. 17, pp. 720–721, 1981.

[21] G. Xu, "Performance Analysis of General Charge Sampling," *IEEE Transactions on Circuits and Systems*, Vol. 52, p. 107, 2005.

基本晶体管与工艺模型

本附录讨论了在设计案例中使用的基本技术参数。这里没有使用已有的工艺，由于这些工艺要求各种版权许可，不是轻而易举就能得到的。这些参数与相应的小尺寸平面 CMOS 工艺非常相似。首先介绍硅中不同的介质层，然后在表中列出人们感兴趣的有源器件的参数。如果读者想要将这个工艺用于实际的工程中，只需要填写表格然后重新生成器件功能，得到的结果会比本书在这里写的详细得多。

A.1 介电参数

介电参数见表 A.1。

表 A.1 介电参数

参数	值	单位
硅衬底厚度	200	μm
硅衬底相对介电常数	11.9	
硅衬底电阻率	0.1	Ωm
外延层厚度	10	μm
外延层相对介电常数	3	
外延层电阻率	0	Ωm
最顶层 M_{10} 金属材料	铝	
M_{10} 最小宽度	1	μm
M_{10} 最小厚度	2	μm
M_{10} 相对衬底的高度	4	μm
M_{10} 最大电流	3	mA/μm
M_9 材料	铜	

（续）

参数	值	单位
M_9 最小宽度	0.5	μm
M_9 厚度	0.5	μm
M_9 相对衬底的高度	3	μm
M_9 最大电流	5	mA/μm
M_8 材料	铜	
M_8 最小宽度	0.5	μm
M_8 厚度	0.5	μm
M_8 相对衬底高度	2	μm
M_8 最大电流	5	mA/μm
M_2 材料	铜	
M_2 最小宽度	50	nm
M_2 厚度	100	nm
M_2 相对衬底高度	300	nm
M_2 最大电流	1	mA/μm
忽略 M_1、M_3～M_7	N/A	

A.2 晶体管参数

实际的仿真采用完整 BSIM4 模型，所述的参数都来自这类仿真。本书中所有的晶体管都有与源极短路的隐藏的衬底，这样就不需要再考虑由背栅偏置导致的衬偏效应。实际上这意味着这些管子都处于自己的阱中，称为深 N 阱。在此明确，如果有需要，通过估计分析可以很简单地研究清楚体效应。手算的示例中将会用到基本的晶体管模型，其中漏极电流可以表示如下：

$$I_{\mathrm{d}} = K\frac{W}{L}(V_{\mathrm{G}} - V_{\mathrm{t}})^2 \tag{A.1}$$

其中，假定 K 和 V_{t} 已知，源极接地。栅极电容为

$$C_{\mathrm{ox}} = K_1 WL \tag{A.2}$$

假定结电容与沟道宽度 W 成正比，则有

$$C_A = K_2 W \tag{A.3}$$

其中，忽略了它的偏置的影响。

由表 A.2～表 A.5 中的信息可以得出 $g_m r_o \approx 10$ 是这个工艺的典型特征。

表 A.2 通用薄氧化层晶体管参数

参数	值	单位
K	$0.7 \cdot 10^{-4}$	$\frac{A}{V^2}$
K_1	$30 \cdot 10^{-3}$	$\frac{F}{m^2}$
K_2	$2 \cdot 10^{-10}$	$\frac{F}{m}$
V_t	350	mV

表 A.3 特定的薄氧化层晶体管参数(在正文中常称为一个单位晶体管)

参数，$nf=10$，$l=27$ nm，$wf=1$ μm	值	单位
I_d	1	mA
V_g	700	mV
V_s	233	mV
V_d	>250	mV
r_o	1200	Ω
g_m	8	mΩ
g'_m	21	mΩ/V
g''_m	−14	mΩ/V^2
g'_o	−0.025	mΩ/V
g'_{om}	2	mΩ/V
C_{ox}	8	fF
C_A	2	fF
C_{gd}(边缘)	3	fF
f_t(饱和下 $C \approx \frac{2}{3} C_{ox}$)	220	GHz

表 A.4 1.5 V 器件用特定晶体管参数

参数 $nf=10$，$l=100$ nm，$wf=1$ μm	1.5 V 器件	单位
I_d	1.6	mA
V_g	900	mV
V_s	0	mV

（续）

参数 $nf=10$，$l=100$ nm，$wf=1$ μm	1.5 V 器件	单位
V_d	900	mV
r_o	2k	Ω
g_m	5.8	mΩ
g_m'	2.35	mΩ/V
g''_m	−5	mΩ/V²
C_{ox}	11.6	fF
C_A	2	fF
C_{gd}（边缘）		fF
f_t（饱和下 $C\approx\frac{2}{3}C_{ox}$）	120	GHz

表 A.5 变容二极管参数

单位器件参数	2 V 变容二极管	单位
额定电容值	10 f	F@V=0
dC/dV	5 f	F/V
R 串联电阻	12	Ω

图 A.1～图 A.4 的数据展示了简单的厚氧化层和薄氧化层晶体管的漏电流与电压的仿真结果。对于小尺寸的 CMOS 工艺，NMOS 和 PMOS 的响应十分类似，可以简单地认为它们的性质是完全一样的。

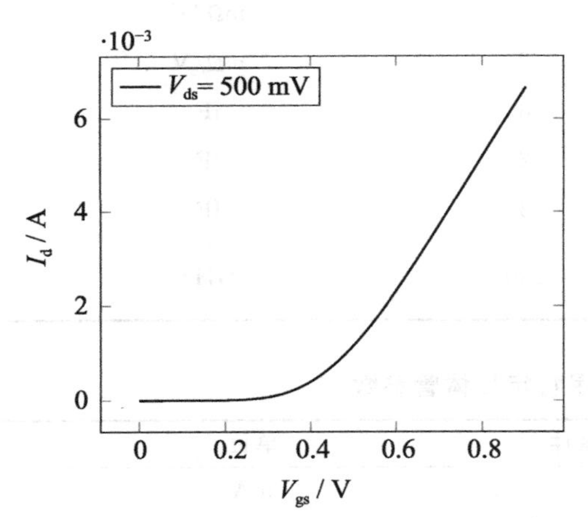

图 A.1 $l=27$nm、$w=1$ μm、$nf=10$ 的晶体管中漏电流和 V_{gs} 的关系

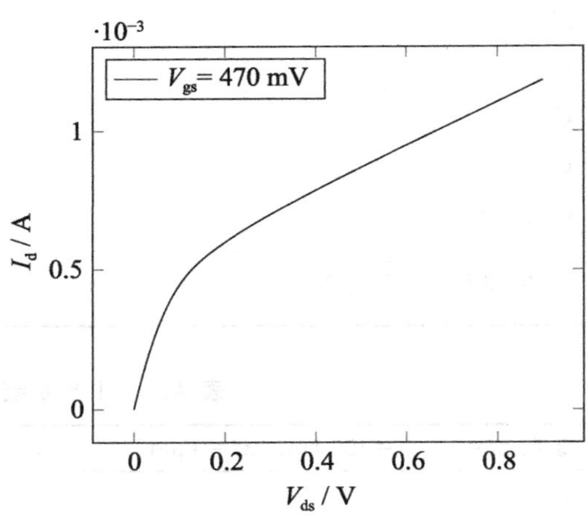

图 A.2 如图 A.1 的相同晶体管中漏电流和 V_{ds} 的关系

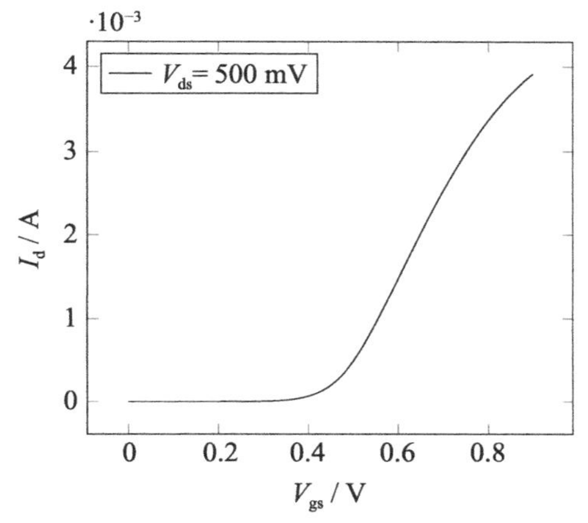

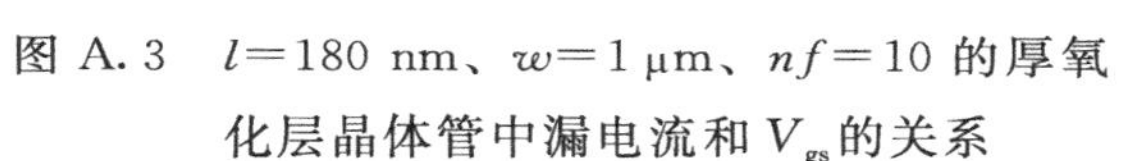
图 A.3 l=180 nm、w=1 μm、nf=10 的厚氧化层晶体管中漏电流和 V_{gs}的关系

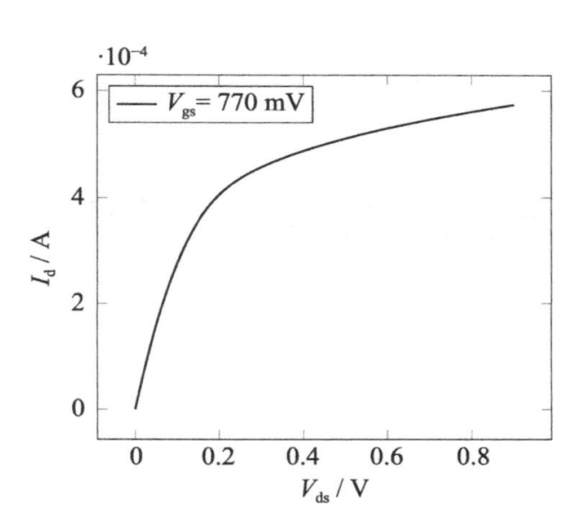

图 A.4 如图 A.3 的相同晶体管中漏电流和 V_{ds}的关系

A.3 噪声

电噪声有很多种不同的形式，物理来源也各不相同。出于说明示例目的，全书仅仅考虑了热噪声。有些情况下为了彻底理解清楚，其他的噪声源也必须考虑，其中最重要的是 $1/f$ 噪声。本书在读者需要考虑到这类噪声时会指出来。对于晶体管模型，在考虑噪声时将它视为一个漏源之间的理想电流源，它的噪声密度(A^2/Hz)为

$$i_n^2 = 4kT\gamma g_m$$

式中，k 为阿伏伽德罗常数；T 为温度(K)；γ 是修正系数，假设在本书中它等于 2；g_m为晶体管的跨导。

| Appendix B | 附录 B

常用的数学关系式

本附录中的公式都可以在网络和其他文献中找到。这里特意采用了参考文献[1-2]。

B.1 各种积分定理

假设 h、φ、$\boldsymbol{A}$ 是平滑标量或矢量函数，V 是一个三维体积，S 为 V 边界的闭合曲面，曲面向外的单位法矢量为 $\boldsymbol{n}$。$\mathcal{F}(h)$表示 h 的傅里叶变换。

Parseval 定理：

$$\int_{-\infty}^{\infty} |h(t)|^2 \mathrm{d}t = \int_{-\infty}^{\infty} |h(f)|^2 \mathrm{d}f$$

式中，$h(f)$是 $h(t)$的傅里叶变换。

卷积定理：

$$\mathcal{F}(h(t) \cdot g(t)) = \mathcal{F}(h) * \mathcal{F}(g) = \int_{-\infty}^{\infty} h(f - f')g(f')\mathrm{d}f'$$

高斯定律：

$$\int_V \nabla \cdot \boldsymbol{A} \mathrm{d}V = \int_S \boldsymbol{A} \cdot \boldsymbol{n} \mathrm{d}a$$

$$\int_V \nabla \varphi \mathrm{d}V = \int_S \varphi \boldsymbol{n} \mathrm{d}a$$

$$\int_V \nabla \times \boldsymbol{A} \mathrm{d}V = \int_S \boldsymbol{n} \times \boldsymbol{A} \mathrm{d}a$$

式中，S 是未封闭的曲面；C 是它边界的轮廓，指向 S 的法矢量 $\boldsymbol{n}$ 由与 C 周边的线积分意义相关的右手定则确定。

斯托克斯定理：

$$\int_S (\nabla\times \boldsymbol{A})\cdot \boldsymbol{n}\mathrm{d}a = \oint_C \boldsymbol{A}\cdot \mathrm{d}\boldsymbol{l}$$

$$\int_S \boldsymbol{n}\times \nabla\varphi \mathrm{d}a = \oint_C \varphi \mathrm{d}\boldsymbol{l}$$

B.2 各种公式

$$\boldsymbol{a}\cdot(\boldsymbol{b}\times\boldsymbol{c})=\boldsymbol{b}\cdot(\boldsymbol{c}\times\boldsymbol{a})=\boldsymbol{c}\cdot(\boldsymbol{a}\times\boldsymbol{b})$$

$$\boldsymbol{a}\times\boldsymbol{b}\times\boldsymbol{c}=(\boldsymbol{a}\cdot\boldsymbol{c})\boldsymbol{b}-(\boldsymbol{a}\cdot\boldsymbol{b})\boldsymbol{c}$$

$$(\boldsymbol{a}\times\boldsymbol{b})\cdot(\boldsymbol{c}\times\boldsymbol{d})=(\boldsymbol{a}\cdot\boldsymbol{c})(\boldsymbol{b}\cdot\boldsymbol{d})-(\boldsymbol{a}\cdot\boldsymbol{d})(\boldsymbol{b}\cdot\boldsymbol{c})$$

$$\nabla\times\nabla\boldsymbol{\varphi}=0$$

$$\nabla\cdot(\nabla\times\boldsymbol{a})=0$$

$$\nabla\times\nabla\times\boldsymbol{a}=\nabla(\nabla\cdot\boldsymbol{a})-\nabla^2\boldsymbol{a}$$

$$\nabla\cdot(\varphi\boldsymbol{a})=\boldsymbol{a}\cdot\nabla\varphi+\varphi\,\nabla\cdot\boldsymbol{a}$$

$$\nabla\times(\varphi\boldsymbol{a})=\nabla\varphi\times\boldsymbol{a}+\varphi\,\nabla\times\boldsymbol{a}$$

$$\nabla(\boldsymbol{a}\cdot\boldsymbol{b})=(\boldsymbol{a}\cdot\nabla)\boldsymbol{b}+(\boldsymbol{b}\cdot\nabla)\boldsymbol{a}+\boldsymbol{a}\times(\nabla\times\boldsymbol{b})+\boldsymbol{b}\times(\nabla\times\boldsymbol{a})$$

$$\nabla\cdot(\boldsymbol{a}\times\boldsymbol{b})=\boldsymbol{b}\cdot(\nabla\times\boldsymbol{a})-\boldsymbol{a}\cdot(\nabla\times\boldsymbol{b})$$

$$\nabla\times(\boldsymbol{a}\times\boldsymbol{b})=\boldsymbol{a}(\nabla\cdot\boldsymbol{a})-\boldsymbol{b}(\nabla\cdot\boldsymbol{a})+(\boldsymbol{b}\cdot\nabla)\boldsymbol{a}-(\boldsymbol{a}\cdot\nabla)\boldsymbol{b}$$

B.3 拉普拉斯变换

首先列出基本关系式及拉普拉斯变换 $\mathcal{L}$ 的特性：

$$f(s) = \mathcal{L}(F(t)) = \int_{-\infty}^{\infty} F(t)\mathrm{e}^{-st}\mathrm{d}t$$

$$sf(s) = F'(t)$$

$$\frac{1}{s}f(s) = \mathcal{L}\left(\int_0^t F(x)\mathrm{d}x\right)$$

$$f(s-a) = \mathcal{L}(\mathrm{e}^{at}F(x))$$

$$\mathrm{e}^{-bs}f(s) = \mathcal{L}(F(t-b))$$

$$f_1(s)f_2(s) = \mathcal{L}\left(\int_0^t F_1(t-z)F_2(z)\mathrm{d}z\right)$$

常见的拉普拉斯变换见表 B.1。

表 B.1 常见的拉普拉斯变换

$f(s)$	$F(t)$	限制条件
1	$\delta(t)$	+0 处奇点
$\frac{1}{s}$	1	$s>0$
$\frac{n!}{s^{n+1}}$	t^n	$s>0$，$n>-1$
$\frac{1}{s-k}$	e^{kt}	$s>k$
$\frac{1}{(s-k)^2}$	te^{kt}	$s>k$
$\frac{s}{s^2-k^2}$	$\cosh kt$	$s>k$
$\frac{k}{s^2-k^2}$	$\sinh kt$	$s>k$
$\frac{s}{s^2-k^2}$	$\cos kt$	$s>0$
$\frac{k}{s^2-k^2}$	$\sin kt$	$s>0$
$\frac{S-a}{(S-a)^2+k^2}$	$e^{at}\cos kt$	$s>a$
$\frac{k}{(S-a)^2+k^2}$	$e^{at}\sin kt$	$s>a$
$\frac{S^2-k^2}{(S^2-k^2)^2}$	$t\cos kt$	$s>0$
$\frac{2ks}{(S^2-k^2)^2}$	$t\sin kt$	$s>0$

B.4 参考文献

[1] J. D. Jackson, *Classical Electrodynamics*, New York: Wiley and Sons, 1984.
[2] G. Arfken, *Mathematical Methods for Physicists*, New York: Academic Press, 1985.